项目资助

本书由国家社会科学基金项目 "和平崛起视阈下的中国海洋软实力研究"（11BZZ063）资助

中国海洋大学一流大学建设专项经费资助
教育部人文社科重点研究基地中国海洋大学海洋发展研究院资助

新时代中国海洋软实力研究

王琪 / 等著

中国社会科学出版社

图书在版编目（CIP）数据

新时代中国海洋软实力研究／王琪等著 . —北京：中国社会科学出版社，
2020. 6
ISBN 978 - 7 - 5203 - 5868 - 2

Ⅰ.①新… Ⅱ.①王… Ⅲ.①海洋战略—研究—中国 Ⅳ.①P74

中国版本图书馆 CIP 数据核字（2019）第 294438 号

出 版 人　赵剑英
责任编辑　赵　丽
责任校对　郝阳洋
责任印制　王　超

出　　　版　中国社会科学出版社
社　　　址　北京鼓楼西大街甲 158 号
邮　　　编　100720
网　　　址　http://www.csspw.cn
发 行 部　010 - 84083685
门 市 部　010 - 84029450
经　　　销　新华书店及其他书店

印　　　刷　北京明恒达印务有限公司
装　　　订　廊坊市广阳区广增装订厂
版　　　次　2020 年 6 月第 1 版
印　　　次　2020 年 6 月第 1 次印刷

开　　　本　710 × 1000　1/16
印　　　张　16.5
字　　　数　279 千字
定　　　价　96.00 元

前　言

　　本书在国家社科基金项目"和平崛起视阈下的中国海洋软实力研究"基础上修改而成。该项目于 2015 年结项，由于种种原因，当时未及时整理出版。但课题的完成并不意味着海洋软实力研究的终结。2015 年至今，正是中国的海洋事业大发展、大变革、国家海洋实力快速提升时期：海洋强国战略的加快推进、"一带一路"倡议取得积极成效、构建海洋命运共同体理念得到国际社会的认同，这意味着中国不仅已深入参与全球海洋治理，而且正在成为全球海洋治理的重要影响者、推动者，中国的海洋软实力对世界的影响越来越大。与此同时，中国自身的海洋管理体制也发生了重大变革：海洋管理职能重新定位，海洋管理机构重新组合，海洋管理人员重新调整，这些制度设计层面体制机制的变革，极大地丰富了海洋软实力资源，为海洋强国建设提供了更强有力的组织保障。中国特色社会主义建设进入新时代，迫切需要我们探寻一条具有中国特色的海洋强国之路，而对海洋软实力的研究，正契合这一时代发展的需要。

　　习近平总书记在党的十九大报告中，立足于党和国家事业发展的全局，立足于改革开放四十年中国社会的深刻变化，以及十八大以来取得的历史性成就，作出了中国特色的社会主义建设进入新时代的重要论述。中国特色社会主义进入新时代这一新的发展定位，一方面明确了中华民族的历史方位，即中华人民共和国成立之后，中国迎来了从站起来、富起来到强起来的伟大飞跃；另一方面，中国作为国际形势的稳定之锚、世界增长的发动机、和平发展的正能量、全球治理的新动力，正在日益走向世界舞台的中央，更加积极地参与全球治理。在百年之未有大变局深刻调整过程中，中国始终秉持着"世界好，中国才能好；中国好，世界才更好"的理念，正在为打造一个持久和平、普遍安全、共同繁荣、开放包容的世界新格局而贡献着中国智慧、中国方案。

深刻把握这一内涵，是研究中国海洋软实力的现实之基。随着科技进步和陆域资源稀缺程度的增加，世界海洋强国普遍提升海洋战略层级，沿海国家加快海洋开发与利用进程，发展海洋产业，向海洋要资源要效益成为沿海国家经济增长的重要推动力，海洋成为新一轮"圈地运动"的焦点。各国海洋开发利用活动不断向更快、更广、更深推进。随之而来的海洋问题越来越突破地缘限制，由一国内部问题拓展为区域性问题、全球性问题，成为关乎全球稳定与发展的各国必须共同面对的重大治理议题。在低政治敏感领域，如应对海盗与跨国犯罪、保护海洋环境、维护海上安全、海洋灾害防治、海上突发事件应急管理等领域，其中的任何一类问题都离不开各沿岸国的鼎力合作。在高政治敏感领域，如海域划界冲突、海岛争议、海洋资源开发与利用冲突、渔业捕捞冲突等涉及国家利益的问题，则更需要沿海国秉持和平、合作理念通过国际治理机制共同努力以解决冲突。兼容并包，合作共赢，共担责任以实现海洋的善治，应该是世界各国发展的共同需求。中国作为发展中的海洋大国，必然会面临与其他沿海国家同样的海洋问题，需要在解决全球海洋问题、处理国家海洋争端时提供中国方案。中国自1949年以来的70多年发展历程证明，中国政府的海洋注意力逐步由具体海洋事务转向为整体性与宏观性的战略规划和总体布局，由注重"海防""渔业""海洋油气"等，到提出和实施"海洋综合管理"、"陆海统筹"、"海洋强国"、"一带一路"倡议、"海洋命运共同体"等，海洋注意力的转变表明中国正在由以陆定海的传统内向型发展模式走上陆海统筹、互联互通、开放合作的发展道路。建设"海洋命运共同体"，深度参与全球海洋治理已是中国作为负责任大国的必然选择。

走进新时代的中国，正在由海洋大国变为海洋强国，而海洋强国建设之路必然是中国海洋软实力提升和发挥作用之路。纵观历史上先后崛起的海洋强国，无一不是凭借武力，靠硬实力实现海上称霸。显然，这不是中国实现海洋强国所选之路，中国的海洋强国之路必然不同于昔日西方海上强国的武力崛起之路。正如习近平主席2014年5月15日在"中国国际友好大会暨中国人民对外友好协会成立60周年纪念活动"讲话中指出的："中华民族历来是爱好和平的民族。中华文化崇尚和谐，中国'和'文化源远流长，蕴涵着天人合一的宇宙观、协和万邦的国际观、和而不同的社会观、人心和善的道德观。在5000多年的文明发展中，中华民族一直追求和传承着和平、和睦、和谐的坚定理念。"
"以和为贵""与人为善""己所不欲、勿施于人"等理念在中国代代相
传，深深植根于中国人的精神中，深深体现在中国人的行为上。中华民
族的血液中没有侵略他人、称霸世界的基因，中国人民不接受"国强必
霸"的逻辑，愿意同世界各国人民和睦相处、和谐发展，共谋和平、共
护和平、共享和平。秉持"和与合"，坚持走和平发展之路，既是对中
华民族文明史的历史总结，也是对处理国家间海洋关系的宣示。中国建
设海洋强国，固然需要强大的海洋硬实力作为基础，但更需要依靠强大
的海洋软实力，来争取世界各国的认同、支持与合作，以此实现共同发
展。中国特色的海洋强国之路是以"和谐海洋""海洋命运共同体"为
愿景，坚持和平走向海洋、合作共赢、建设"强而不霸"的新型海洋
强国。

　　当前，全球性海洋问题日益凸显的严峻形势，迫切需要全球海洋治
理。然而，在当今世界，全球海洋治理却远远滞后。尽管现有的海洋治
理制度搭建起了全球海洋治理的基本框架，维持着海洋秩序的基本平
衡。但随着世界多极化的趋势和发展中国家的崛起，现有的海洋治理体
系由于其有效性和合法性方面的缺陷与不足，已不能有效地解决新的海
洋公共秩序问题，迫切需要改革和完善。新的治理体系必须从世界各国
人民的实际利益关切出发，重构参与机制，完善制度设计。其中尤为重
要的是，人数众多的中国和其他发展中国家如何参与全球海洋治理进
程，发出自己的声音，体现并维护自己的海洋权益和全世界的海洋共同
利益，是未来全球海洋治理体系重构需要面对的重要问题。习近平主席
2019 年 4 月 23 日在会见中国人民解放军海军成立 70 周年多国海军活动
的外方代表团团长时强调，"我们人类居住的这个蓝色星球，不是被海
洋分割成了各个孤岛，而是被海洋连结成了命运共同体，各国人民安危
与共。海洋的和平安宁关乎世界各国安危和利益，需要共同维护，倍加
珍惜"。海洋命运共同体的提出，正是中国为应对解决全球性的海洋治
理问题而提供的全球海洋治理方案，它与中国传统文化的"和天下"
"胸怀天下""天下大同"等思想一脉相承，彰显了中华民族"义利兼
顾、合作共赢"的价值取向。作为中国海洋软实力的构成要素，这些一
脉相承的海洋价值观、海洋意识、海洋政治思想、海洋制度等在数千年
的积淀与演变中，引领着人类海洋实践的步伐，给中华民族发展历程打
上了深深的海洋烙印。这些丰富的海洋软实力资源，为新时代的中国海

洋事业发展奠定了坚实基础。而进入新时代的中国，在走向海洋强国的征程中，也迫切需要不断挖掘和输出富有中国特色的海洋软实力资源，并通过不断地提升海洋软实力来扩大中国在国际海洋事务中的影响力和话语权，担负起时代赋予的大国责任。

正是基于新时代中国海洋强国建设这一大背景，本书对中国海洋软实力的内涵外延进行了较为系统全面的阐释。目的在于通过回溯与梳理中国海洋软实力的发展历程与脉络，充分挖掘中华民族丰富的海洋软实力资源，探寻中国海洋软实力提升和运用之道，揭示中国特色海洋强国建设的规律和道路，从而为中国深度参与全球海洋治理、提出"一带一路"倡议、构建"海洋命运共同体"提供一种新的理论视角和实践路径。

基于此，本书结合新时代特征，适应海洋时代发展要求，在对中国海洋软实力课题结项报告的修改完善基础上整理出版。本书的撰写是由课题组主要成员——中国海洋大学国际事务与公共管理学院的几位老师共同完成。全书由课题主持人王琪负责总体设计、修改和定稿工作。各章节撰写分工如下：第一章 王刚，第二章 王琪，第三章 吴宾，第四章 王印红，第五章 孙凯、宋宁而，第六章 王琪、王印红。

赵岩博士负责全书在校稿和出版过程中的事务性工作，博士研究生周香、田莹莹、孙雪敏、赵岩，以及硕士研究生莫倩、王恬静、王倩、宗慧参与了本书的校稿工作。

本书的出版得到教育部人文社科重点研究基地中国海洋大学海洋发展研究院的经费资助，得到学校文科处出版基金的大力支持。感谢学校所提供的学术平台，以及给予的支持和帮助。

中国社会科学出版社赵丽编辑，对本书的出版付出了辛苦和努力，正是其认真负责、耐心细致的工作，才使本书得以顺利出版，特此致谢。

由于水平和能力所限，书中难免存在疏漏和不妥之处，恳请读者不吝赐教，希望我们共同努力，推进我国海洋强国建设研究的深入和发展。

王琪 王印红

2019 年 12 月于青岛

目　　录

第 一 章

海洋强国战略与海洋软实力的提出

随着中国经济社会的发展，海洋的重要性日益凸显，党的十八大审时度势地提出建设"海洋强国"的重大战略。在新形势下，如何实施这一国家战略，需要我们进一步深入探索。回顾西方海洋大国的崛起路程，它们依靠武力争夺海洋霸权的海权发展之路既不相融于当今国际形势，也不符合中国和平崛起的理念。在此背景之下，海洋软实力的提出，为中国海洋强国战略提供了一条行之有效的实施路径。

第一节　中国海洋强国战略的提出

一　海洋的重要性日益凸显

在传统观念中，中国的传统文化是农耕文化，而非海洋文化。这种成见使得很多人没有意识到，在中国几千年的历史长河中，中国人早就意识到海洋的重要性，并已经卓有成效地利用海洋、开发海洋。实际上，早在先秦时期，中国就有大量的海洋活动。《大戴礼记·少闲》谓"禹修德使力，民明教通于四海"，《淮海子·原道训》言禹"施之以德，海外宾伏，四夷纳职"，《尚书》有"四海会同""环九州为四海""江汉朝宗于海""讫于四海""外薄四海"等。《史记·货殖列传》"山东食海盐，山西食盐卤"和"上谷至辽东……有鱼盐枣栗之饶"。《尚书·禹贡》"海物惟错"。《易经·系辞》"刳木为舟，剡木为楫。舟楫之利，以济不通"，《山海经·海内经》"番禺始为舟"，《墨子·非儒下》"巧垂作舟"，《史记·越王勾践世家》"（范蠡）自与其私徒属乘舟浮海以行"，《吴志》"行海者，生而至越，有舟也"。古典文献记载表明，中国古代先民已经意识到海洋的重要性，已经开始开发海洋和进军海洋。春秋战国时期的齐国被公认为是一个"海洋国家"。中国古代在海洋方面的成就被明代的郑和推向了极致。郑和七下西洋的壮举，表明中国在经营海洋和开发海洋方面，已经积累了重要的经验和技能。这正如著名科学家李约瑟博士所说的，"中国人被称为不善于航海的民族，那是大错特错了。他们在航海技术上的发展随处可见"。①

中国古代大量的海洋活动记载，表明中国人很早就已经意识到海洋的重要性。随着社会经济的发展，中国人更加清醒地认识到海洋的重要性，以至于有的学者称"21世纪是海洋的世纪"。海洋的地位之所以变得如此显赫和突出，以下几个方面是其重要的原因。

首先，海洋孕育着大量的资源，海洋已经成为世界各国经济发展的重要领域。当今社会，人口剧增，资源匮乏，污染严重，陆域资源难以满足经济发展需求。人类需要扩展自己的视野，从陆地之外去寻求发展空间。与陆地空间狭窄、资源匮乏相对应，大片的海洋却是人类开发的处女地。海洋孕育着大量的资源、能源，而且随着科技进步，以往不可能触及的地域已经使得开发和利用变得触手可得。例如，随着深海技术的成熟，大量海底石油、天然气以及可燃冰的开发成为可能。在当今能源紧张的情况下，这一巨大的海底能源宝库成为世界各国争相开发的对象。因此，当陆域资源和空间越来越不能适应人类需求，而科技进步又使得人类开发海洋资源成为可能时，海洋的重要性也就不言而喻了。

其次，海洋通道在中国的经济安全和能源安全中越来越占据核心的地位。古代社会，海洋无疑是阻隔世界联系的天堑，人们只能"望洋兴叹"。但是到了近代社会，由于船舰技术获得了长足发展，海洋已经成为沟通世界各国联系的重要通道。相对于陆地运输，海洋运输成本低廉，因而国际大宗货物运输主要依靠海洋。随着国际贸易的增加，以及世界各国经济联系的不断加强，海洋通道的重要性与日俱增。对于中国而言，出口是拉动中国经济发展的重要一极。而且随着中国经济发展，中国对中东等区域的能源依存度不断提高。而不管是货物的出口，抑或

---

① 陈智勇：《试析春秋战国时期的海洋文化》，《郑州大学学报》2003年第5期。

是能源的进口，大部分的运输都通过海上通道实现。海洋对于中国的经济安全和能源安全而言，占据着越来越重要的地位。

最后，海洋成为保卫国家安全的重要缓冲区和延展区。对于国家而言，海洋也是再好不过的保护国家安全的屏障和藩篱。一国经济的提升，将使得陆地单位面积上的财富呈几何倍数增长；如果一国的陆地遭受战争践踏，将对一国经济造成重大损失。而提高一国的海上防卫能力，可以将敌人"拒国门之外"，从而使本国陆地免受战火的践踏。因此，建设海洋，增强海洋军事力量，也可以增加国家的安全战略纵深。对于中国而言，东部沿海省份是中国经济最为发达的区域，海洋对于增加东部沿海发达区域的战略纵深而言，具有极其重要的价值。

二 新形势下海洋强国战略的提出

目前，中国政府已经意识到发展海洋、建设海洋的重要性。党中央早在十六大报告中就提出了"实施海洋开发"的任务。国务院在 2004年的《政府工作报告》中就提出了"应重视海洋资源开发与保护"的政策。在《中华人民共和国国民经济和社会发展第十一个五年规划纲要》（2006 年）中提出了中国应"促进海洋经济发展"的要求。在2009 年的《政府工作报告》中又强调了"合理开发利用海洋资源"的重要性。《中共中央关于制定第十二个五年规划的建议》（2011 年）指出，中国应"发展海洋经济"，具体为：坚持陆海统筹，制定和实施海洋发展战略，提高海洋开发、控制、综合管理能力；科学规划海洋经济发展，发展海洋油气、运输、渔业等产业，合理开发利用海洋资源，加强渔港建设，保护海岛、海岸带和海洋生态环境；保障海上通道安全，维护中国海洋权益。以此为基础形成的《中华人民共和国国民经济和社会发展第十二个五年（2011—2015 年）规划纲要》（2012 年）第十四章"推进海洋经济发展"指出，中国要坚持陆海统筹，制定和实施海洋发展战略，提高海洋开发、控制、综合管理能力。这些内容无疑为中国推进海洋事业发展，特别是建设海洋强国提供了重要的政治保障。可见，建设海洋强国是中国结合当前国际国内形势发展特别是海洋问题发展态势提出的，是一项具有政治属性的重要任务，是国家层面的重大战略。

正是基于这样的历史背景和现实考量，党的十八大报告明确指出，中国应"提高海洋资源开发能力,发展海洋经济,保护海洋生态环境,坚决维护国家海洋权益,建设海洋强国"。海洋强国战略已经成为国家战略的组成部分。

在今天,中国建设海洋强国,出台海洋强国战略的时机也已成熟。首先,中国的综合国力正在增强,有条件实施海洋强国战略。中国的海洋力量也在增强,从事海洋工作的劳动力约 400 万人,各类海洋船舶约 30 万艘,海洋产业的产值从 1980 年的 80 亿元增加到 1999 年的约 3500 亿元;[①] 海洋科技水平不断提高,研究、勘探工作已经进入太平洋和南北极地区;已经拥有一支正在壮大的海军力量。其次,21 世纪是人类开发利用海洋的新世纪,也是争夺海洋国土和海洋资源的关键时期。我们要抓住机遇,在被称为"蓝色圈地运动"的海洋权斗争中争取更多的蓝色国土和海洋资源。最后,西部大开发和建设海洋强国,东出西进,是促进中华民族伟大复兴的两翼。这两项战略任务都需要长期谋划,都要经过几代人的艰苦奋斗。在开始启动西部大开发战略的同时,应该着手谋划建设海洋强国的战略,实现两翼齐飞。

海洋强国战略的提出,是中国在新的历史形势下,对国家发展战略的一种提升,也是中国随着经济社会的发展,为实现中国"负责任大国"地位的一种体现。换言之,海洋强国战略是中国国家战略的重要组成部分。因此,中国的海洋强国战略,需要从国家战略的角度去认识和实施。我们需要对中国海洋强国战略的实施目标、路径、实现方式等进行深入的探索。从这个意义上而言,中国的海洋强国战略的实施,是一个系统的工程。因此,我们需要对此进行深入分析。唯有如此,才能保障中国海洋强国战略的成功实施,才能保障海洋强国战略成为中国整体国家战略的有机组成部分。

第二节　西方海洋强国崛起的历史回顾与反思

中国海洋强国战略的实施,需要对西方大国的海洋崛起之路进行历

---

① 殷克东:《我国海洋强国战略的现实与思考》,《海洋开发与管理》2009 年第 6 期。

史回顾与分析。有益的历史回顾与分析，将深化中国海洋强国战略实施的路径选择思路，从而提供一条切实可行的战略实施路径。

一 海权理论：西方海洋强国实施的理论基础

尽管西方国家一直存在开拓海洋的历史传统，其进军海洋的历史步伐最早可以追溯到 15 世纪的葡萄牙、西班牙。但是西方国家真正将海洋作为国家崛起的跳板，开始实施海洋强国战略，则是在马汉的海权理论诞生之后。西方海洋大国将马汉的海权理论视为圭臬，遵循了一条依靠武力争夺海洋霸权的海洋强国崛起之路。因此，要深入了解西方海洋强国崛起的历史真谛，需要对其海洋强国实施的理论基础——马汉的海权理论进行深入挖掘。

"海权"（sea power）一词，最早由美国海军上校阿尔弗雷德·塞耶·马汉于 1890 年首次出版的《海权对历史的影响 1660—1783》一书提出，此书奠定了马汉作为现代史上著名的海军史学家和战略思想家的地位，马汉也被尊称为"海权理论之父"。在 1890—1905 年，马汉先后出版了"海权的影响"四部曲，① 在这四部著作中，马汉通过对英国海洋扩张的历史实证分析，让人们认识到海权的重要性。尽管马汉首次提出"海权"的概念，但是他并没有给予它明确的定义。马汉更多的是将其作为分析海洋对于国家重要性的工具，告诫人们实现对海洋的控制是何等的重要。

马汉所说的"对海洋的控制"并不意味着对海洋的完全拥有，他认为，如果一国能够从总体上保持自己沿这些经常使用的航线的交通运输且同时使敌人无法享受这一特权，那么它就拥有了"对海洋的控制"。这种控制将带来两方面的优势：首先，这种控制将会使一国享有不受来自跨海威胁的安全，且同时具有到达敌人海岸的机动性和能力；

---

① 马汉著作中对后世影响最大的就是他撰写的"海权的影响"系列四部曲，即：Alfred T. Mahan, *The Influence of Sea Power upon History*, 1660—1783, Boston: Little, Brown, 1890；—The Influence of Sea Power upon the French Revolution and Empire, 1783—1812, Boston: Little, Brown, 1892；—The Life of Nelson: The Embodiment of the Sea Power of Great Britain, Boston: Little, Brown, 1897；—Sea Power in Its Relations to the War of 1812, Boston: Little, Brown, 1905。

其次，"通过控制海洋这片广阔公用地，拥有绝对优势的海上力量也就相当于关闭了进出敌人海岸的商业通道"。马汉还指出，海权除了军事力量外，还包括那些同维持国家经济繁荣密切相关的各种海洋要素。他对这些要素的界定主要建立在下述观念的基础上，即"经过水路进行的旅行和贸易总是比经过陆路要方便和便宜"。正是从这个观念出发，马汉认为广义上的海权应当包括两条具体内容：首先，广义上的海权包括海洋经济，即生产、航运和殖民地，因为它们是决定一个国家经济繁荣关键的三个要素；其次，广义上的海权同时还应当包括海上霸权，因为历史经验已经证明，拥有海上霸权对保护那些同生产、航运、殖民地密切相关的国家利益是必不可少的。①

马汉总结的影响一国海权能力的六个主要条件是：地理位置、自然构造、领土范围、人口数量、民族特点、政府因素。前三项条件都是地理性的，因而可以放在一起进行讨论。马汉对历史的解读使他认为，同一个必须时刻准备抗击陆上邻国进犯的国家相比，一个无须在陆地上从事防卫和扩张的国家处在集中精力发展海权的最佳位置上；一种优越并且同重要海上航线相邻的位置为一国专注海权提供了进一步的优势，那些不会对一国防卫造成太大负担且分布集中的港口和海岸线同样有利于一国海权能力的增长；贫瘠的土壤和气候通常会鼓励一国居民去从事海外冒险，而一个自然禀赋丰富的国家的居民则很少愿意这么做。其他三项条件也可以放在一起讨论，因为这三项条件同样是密切联系的。马汉所说的人口数量并非指人口总数，而是指从事海洋职业的人在一国总人口数量中所占的比例，他们既包括从事海洋商业的人，也包括随时可以加入海军的人；民族特点就是指一个民族利用海洋赋予的各种成果（贸易、航运、殖民地）的总体倾向，马汉对此的建议是建立一个由富有冒险精神和随时准备且能够为海权发展进行长期投资的贸易商和店老板组成的国家；政府对发展一国海权能力同样也能够起到非常重要的作用，通过在和平时期培育国家的海军潜力和商业潜力，并且通过在战争时期对海权的娴熟运用，一国政府就能够确保其胜利的前景，这种胜利反过

---

① 吴征宇：《海权的影响及其限度——阿尔弗雷德·塞耶·马汉的海权思想》，《国际政治研究》2008 年第 2 期。

来又将提高国家在世界上的地位。

　　科贝特是一位与马汉同时代的英国著名海军史学家，其声望仅次于马汉。科贝特对海权理论的继承和发展，集中体现在他撰写的《海洋战略的若干原则》一书中。在这本著作中，科贝特进一步将马汉的海权论集中在海洋军事力量以及海洋霸权的争斗之中。这本著作的主要目的是说明战略上的"英国或海洋学派——即我们自己的传统学派"和"德国或大陆学派"的重大差别，这种差别的核心在于英国从事的都是有限战争而不是无限战争。英国之所以能做到这一点，一是英国皇家海军相当强大，足以确保对手无法以入侵本土的方式将这些战争转变为无限战争；二是英国进行战争的根本目的不是为彻底推翻敌人，而是为了从战争中获得某些物质利益。①

　　与科贝特一脉相承的将海权集中在海洋军事力量探讨的还有英国威尔士大学国际战略专家肯·布思。布思在《海军与外交政策》一书中，将马汉的海权概念具体化为一个"海权三角模式"，即海权的发展应以"海洋的利用和控制"为中心，发挥其外交功能、警察功能和军事功能。从"外交功能"来看，包括"显示国家主权"和"维持炮舰政策"（目标选择、表达意图、接触反应和威力显示）；从"警察功能"来看，包括"维护国家主权""保卫国家资源"，"参与国际维和"；从"军事功能"来看，包括"向岸上投入兵力""控制沿海水域""控制海洋（大洋）"。

　　除了西方学者追随马汉，强调海权对一国的重要性外，苏联的海军总司令、海军元帅戈尔什科夫也进一步在马汉海权论的基础上发展了海权理论。戈尔什科夫认为，"开发世界海洋和保护国家利益，这两种手段有机构成的总和，便是海权。一个国家的海权，决定着利用海洋所具有的军事与经济价值而达到其目的之能力"。因此，"国家海权定义的范围，主要包括为国家研究开发海洋和利用海洋财富的可能性，商运和捕鱼船队满足国家需要的能力，以及适应国家利益的海军存在。然而，海洋利用的特点和上述组成部分的发展程度，归根到底，取决于国家经

①　Julian Corbett, *Some Principle of Marine Strategy*, London, Longmans Green & Co, 1911, p. 38.

济和社会发展所达到的水平以及国家所遵循的政策"。① 也就是说，国家海权既以国家经济为基础，又对国家经济产生影响，这就要求国家的军事力量尤其是海军力量能够保护国家对海洋的开发和利用。

哈特是 20 世纪英国著名战略思想家、大战略概念的首创者。哈特对马汉思想的继承，主要体现在他首次提出并予以明确阐述的"英国式战争方式"范畴中，这种方式的核心是依靠海上军事力量并且使用海上封锁、财政资助和外围作战的手段，而不是依靠一支大规模的陆上远征军，来战胜大陆的敌人。这种方式不仅使敌人丧失了支持战争的手段，而且扩大了自身资源。这种使英国在历次重大战争中得以取胜的方式，主要以"通过海权而施加的经济压力为基础"，它一般有两个组成部分：一是对大陆盟国提供财政补贴和军事供应；二是针对敌人的薄弱环节发起海上军事远征。在现代战略思想史上，这种认为存在某种独特"英国式战争方式"的理念从根本上说也正是马汉海权思想对后世产生的最大影响。这种理念被历代的战略思想家含蓄或明确地用作对历史上英国大战略实践的总结。沿着马汉、哈特的海洋战略思路，当代美国著名国际政治学者约翰·米尔斯海默和克里斯托弗·雷恩等提出的"离岸制衡战略"（Off‐Shore Balancing），认为美国在和平时期应避免纠缠于大陆事务，只有当欧亚大陆再次出现霸权威胁且相关地区大国无法进行有效制衡时，美国才需要重返。

可以说，自马汉提出海权理论以来，西方学者对于海权理论的继承和发展一直没有超越马汉对海权的基本界定。海权理论在一百多年的发展中，逐渐分化成两大研究领域：一是研究海权概念的内涵，从而为海权理论奠定基础；二是研究海权与一国崛起的关系。但是西方海洋理论的这两大研究领域对于海权理论没有太多的突破，其研究的观点依然将海权理论界定为海洋权力或者说海洋力量，从而推演出新兴国家的崛起必然会引发对海权的争夺，从而引发世界范围内的冲突，甚至战争。西方海权理论之所以在这一基本观点上徘徊，主要的历史基础是德国崛起对当时世界格局的影响和冲击。

---

① 史春林：《中国共产党与中国海权问题研究》，博士学位论文，东北师范大学，2006年，第16页。

二　海权理论影响下西方海洋强国的实践

马汉提出海权理论，其对欧洲局势的分析，在当时欧洲各国影响深远。尤其是对德国，产生了深远的影响。马汉海权理论的提出及其巨大影响，最先反映在欧洲海军在19世纪90年代的强烈复苏，同时又对当时的造舰狂潮起了推波助澜的作用。在德国，在首相俾斯麦的领导下，德国一直实行"大陆政策"，亲英、联奥、拉俄、反法，通过"大国均衡"策略，维护德国在欧洲大陆的霸权地位。这一外交政策为德国赢得了欧洲大陆的主导地位，使得法国的霸权地位下降。但是，自马汉的海权理论风靡欧美之际，当时登基不久的德皇威廉二世成了马汉最热烈的崇拜者之一。他说："我现在不是在阅读，而是在吞噬马汉的著作，努力把它消化、吸收、牢记心中。它是经典性的著作，所有的观点都非常精辟。这本著作为每个舰船所必备，我们的舰长们和军官们都经常学习和引用它。"[1]

威廉二世根据马汉的海权论判断德国的未来必须依赖于海洋，这一判断使得德国的国家战略发生了戏剧性的转变。威廉二世抛弃了俾斯麦的"大陆政策"，启用了当时主张"海洋政策"的比洛为首相，海军上将铁毕子为海军大臣，大力推进海军建设。1898年、1900年、1906年德国国会相继通过了三个海军法案，1908年国会又制定了《海军法令补充条例》。通过这一系列的法案、法规和条例，使德国扩充海军合法化。在海军大臣铁毕子的带领下，德国开始了庞大的造舰计划，铁毕子提出了一种"海军冒险"理论，即把德国的海军发展成为一种能使英国感到威胁的军事力量：即使最强大的海权国家想要毁灭德国海军，也必须付出极高代价，这样的风险足以对之起到威胁作用。德国雄心勃勃地想要成长为一个海权国家，这必然与当时的海洋强国——英国发生矛盾和冲突。德国在扩张中，首当其冲遇到的是来自英国的压力。1889年，英国也开始了一项加速舰船建设的计划，并提出"双强国标准"，即英国的海军建设必须至少同任何两个强国的海军力量之和相平衡。为应对德国及当时德奥同盟的挑战，英国还联合法俄两国，与德国抗衡。

---

① 王生荣：《海洋大国与海权争夺》，海潮出版社2000年版，第111页。

《英法协约》《英俄协定》相继签订,欧洲形成"三国协约"与"同盟国"抗衡的局势。[1] 德国在追逐海权的过程中,促成了第一次世界大战的两大阵营。最终也将人类带入了世界大战的泥潭。

德国在崛起的过程中,从"大陆政策"转向"海洋政策",其对海权的追求不但引发了世界范围内的战争,而且也极大地削弱了德国自己。这段德国崛起争夺海权的历史成为马汉海权理论最好的历史注脚。西方的海权理论在这一历史佐证中越发强化了大国崛起与海权争夺之间的正向关联。如美国学者莫德尔斯基和汤普森就认为,自 16 世纪以来,在为期约 100 年的每个长周期内都会出现一个海上霸权国,其存在对维持国际秩序起了决定性的作用,如 16 世纪的葡萄牙,17 世纪的荷兰,18、19 世纪的英国,20 世纪的美国。莫德尔斯基甚至将海军力量的大小作为区别地区大国与世界大国的重要标尺。他指出:"海军占据优势,不仅能够确保海上交通线,还能够保持过去通过战争而确立的优势地位。要想拥有全球性的强国地位,海军虽然不是充分条件,但却是必要条件。"[2]

扎卡里亚同样指出,从两千年前的伯罗奔尼撒战争到 20 世纪德国的崛起,几乎每出现一个新兴大国都会引起全球的动荡和战争。[3] 西方海权理论滥觞使得西方国家不约而同地表现出对海权控制的热衷和对新兴国家的恐惧。尤其对于中国,他们认为其崛起必然充当现有世界格局挑战者的角色。例如,美国学者詹姆斯·奥尔等人认为中国海权发展构成了对东亚安全以及美国利益的威胁,美国对此必须加以阻遏。美国的东亚战略必须以海权的主导地位为基础,"美国只有在太平洋地区保持足够的力量存在并表明将在必要时诉诸使用的意志,美国才能阻止中国追求东亚霸权的野心"。[4] 他甚至提出"可以把第一次世界大战期间的

---

[1] 刘中民、黎兴亚:《地缘政治理论中的海权问题研究》,《太平洋学报》2006 年第 7 期。

[2] George Modelski and William R. Thompson, *Sea Power in Global Politics*, *1949–1993*, Seattle: University of Washington Press, 1988, pp. 3–26.

[3] Fareed Zakaria, *From Wealth to Power*: *The Unusual Origins of America's World Role*, New Jersey: Princeton University Press, 1988, p. 1.

[4] James E Auer, Robyn Lim, "The Maritime Basis of American Security in East Asian", *Naval War College Review*, Vo. 154, No. 1, 2001, pp. 39–47.

德国与现在的中国进行比较",尽管"历史本身并不会重复,但是某些模式是显而易见的"。理查德·伯恩斯坦和罗斯·芒罗也认为中国海权的发展构成了可能诱发中美冲突的因素。"中国近来采取的军事和外交政策在很大程度上都是以利用一种使它能控制亚洲重要海运线和贸易通道的海上地理环境为目的的。换言之,中国的地理位置和现代世界的性质驱使这个国家成为一个海上强国,这是以前从未有过的"。他们认为,在战略层面,中国"正在担负起大国角色","这个军事大国的实力和影响已经远远超过了辽阔的太平洋地区内除美国以外的任何其他国家","它的目标同美国的利益势必冲突"。在具体的问题领域,如中国台湾问题、中国南海问题成了中美直接发生海上冲突的根源。①

三　海权理论指导下西方海洋强国实践的历史分析与批判

西方海权理论的巨大历史影响以及每一次海权转换所引发的世界性冲突,使得西方学者对中国的崛起抱有极大的恐惧。但是从以往的历史经验中推测出中国的崛起必然引发全球海权的转换以及世界冲突,则显然过于武断。实际上,西方海权理论所依据的历史经验并没有普遍性,西方大国崛起所引发的海权转换以及世界冲突具有历史的特定性。例如,马汉在其名著《海权对历史的影响1660—1783》中所考察的英国历史,它非常直观形象地告诉马汉,西方大国的崛起,无一不是建立在打败以前海权强国的基础上。16世纪的西班牙,17世纪的荷兰,18、19世纪的英国,它们的崛起无一不是对前者海权的挑战,并经过长期的战争行为而获得世界大国的地位。马汉这种归纳式的历史考察方法具有自己的局限性。有学者就指出:"尽管马汉始终认为他基于历史经验总结而形成的海权思想具有普遍适用性,但事实上他的思想很大程度上是归纳性的,即这些思想主要是从他对某个特定历史时期的考察中得出的结论,而这也就意味着,任何希望从马汉海权著作中汲取行动指南的人都必须意识到,他的思想同样也有着任何人类思想活动都必然带有的

---

① ［美］理查德·伯恩斯坦、罗斯·芒罗:《即将到来的美中冲突》,隋丽君等译,新华出版社1997年版,第2—3页。

历史局限性。"① 马汉没有意识到当时的崛起大国之所以选择海权争斗并且以战争行为实现自己的大国崛起之梦，一个很重要的原因在于当时的大国之间是处于竞争者的位置，而非互利共赢者的位置。在资本主义扩展的初期阶段，各主要资本主义国家需要扩充自己的殖民地，作为自己工业发展的原材料产地和产品销售地。在这种经济模式和世界格局的影响下，一国的崛起需要挤占他国的"生存空间"，因此大国之间产生争斗在所难免。但是这种经济发展模式在今天已经改变。国与国之间的联系愈加紧密，实际上，许多国家正在从他国的经济发展和社会进步中获益。当今经济模式和世界格局的变化是马汉始料未及的。

任何从历史归纳得来的理论都有它成立的前提条件。保罗·肯尼迪总结认为，马汉的海权对于一国的价值和效用，建立在一系列前提假定之上，其中主要有两条：一是海洋经济（生产、航运和殖民地）是决定一国经济繁荣的关键性要素；二是技术进步不会对海权的地位和作用产生实质性影响。② 而实际上这两条主要的前提假设在今天已经弱化甚至不复存在。海洋航运在今天的国际贸易中固然重要，但是随着欧亚大陆大铁路的贯通，航天运输的迅猛发展，陆运和空运已经凸显越来越重要的作用，海洋航运的地位开始下降。随着西方国家殖民体系的瓦解，殖民地在一国经济中的重要性已经不复存在。而且当今科技的发展，已经将海、陆、空以及外太空连接为一体，不仅在战争中，而且在经济上，海、陆、空的一体化已是不争的事实。"今天仅仅从海权、陆权的角度来思考问题是很有缺陷的。因为今天的科技发展已经远远超越了陆权、海权的概念。过去许多只能通过发展海上力量才能做到的事情，今天有可能通过其他别的选择达到，或者必须借助于别的方式才能达到"。③ 因此，说当今的技术已经使得海权的地位和作用发生了实质性变化并不为过。前提假设条件的不存在，说明马汉的海权理论已经不能

① 吴征宇：《海权的影响及其限度——阿尔弗雷德·塞耶·马汉的海权思想》，《国际政治研究》2008 年第 2 期。

② Paul M. Kennedy, *The Rise and Fall of British Naval Mastery*, London：A. lane, 1976, p. 7.

③ 叶自成、慕新海：《对中国海权发展战略的几点思考》，《国际政治研究》2005 年第 3 期。

解释当今世界的格局变化。

中国有学者根据西方学者的观点对主要海权国家崛起模式进行了概括（见表 1 - 1），从中得出海权构成了大国崛起的一个重要条件。海权在世界主要大国崛起模式中都起到了重要作用，的确证明了海权在大国崛起中的重要性。但是在我们看到海权的重要性之外，我们从世界大国崛起模式的演变中，同样可以发现，世界大国的崛起越到后期，其需要的综合因素就越多。从西班牙的海权（海军 + 海洋法律）+ 殖民扩张，到美国的海权（海军 + 海洋法律 + 海洋秩序）+ 殖民扩张 + 暴利的商业贸易 + 工业革命 + 技术创新 + 软实力众多因素的综合，世界大国崛起所需因素的增加。这种变化，一方面说明海权在大国崛起中的比重下降，换言之，其重要性呈现逐渐下降的趋势；另一方面也说明了世界大国的崛起，在今天其途径也越来越宽泛，其模式也越来越复杂化、多元化。诚然，这也说明世界大国的崛起日渐艰难，其对现有世界格局的改变也愈加困难，其行为受现有世界格局的影响日益增大。

表 1 - 1 　　　　　　　　　　**世界主要大国崛起的模式**[①]

国家	崛起模式
西班牙	海权（海军 + 海洋法律）+ 殖民扩张
荷兰	海权（海军 + 海洋法律）+ 殖民扩张 + 暴利的商业贸易
英国	海权（海军 + 海洋法律）+ 殖民扩张 + 暴利的商业贸易 + 工业革命
美国	海权（海军 + 海洋法律 + 海洋秩序）+ 殖民扩张 + 暴利的商业贸易 + 工业革命 + 技术创新 + 软实力

除了理论上的分析，我们认真回顾一下德国崛起所造成的英德冲突历史，会发现一国对于海权追逐的主观意愿起着尤为重要的作用。年轻的德皇威廉二世主动放弃了德国的大陆优势，而追求海洋力量。这是造成德国被动以及引发世界冲突的主要原因。实际上，与其说是马汉的海

---

① 刘中民：《关于海权与大国崛起问题的若干思考》，《世界经济与政治》2007 年第 12 期。

权理论准确地预测了英德对于海洋权力的争夺历史，还不如说是马汉的海权理论诱导了德国走向争夺海洋权力的国家战略。

诚如利夫齐所言："历史通常并不总是重复自己，且未来事态的发展可能也并不总是遵从以往的那种模式。"① 当今经济模式及世界格局的变化，说明套用以前的海权理论来诠释当今的大国崛起模式，已经很难得出正确的结论。我们需要认真考察当今世界的现实，才能对现实的世界有正确的认识。正是从这个意义上而言，不管是西方国家，抑或是中国，如果还固守西方海权理论的那套思维来看待国家海洋发展战略，都将难以适用新的发展形势。对于中国而言，中国的海洋强国战略，已经难以从西方的海权理论中汲取经验和理论养分，我们需要改变西方海权理论那种依靠海洋力量来实现大国崛起的惯性思维。新的发展形势与机遇，召唤着中国选择一种不同于马汉海权的战略路径，来实现海洋强国，实现大国崛起。

第三节　中国特色海洋强国之路：
海洋软实力提出的必然性

一　中国特色海洋强国的背景分析

中国的海洋强国战略难以复制西方海权理论指导下的西方国家发展路径。究其原因，在于中国海洋强国战略实施的外部条件，已经不同于马汉以及其追随者的时代。以下几个方面的现实状况，为中国海洋强国战略的路径选择提供了依据。

第一，当今国际社会的法理化，单纯依靠武力维护海洋权益已经不合时宜。在马汉的时代，没有一个类似于联合国的国际组织进行大国间的调停和约束，对武力的迷信促使大国之间对于自己权益的维护经常诉诸武力。诚如马汉直言不讳地指出："武力一直是将欧洲世界提升到当

---

① William E. Livezey, *Mahanon Sea Power*, Norman: University of Oklahoma Press, 1980, p. 274.

前水准的工具。"① 但是今天的国际社会是依据"权利—义务"体系建立并以国际法维系的主权间的法权社会。中国学者张文木认为，"就其科学性而言，海权的概念一定要纳入主权和国际法范畴来讨论，而不能仅仅纳入海上力量范畴来讨论，更不能与海上力量混同使用"。② 他认为当今的世界已经不同于以往。实际上，当今国际社会越来越走向法理化，联合国等国际组织的完善发展，已经促使人们在实施海洋战略时，更多是考虑在现有法理框架内合理、合法地去追求自己的国家利益。其对海洋权益的诉求也是在联合国所创立的国际法体系内以合法的形式表现。尽管联合国在国际事务的处理中，还受到部分大国的掣肘，但不可否认的是，众多的发展中国家在联合国中发挥着越来越重要的作用。现在，任何国家都难以依靠武力赢得国际社会的认可，而必须在国际法的框架内行事才能获得国际社会的尊重。这种国际现实已经说明新兴国家需要选择一条不同于西方海权理论的海洋强国战略实现路径。以至于有的论者认为，在当今时代，即使拥有世界上最强大的海军，如果游离于国际海洋法体系之外，也不足以保护国家的海洋权益。③

第二，当今世界的高度一体化，降低了国家之间战争爆发的可能。在经济上，跨国经济已经成为当今世界的主流，全球都从跨国贸易和投资中获益。发达国家将制造业等人力导向型产业转移到人力成本低廉的发展中国家，而发展中国家则向发达国家出口廉价商品换取外汇，支持国内经济发展。可以说，不管是发达国家，还是新兴国家，抑或发展中国家都从当今世界的和平与发展中获益。国与国之间的利益关系，不再是以前的此消彼长，而是双向共赢，其他国家都可以从某一国的经济和社会发展中获得收益。相反，当某一国的经济和社会遭受创伤的时候，其他国家也可能遭受损失。这种全球一体化使得不管是现有世界格局的维护者，还是现有世界格局的挑战者，都不可能如传统西方海权理论所言，经过长期的大规模战争进行获益。全球化对新兴海洋国家而言，的确是一把双刃剑。一方面，它昭示着海洋的重要性日益凸显，对海洋的

① ［美］马汉：《海权论》，萧伟中、梅然译，中国言实出版社1997年版，第259页。
② 张文木：《论中国海权》，《世界经济与政治》2003年第10期。
③ 江河：《国际法框架下的现代海权与中国的海洋维权》，《法学评论》2014年第1期。

把握对于一国的经济命脉起着至关重要的作用，一国的资源和市场与海外联系紧密。一旦海洋交通被切断，其资源、市场将丧失，造成一国经济的崩溃并非危言耸听。但是另一方面，全球化反而使得世界的冲突可能性下降。世界各国形成了你中有我、我中有你的经济联系网络。这就使得依靠海洋力量或者海洋战争争夺利益的途径难以使一国收益最大化，进行国际协商、实现互益双赢才是今后世界交往的主题。这种经济连接的一体化使得一国崛起依靠争夺"海洋权力"的可能性大大降低了，也昭示着新兴国家寻找到一条不同于武力夺取海洋资源的战略路径。

除了经济上全球一体化加强了世界各国的紧密性外，全球环境的一体化同样明显。全球二氧化碳等温室气体的减排需要全球各国的参与；跨界环境污染的防治需要相关国家的共同治理。这一切都说明当今世界国与国之间关系的调整，更需要协商和妥协，而非战争和暴力。唯有如此，才能和谐共赢。2009年诺贝尔经济学奖授予了埃莉诺·奥斯特罗姆，其原因就在于奥斯特罗姆对"治理"理论的杰出贡献。而治理理论的核心思想就是实现平等、协商和共赢。这是真正解决全球问题必须坚持的行动准则。它也昭示着海权将从依靠权力的统治演变为突出权利的治理。

第三，中国已经确立了和平崛起的国家战略，海洋强国战略的实施路径需要在这一大的国家战略框架下选择和实施。马汉等西方海权理论的缔造者们所关注的以往大国崛起，其崛起大国具有强烈的扩张愿望。尤其是19世纪的德国，表现出了对海外殖民地的贪婪需求。19世纪的德国野心勃勃地想要成长为一个海权国家，它力图打破英国对海权的控制，从而引发了其和英国的冲突，最终导致一战的爆发。德国的海权扩张成为西方海权理论的魔咒，使得西方海权论者坠入了大国崛起必将引发世界冲突的窠臼。但事实上，就是在历史上，也并不乏和平崛起的例子。美国在崛起的过程中，并没有主观上挑战英国的意图，相反，它力图避免与英国的冲突，在海权扩张战略上采取了选择英国霸权较弱的太平洋作为重点扩张策略。正如中国学者徐弃郁所总结的美国门罗主义的实质："美国不强行追求大西洋的海权，避免引起英国的敌意，同时也不让英国等欧洲国家染指美洲，这就是'门罗主义'。"① 美国策略最终实现了与英国的和平共处，也实现了自己在海权上的和平崛起。"德国与美国作为新兴国家在处理与传统海洋霸权关系上的不同结果表明，并不存在新兴海权国家与既有海洋霸权冲突的历史必然，其关键取决于新兴国家大战略的选择，即挑战既有霸权体系，还是融入国际体系并通过灵活的手段实现和平崛起"。② 瓦尔特也指出："威胁不是权力本身天生带有的……美国的崛起没有引发别国的反抗。"③ 因此，一国崛起的主观战略选择对于一国的行为至关重要。中国已经确立了和平崛起的国家战略，这一不同于西方霸权国家崛起的国家战略，也昭示着中国需要选择一条不同于马汉海权理论的海洋强国战略实施路径。中国早就有学者指出，中国虽然是一个濒海国家，但不是一个海洋国家，更不是一个海权国家。中国在海权上不诉求对海洋的控制，而且拘于在现有国际法框架内对自己海洋权益的维护。中国政府一贯强调，中国的军事力量发展、国防现代化建设以维护中国国家主权和安全为主要目标，并不以赶超美国为目的。这种强调反映了中国海洋强国的战略选择，不会去挑战现有海洋强国的"海权"，不会依靠大力发展海洋军事力量，去实现自己的大国之梦。

二　中国特色海洋强国的基本内涵

现实的国际形势、经济联系状况以及国家战略，使得中国的海洋强国战略需要选择一条不同于西方海权理论的实现路径。那么，中国的海洋强国战略实现路径是什么呢？基于上述对现实状况的分析，以及西方海洋大国崛起之路的理论基础——海权理论的弊端解剖，我们认为，中国的海洋强国战略路径应该遵循以下原则，或者涵盖以下内容。

第一，遵循渐进发展的思路建设海洋强国。中国的海洋强国战略实现路径，首先要确立渐进发展的思路和指导原则。之所以要遵循渐进发

---

① 徐弃郁：《海权的误区与反思》，《战略与管理》2003 年第 5 期。

② 刘中民：《关于海权与大国崛起问题的若干思考》，《世界经济与政治》2007 年第 12 期。

③ Stephen M. Walt, *The Origins of Alliances*, Ithaca, New York: Cornell University Press, 1987, p. 21.

展而非跳跃发展的战略实现思路，主要基于以下几个方面的考量：一是中国整体的政治、经济和社会改革遵循了一条渐进的发展思路。中国改革开放四十多年，之所以取得举世瞩目的成就，一个非常重要的原因就是我们采取了渐进式的改革路径。渐进式改革，可以为未来的改革积累更多的经验，也使得改革试验的成本降到最低。中国整体性渐进改革的成功，既可以为中国海洋强国渐进发展的战略路径提供经验借鉴，也为中国海洋强国战略的实施提供了框架。换言之，不可能在国家整体发展思路是渐进式发展的情况下，在海洋强国战略的路径选择上遵循"突破式"发展。二是在当前的国际政治格局之下，中国采取渐进的海洋强国发展之路更符合中国的国家利益。中国是传统的陆权大国，中国以往的国家利益诉求和国家安全重点也主要体现在陆地上。中国很少染指海洋秩序和话语权。因此，西方大国是现在海洋秩序的维护者，它将试图在短时间内改变这种状况的国家视为现有秩序的挑战者。在这种情况下，中国采取渐进的、潜移默化的海洋强国战略实现路径，不会与西方大国形成对立局面，从而可以在现有的海洋政治格局之下，实现中国海洋利益的诉求，成为海洋强国。最为重要的三是，海洋强国的建设，并非单纯依靠强大的海军和发达的海洋经济等"硬件"就能实现，它是一个系统的工程，还需要全民海洋意识的提升以及海洋制度的完善等"软件"才能实现。对于一个国家而言，建设武力强大的海军，可以通过"飞跃式"的战略路径得以实现，第一次世界大战之前的德国海军建设是一个很好的历史诠释；发达的海洋经济也可以通过国家资源的调配而得以在短时间内获得长足发展。但是这些海洋"硬件"的实现，并不意味着海洋强国建设的实施。它们只是海洋强国建设中的组成部分。强大的海军，发达的海洋经济，并非是海洋强国实现的核心标准。中国要实现海洋强国，更为重要的是有着强烈的全民海洋意识，完善的海洋制度，获得国际认可的海洋影响力。这些海洋"软件"才能保障中国的海洋事业可持续发展。但是显而易见，这些最为核心的要素难以一蹴而就，它需要长时间的积累和发展，只能通过渐进式的战略路径得以实现。

第二，遵从现在的国际法框架，更多通过法理而非武力诉求国家海洋权益。如上所述，当今世界与以往海洋大国崛起的时代，已经有了显著差别。联合国作为重要的政府间国际组织，在国际舞台上发挥着重要的作用。由于联合国的存在，使得大国即使在国际舞台上有所行动，也需要获得联合国的认可或者默许，才能拥有一定的合法性。联合国在构建海洋秩序方面举足轻重。1982 年出台的《联合国海洋法公约》，成为当今国际社会在海洋利用、海洋开发等方面一部重要的国际法律规范。由联合国主导的国际法的完善，使得当今的海洋不再是没有秩序的处女地。中国作为海洋的后发国家，要实现海洋强国，需要遵从由联合国主导的当今国际法框架。在海洋权益维护上，更多诉诸法理而非武力。这种通过法理而非武力诉求国家海洋权益的战略路径，对于中国海洋强国建立的益处是显而易见的。首先，它避免了中国对现有大国海洋政治格局的正面挑战，从而将中国海洋大国崛起之路的障碍减到最低；其次，它可以提高中国海洋强国建设的合法性，在国际舞台上赢得更多的道义支持。当然，这一海洋强国战略路径的实施，需要完善中国的国际法，特别是海洋法的人才队伍建设，从而能够在遵从现有国际法的基础上，争取更多的国家海洋权益。

第三，以"和谐海洋"价值观为指导，实现海洋强国的和平崛起。在人类历史上，后起大国的崛起，往往导致国际格局和世界秩序的严重失衡，甚至引发世界大战。德国和日本就是例证。苏联在这方面也有深刻的历史教训。国家靠战争崛起不可避免地造成生产力的严重破坏，并埋下各民族与各国家之间关系动荡的祸根。结果表面强大和繁荣的帝国往往不久便成了历史的匆匆过客，应验了"其兴也勃焉，其亡也速焉"的古话。第二次世界大战的结束宣告了"战争崛起论"的历史性终结。战后，日本、德国和其他欧洲大国都走上了和平发展的道路并取得了前所未有的成功，这从反面证明"和平崛起"是国家富强、民族振兴的必由之路。因此，中国在国家战略上，已经确立了"和平崛起"的指导思想。2005 年 9 月，时任国家主席胡锦涛在联合国大会上指出："新的世纪为人类社会发展展现了光明前景。在机遇和挑战并存的重要历史时期，只有世界所有国家紧密团结起来，才能真正建设一个持久和平、共同繁荣的和谐世界。"为此"中国将始终不渝地把自身的发展与人类共同进步联系在一起"。和平崛起的国家发展战略，为中国的海洋强国战略指出了实施路径。中国在海洋强国战略的实施上，也应该采取和平崛起的路径。实现海洋强国的和平崛起，需要我们和其他海洋大国求同存异，寻找甚至构建海洋大国之间的共同利益和价值认同，提倡"和谐海洋"价值观。① 在海洋大国之间共谋海洋发展、和谐利用海洋的理念下，实现中国海洋强国的和平崛起。

三 海洋软实力提出的必然性

如上所述，不管是基于越来越趋于法理化的国际社会，还是当今世界的经济联系格局，抑或中国和平崛起的国家战略，都表明马汉海权理论指导下的西方海洋强国崛起之路不适合中国，中国的海洋强国战略需要一条不单纯依靠武力的实施路径。而这一不同于西方海洋大国的发展之路，需要一种不同于马汉海权理论的新理论作为行动的指导。如果说马汉以及其后的追随者所提倡的西方海权论为西方大国的武力称霸海洋提供了很好的理论支撑的话，那么，显而易见，中国和平崛起的海洋强国战略实现之路，同样需要一个系统和新的理论作为指导和支撑。马汉海权理论对于西方海洋大国发展之路的重要性，再怎么强调都不为过。海权理论成为西方海洋大国凝聚共识、设计路径等基本行动准则，从而保障了海洋大国地位的夙愿。因此，中国的海洋强国战略实施，同样需要一种全新的理论作为指导。我们认为，海洋软实力的提出及其发展，将为中国和平崛起的海洋强国战略提供强有力的理论支撑，它的完善也将为中国的海洋强国战略提供很好的理论指导。

软实力（soft power）一词最早由美国学者约瑟夫·奈提出并加以诠释。② 软实力概念的提出，让人们对"实力"（或者称为权力）有了更为全面和深刻的认识。它扩展了人们实现自身利益和诉求的途径，让人们认识到，除了通过武力强迫或者威慑他人（或他国）来屈服自己，以达到自己的利益外，还有一种效果更好而成本更低的途径，那就是通过软实力，让他人（或他国）心悦诚服地认可自己，从而达到自己利益和诉求的实现。今天，软实力已经从一个单纯的国际政治学词汇延展到各个方面，从而也衍生出了很多子概念，比如文化软实力、城市软实

① 娄成武、王刚：《论当代中国海洋文化价值观》，《上海行政学院学报》2013 年第 6 期。

② Joseph Nye, *Soft Power*, *Foreign Policy*, No. 80, Autumn, 1990.

力甚至军事软实力等。这些子概念的层出不穷，从一个侧面说明软实力这一概念获得了广泛认可。当今社会的新变化，使得"软实力"成为国际社会展现风貌、争取国家利益的新武器。有学者指出，在当今国际社会，随着国际市民社会的逐步形成和主权国家复合相互依赖性的不断加强，以文化为核心的软实力在国家主权嬗变中的作用越来越大，特别是在军备和武装冲突等领域国家无力扮演"垄断者"角色，受软实力控制的非国家行为体在设定国际议程和影响国际规则的形成等方面发挥着越来越重要的作用。①

在中国学术界，"海洋软实力"的概念被较早地提出，并被认为是中国实现海洋发展战略的重要途径。在近年来，海洋软实力的概念及一些基本理论内核被较为系统地加以阐述和整理，② 海洋软实力的理论日益成熟。我们认为，构建系统的海洋软实力理论体系，对于中国海洋强国战略的实施，具有重要的指导意义。它可以为中国实现和平崛起，提供重要的理论给养。当和平崛起已经成为中国基本的国家战略时，当世界格局要求中国的海洋强国战略实施路径应该遵循和平崛起的基本原则时，构建系统的海洋软实力理论就更为重要。

第四节　海洋强国建设背景下海洋软实力的战略价值

我们认为，在中国海洋强国战略的实施中，海洋软实力的提升至少具有以下几个方面的战略价值。

一　有利于海洋硬实力的提升和综合国力的增强

相对于海洋软实力而言，海洋硬实力是指一国在国际海洋事务中通过武力打击、军事制裁、威胁等强制性的方式，逼迫别国服从、追随，

---

① 黄志雄、范琳：《国际法人本化趋势下的 2008 年〈集束弹药公约〉》，《法学评论》2010 年第 1 期。

② 王琪、季晨雪：《海洋软实力的战略价值——兼论与海洋硬实力的关系》，《中国海洋大学学报》2012 年第 3 期。

以实现和维护本国海洋权益的一种能力和影响力，主要来源于领先的海洋科技、雄厚的海洋经济实力、强大的海洋军事力量。海洋软实力与海洋硬实力作为海洋实力不可或缺的两部分，既有区别又有联系。区别表现在：第一，资源的运用方式不同，前者是对资源的非强制运用，后者则是强制运用各种资源。第二，资源的运用效果不同，前者追求"不战而屈人之兵"，后者则是逼迫，效果不持久。第三，作用方式不同，前者通过接触、沟通、协商、对话的方式，潜移默化地影响别国，后者通过军事打击、武装威慑的方式强制别国。第四，运用的时机不同，前者注重平时的运用，追求水到渠成，后者一般更注重在关键时刻或最后时刻运用，在软实力难以发挥作用或面对突发状况时运用。二者的联系表现在：第一，形成的基础都是各种资源。第二，二者相辅相成，缺一不可。第三，二者相互制约，任何一方的使用不当都会影响到另一方的作用效果。海洋软实力在很大程度上能够为硬实力的发展提供一个良好的环境，进而有助于硬实力的发挥及提升。如在和平发展的海洋价值观的指导下，运用与负责任大国相匹配的海洋政策处理国际事务时，一方面会获得别国的认同，另一方面在国际上可以树立一个正面的国家形象，形成一个良好的外交环境，这就为国家经济、科技等发展提供一个良好的发展氛围，有利于硬实力的提升。海洋软实力作为海洋实力的组成部分，影响着海洋整体实力的提升。海洋整体实力与海洋软实力、海洋硬实力之间的关系是：*海洋实力 = 海洋硬实力 × 海洋软实力*。所以在提升海洋整体实力时，对海洋硬实力与海洋软实力都不能忽视，否则就会极大地制约海洋整体实力的提升。但是，我们必须认识到，海洋硬实力在一定程度上是海洋软实力运用的坚实后盾，中国在海洋硬实力尚不够"硬"的背景下，我们尤其不能单纯只强调海洋软实力的提升，而忽视海洋硬实力的建设。所以，中国在实施海洋强国战略时，要实现海洋软实力与海洋硬实力的有机结合，不断提升中国的海洋整体实力，进而提升中国的综合实力。

二 有利于塑造良好的国家形象，提高中国的国际地位

首先，经历工业革命之后的生态危机，目前人类社会都在反思"人类中心主义"的思想，并坚持走可持续发展的道路。因此，实现人与海

洋和谐相处的"天人合一"的海洋文化具有普适性，必会被各国普遍接受并认同，这无形中就会大幅提升中国的国家影响力，进一步提高其国际地位。一种文化要想对别国产生吸引力，就不能是狭隘的，而应符合别国认同的价值观以及利益，天人合一的海洋文化作为中国海洋软实力的重要来源，以其深邃性深深吸引着世界各国，在指导实践时有利于国家形象的塑造。

其次，在和平崛起的海洋价值观指导下的海洋发展模式更容易被他国自愿接受、认同，并与本国合作，这正是海洋软实力提升的表现，有利于在世界范围内塑造良好的国家形象，对别国产生吸引力、动员力，提高本国地位。如果没有正确的海洋价值观的指导，那么中国的政策或是行动都很可能不符合人类共同利益，那么中国的发展很可能走上一条不归路。一个个体、一个组织甚至是一个国家，如果思想不成熟抑或是不正确，而本身又拥有较为强大的力量，那么最终造成的后果将非常严重，而这个后果甚至比力量弱小的时候更严重。如日本的武士道精神本身可以称为日本软实力的重要来源，但是第二次世界大战时被"军国主义"所利用、所歪曲，导致当时的武士道精神已经丧失其本来意义，成为日本武力侵略、占领别国、逼迫别国的帮凶，这无论是对日本国民还是对遭受日本蹂躏的其他国家都造成了无法挽回的损失。所以说，和平崛起的海洋价值观的指导，能够塑造良好的国家形象，正确、合理地发挥海洋软实力的作用，实现和平崛起、成为海洋强国。

最后，与负责任大国相匹配的海洋政策的实施有利于良好国家形象的塑造。中国作为世界上最大的发展中国家，理应承担起与其地位相当的责任，中国的海洋政策不能仅仅是为了本国利益，还应站在全人类的角度，制定符合全人类共同利益的海洋政策。这样，在面对国际争端时，就能够取得别国的理解、认同、支持与合作，对别国产生吸引力，而不是依靠强制力逼迫别国，中国的国家形象会更加良好，对国际规则及政治议题的创设力会大大加强，在处理国际海洋事务时会获得更多的话语权，达到事半功倍的效果。

总之，重视、发扬天人合一的海洋文化，始终坚持和谐海洋价值观，致力于维护世界合作，共同建设和平之海、合作之海，可以从源头上提升海洋软实力，塑造良好国家形象，提高国际地位，实现海洋强国之梦。

三 有利于维护中国的海洋权益

马汉的"海权论"强调制海权，达到对海洋的控制，其最终目的是获取海上霸权。中国谋求的海权不是海上霸权，而是维护国家的海洋权益。中国的"海权"是海洋实力、海洋权力与海洋权益的统一。"海洋实力"是由一国海洋要素构成的综合力量，是海洋软实力与海洋硬实力的统一。"海洋权益"是由内核"海洋权利"和外围"海洋权益"组成的。"海洋权利"是"国家主权"概念内涵的自然延伸，包括国际海洋法、联合国海洋法公约规定和国际法认可的主权国家享有的各项海洋权利。"海洋权益"是由海洋权利产生的各种经济、政治和文化利益。"海洋权力"是指一个国家为了维护法理基础上的海洋权利和外延的海洋权益向他国施加影响的能力，是维护海洋权益的重要手段。海洋实力是前提，海洋权力是手段，海洋权益是目的。提升海洋软实力对维护海洋权益具有深远意义，"海洋综合力量强大即能够保证领海和岛屿领土主权不丧失、专属经济区和大陆架主权权利和管辖权不受侵犯、全球海洋航线安全、分享和利用公海及区域等资源与空间的权益等"。① 海洋硬实力在维护海洋权益时的作用是毋庸置疑的，但是要实现和平发展，在很多情况下是不能诉诸武力的，更多的是通过协商、对话的方式解决争端，而这就需要夯实本国的海洋软实力，让别国心悦诚服地认同，达到"不战而屈人之兵"的效果。在处理国际事务时，负责任大国的形象更有利于在源头上维护本国的海洋权益，而国家形象的塑造又是与天人合一的海洋文化、和平发展的海洋价值观以及负责任大国相匹配的海洋政策息息相关的。天人合一的海洋文化表明中国坚持可持续发展，不会以破坏海洋生态为代价换取经济的发展，这是符合全人类共同利益的，该文化具有普适性，会获得其他国家的认同。和平发展的海洋价值观向世界表明，中国不是要获取海洋霸权，"中国威胁论"的论调是站不住脚的，当然，要想让"和平发

---

① 冯梁:《论 21 世纪中华民族海洋意识的深刻内涵与地位作用》,《世界经济与政治论坛》2010 年第 2 期。

展"被各国相信并且接受，就需要塑造良好的国家形象，而软实力的
提升则是重中之重。负责任大国身份的构建与维护无一不与国家形象
有关，不仅仅是海洋软实力的来源，该身份如果获得别国的认同也是
中国海洋软实力提升的体现。

四 有利于实现和平崛起，推进和谐海洋的建设

近代以来存在三种大国崛起模式：以宗教扩张激情为动力的西班牙
模式、以掌控海洋为中心的英国模式和以政治文化扩张为根本目标的美
国模式。这三种模式都不同程度地建立在武力之上。[①] 以往大国崛起都
对现有的国际格局产生了重大冲击，尤其对现有的大国都不同程度地使
用了武力。这种历史上的大国崛起模式使得当前大国对于中国的崛起心
存忌惮，他们基于历史逻辑而一致推断，中国的崛起将不可避免地挑战
现有的国际格局，并会与现有大国发生武力冲突，从而可能引发大规模
的战争。尤其是中国改革开放 40 多年来，其发展取得了举世瞩目的成
就，更是加重了西方国家的这种疑虑，"中国威胁论"甚嚣尘上。针对
国际上这种有损中国国家形象、妨碍中国发展的论调，我们党和政府一
再申明中国将坚定地走和平发展道路。中国要成为真正意义上的世界强
国，首先应该成为世界意义上的海洋强国，但建设海洋强国不能只靠武
力，还要靠海洋软实力的提升。海洋软实力的提升有利于获得别国的认
同与合作，可以为和平发展提供一个安全稳定和谐的国际环境。随着经
济全球化、区域一体化进程的加快，各国之间在海洋经济、政治、文
化、科技、外交等方面的合作与竞争日益加深，各国为了实现自身的海
洋权益难免会产生争端，而此时如果单纯运用海洋硬实力很可能会让争
端、矛盾升级，导致两败俱伤，各国的利益均受到损害。而海洋软实力
运用非强制的方式更容易获得别国的理解、认同、支持与合作，在协
商、对话的基础上保证各国海洋利益的实现。天人合一的海洋文化实质
上就是可持续发展的和谐海洋观，一方面通过开发海洋获得持续发展的
动力，另一方面在开发海洋的过程中，要始终走可持续发展道路，要做

---

① 吕庆广：《大国崛起的类型学分析——兼论中国和平崛起战略的可行性》，《江南大学
学报》2007 年第 1 期。

出与一个负责任大国相匹配的贡献，与各国一起和平利用与保护海洋，推动全人类海洋事业的不断发展。运用协商、对话的方式获得别国的认同、支持与合作可以避免武力引起的摩擦与争端，有利于为各国的发展提供一个安全稳定的外部环境，有利于和谐海洋的建设。

第 二 章

海洋软实力的概念及其资源要素

软实力概念提出以后，成为一个频繁用于多个领域的概念。国内外学者针对软实力的概念、构成要素、提升战略，以及相关衍生概念如文化软实力、军事软实力、经济软实力、城市软实力、企业软实力等进行了广泛研究。"海洋软实力"作为"国家软实力"的重要内容，是"国家软实力在海洋方面的体现"。尽管"海洋软实力"这一概念已被提出，但以海洋软实力为题的专门研究非常匮乏，其相关研究难以适应新形势下中国对海洋软实力的实际需要。中国正在实施海洋强国战略，实现和平崛起，提升海洋软实力是必由之路，由此，海洋软实力研究已成当务之急。

第一节 软实力与海洋软实力

虽然中国学者已经提出海洋软实力的概念，但是并没有明确界定和加以阐释。而明确的概念，是构建海洋软实力理论体系的基石，因此，要具体分析中国海洋软实力的现状和实施路径，必须首先明确海洋软实力概念的基本含义，把海洋软实力的研究建立在理性分析基础之上。而要明确海洋软实力的概念，必须追根求源，把握软实力的基本含义。

一 软实力的概念及其在中国的传播

20 世纪 80 年代，美国发生了一场关于美国是否霸权地位动摇、正在走向衰落的大辩论。1987 年耶鲁大学历史学家保罗·肯尼迪教授在其著作《大国的兴衰》中，从军事、经济等可见的实力竞争的视角，分析认为美国在与苏联的大国争霸以及与其他国家的国际竞争中因为巨大的国防开支而必然衰败，美国正在重蹈历史上霸权国的覆辙。① 一时间"美国衰落论"甚嚣尘上，成为当时国际关系学界的共识。然而，哈佛大学教授约瑟夫·奈却否定美国衰落论，认为美国的力量并没有衰落，只是权力本质及其构成发生了变化，即要从新的"soft power"的角度看待美国的权力地位。1990 年，他分别发表了《注定领导：变化中的美国力量的本质》一书和《软实力》一文，首次明确提出了"软力量"② 概念。约瑟夫·奈明确指出："美国不仅是军事和经济上首屈一指的强国，而且在第三个层面上，即在'软力量'上也无人与之匹敌。"③ "软实力"是国家的凝聚力，是文化被普遍认同的程度和参与国际活动的程度，是让他人自愿地按你的意图做事的力量。约瑟夫·奈提出这个概念，主要是基于冷战时期的国家间竞争的需要，即在国家间的以军事、经济、科技为主要内容的硬实力竞争之外，寻找比硬实力更高层次的、更有效的分析工具与路径。

此后，约瑟夫·奈又以"软实力"为核心概念，发表了《美国霸权的困惑——为什么美国不能独断专行?》（2002）、《软力量：世界政坛成功之道》（2005）、《软权力与硬权力》（2005）、《美国"软实力"的衰弱》（2005）、《"软实力"的再思考》（2006）等一系列著作或文章，对"软实力"的概念进行了更加具体而深入的阐释。其理论要点是：（1）软实力通过吸引和诱惑而不是强制或劝说发挥作用。一国可以通过文化、意识形态以及制度本身的投射性使外部行为者产生学习和效仿的愿望，从而实现国家的战略目的。（2）软实力反映了一国倡导和建立各种国际制度安排的能力。（3）软实力具有认同性。认同性可

---

① 蒋英州、叶娟丽：《国家软实力研究述评》，《武汉大学学报》（哲学社会科学版）2009 年第 2 期。

② "Soft Power"概念诞生后，国内学界围绕这个词语，长期存在着"软力量""软实力""软权力"和"软国力"等不同中文译法，这些译法之间并没有明确的区别，本书统一采用"软实力"的译法，对该词的讨论也包括对其他译法的讨论。

③ ［美］约瑟夫·奈：《软力量：世界政坛成功之道》，吴晓辉、钱程译，东方出版社2005 年版。

以是对价值和体制的认同，也可以是对国际体系判断的认同。认同性权力有助于一个国家获得国际上的合法性。①

约瑟夫·奈还根据十年来世界发生的深刻变化，首次阐释了软实力和硬实力之间的关系，并通过总结从古罗马帝国到近现代新崛起强国"软权力"的产生、运用到衰落的过程，得出"美国并非唯一拥有'软权力'的国家"的结论。在《软力量：世界政坛成功之道》一书中，约瑟夫·奈进一步澄清了自己的软实力理论，指出软实力是"使其他人想要你想要的后果——诱惑，而不是强制他人去做"的能力。软实力可以称为"权力的第二面"，一个国家可以获得它在世界政治中想要得到的结果，是由于其他国家想要追随它，它们赞赏其价值，仿效其榜样，渴望其繁荣和开放程度。② 归根结底，软实力是价值观念、生活方式和社会制度的吸引力和感召力，是建立在此基础上的同化力与规制力。

尽管国内外还有许多学者对软实力概念的内涵与外延进行了多样化的阐述，但大多是在约瑟夫·奈软实力概念基础上的发挥，难以形成系统的理论与约瑟夫·奈相比肩。当软实力概念传到中国，传播速度之快、应用之广，超乎寻常。如果说约瑟夫·奈主要针对国际关系提出了软实力概念，其对美国软实力的阐述主要集中在流行文化和政治模式上，而中国学者对软实力的讨论包括了外交政策和国内政策两方面内容，对中国软实力的讨论集中在传统文化和经济发展模式上，并涉及国家凝聚力、社会公平、政治改革、道德水准、反腐败等诸多内容。软实力一词的应用范围实际上在中国被大大扩展了，"不仅有国家的软力量，包括一个城市或是某一企业，也有软力量的课题。其实我们每一个人，每一个单位，每一个机构，每一个城市，每一个地区，都有一个软力量的问题"。更为引人注目的是，软实力概念还进入了官方报刊的语汇，而且受到了国家决策者的重视。连约瑟夫·奈都兴奋地注意到，"一个令人着迷的例子是，中国已经开始运用软权力。胡锦涛主席在中国共产

① 周琪、李枬：《约瑟夫·奈的软权力理论及其启示》，《世界经济与政治》2010 年第4 期。

② ［美］约瑟夫·奈：《软力量：世界政坛成功之道》，吴晓辉、钱程译，东方出版社2005 年版。

党第十七次全国代表大会报告中提出了增强中国'软实力'的重要性"。① 2009年3月10日，美国战略与国际问题研究中心"巧权力委员会"发表了题为《具有中国特色的软权力：正在进行的争论》的报告，② 该报告关注到了中国学者发展约瑟夫·奈的原始理论框架以及探索"具有中国特色的软权力"的过程，并对此进行了分析。报告认为，尽管中国学术界对软权力的辩论十分激烈，且软权力也被纳入了官方语汇，但中国还没有形成一套综合的、连贯的应用国家软权力的战略。

应该说，尽管中国学术界存在着软实力概念"不仅被误读，还被滥用"，③ 以及"由于缺少被普遍认同的理论框架和研究视角，现有的理论探索仍较为分散和随意"④ 的现象，但中国学术界目前关于软实力的讨论实际上是一次以对自身政治、文化、外交政策的认知为基础的理论探索，它试图"突破约瑟夫·奈的理论框架"，把软实力理论与中国的实践相结合，为中国发展自身的软实力出谋划策，这是十分可取和应予以完全肯定的。"软实力"概念在中国的迅速传播，在一定程度上反映了与崛起中的中国发展之路相契合的现实需要。但任何一个概念被思想家提出后，其内涵与外延往往会被不断地拓宽、丰富新的内容，尽管这种变化可能已走超出概念提出者的本意，也可能被"误读"甚至被"滥用"，但从另一个角度上讲，这种变化可能也正是概念发展的体现。更多的学者关注这一概念、试图给予新的解读，正说明这一概念的影响力和吸引力（这本身也是软实力的一种体现），也正是由于更多学者对这一概念内涵与外延的不断拓展，软实力理论才能不断地创新，并能给予实践以更具体可行的指导。

① "Joseph Nye on Smart Power", July 3, 2008（http：//www.hks.harvard.edu/news-events/publications/in2sight/international/joseph-nye-smart-power）.

② Bonnie S. Glaser and Melissa E. Murphy, "Soft Power with Chinese Characteristics：Chinese Soft Power and Its Implications for the United States"（http：//www.csis.org/component/option,com_csis_pubs/task,view/id,5326/type,1/）.

③ 蒋英州、叶娟丽：《对约瑟夫·奈"软实力"概念的解读》，《政治学研究》2005年第5期。

④ 周琪、李枏：《约瑟夫·奈的软权力理论及其启示》，《世界经济与政治》2010年第4期。

二　中国海洋软实力的研究维度及其概念界定

世界近现代史的经验证明，大国的崛起、民族的强盛和国家的繁荣往往与海洋密切相关。走向海洋是世界强国共同的国家战略，但发展模式各有不同。第二次世界大战之前，走向海洋离不开战争；第二次世界大战之后，出现了可以采取和平模式建设海洋强国的历史环境。① 面对新的历史机遇和有利的国际环境，中国选择了通过和平发展实现国家崛起和民族复兴的战略道路。在和平发展战略的指引下，中国走上了海洋强国之路，海洋强国之路不是重蹈历史上海洋强国崛起的武力称霸之路，而是通过提升海洋软实力来实现和平崛起，实现"不战而屈人之兵"的战略目的。

海洋在中国和平崛起过程中，是与世界联系最为密切和复杂的领域之一：世界各国对海洋资源的争夺，中国外向型经济对海洋空间的倚重，国际海洋合作的日益广泛性和海洋问题的纷繁复杂性。特别是，近年来，中日、中韩岛屿争端和南中国海岛屿主权归属问题日益升温，南海海域的石油天然气资源被周边国家严重盗采，中国的海洋权益正遭受严重侵犯，海上安全形势十分严峻。面对如此严峻的海上形势，面对中国海洋权益被严重侵犯的事实，如何在和平发展战略下有效维护中国的海洋权益，化解海洋权益纠纷，建设海洋强国就成为一个重要的战略课题。

非军事力量和非战争形式成为在"和平发展"战略背景下维护和发展国家海洋权益的主要力量和形式。"作为和平发展战略的组成部分，中国建设海洋强国的过程是和平的，不是通过海洋对外扩张来实现的。其本质是自强自立自卫，通过壮大国力达到防御外来侵略，维护国家利益的目的。"② 中国的和平崛起，并不是硬实力的单向发展，它取决于历史文化、教育状况、法治水平、政府效能等软实力的综合建设。

尽管国内学者对海洋软实力并没有给予明确界定和深入剖析，但理

---

① 杨金森：《关注蔚蓝色的国土——我国海洋的价值和战略地位》，《中国民族》2005 年第 5 期。

② 刘中民、赵成国：《关于中国海权发展战略问题的若干思考》，《中国海洋大学学报》（社会科学版）2004 年第 6 期。

论界基于对中国海洋权益维护以及中国海洋强国建设的现实需要，主要从海权和海洋文化的维度对海洋软实力的概念和相关内容进行了初步的探索。

其一，海权的维度。在对海权理论的反思以及对中国海权内涵的再探讨过程中，有学者提出："在相互依存的世界里，国家利益的多向度化和新的竞争模式要求海权建设更加注重软实力的培育。"① 张文木对"海权"概念进行了清晰的界定，认为"海权"（海洋权力）区别于"海洋权利"和"海洋霸权"，中国目前的"海权"相关实践还只是停留在追求"海洋权利"的阶段上，远未到达"海洋权力"和"海洋霸权"的阶段。② 刘中民、赵成国在探讨中国海权发展与中国和平崛起关系问题时谈到，中国发展海权的最基本需求来源于主权需求，中国海权力量的有限发展在主观上不会也不可能以美国海权作为挑战对象，中国的海权发展战略也不可能是放弃陆缘安全及其战略安排而选择全球性海权战略。③ 孙璐探讨中国海权的内涵时提出了"海洋软实力"的概念，指出中国海权是一个综合的概念，是海洋实力（海洋硬实力和海洋软实力）、海洋权益（海洋权利和外围海洋权益）和海洋权力（海洋硬权力和海洋软权力）三要素的有机统一。国家的海洋实力分为两部分：一方面是海洋硬实力，包括海军及其舰队的数量和作战力、海上作战武器以及海上防卫空间和预警机制装备情况等。另一方面是海洋软实力，包括海洋战略、海洋意识、政治精英的海洋思想、海洋人力资源、海洋管理体制等。④ 叶自成、慕新海在探讨中国海权发展战略时以郑和下西洋为例，认为仅有海上军事力量的发展不能成为海权大国，中国若想成为海权大国需要海权新思维，其中很重要的一条就是用文化、外交、政治上的实力来构建海权战略，并且提到要通过提高全民族的海洋意识来维护

---

① 孙海荣：《从和平发展战略看中国海权观新的价值纬度》，《实事求是》2007 年第 1 期。

② 张文木：《论中国海权》，《世界经济与政治》2003 年第 10 期。

③ 刘中民、赵成国：《关于中国海权发展战略问题的若干思考》，《中国海洋大学学报》（社会科学版）2004 年第 6 期。

④ 孙璐：《中国海权内涵探讨》，《太平洋学报》2005 年第 10 期。

中国的海洋权益。①

其二，海洋文化的维度。曲金良是中国较早研究海洋文化的学者。他将海洋文化定义为"人类源于海洋而生成的精神的、行为的、社会的和物质的文明生活内涵，其本质是人类与海洋的互动关系及其产物。它有四个方面的内涵：一是心理和意识形态的层面；二是言语、行为样式的层面；三是人居群落组织结构和社会制度的层面；四是物质经济生活模式包括资源利用及其发明创造的层面"。② 此处的海洋文化内涵包括了人类涉海活动的所有层面，作为一种广义上的界定，对于"海洋软实力"的探讨具有重要的启发意义。刘新华、秦仪指出："海权的观念资源（海洋国土观和海洋国防观）属于海洋文化的一部分。海洋文化是指导和约束国家海洋行为和国民海洋行为的价值观念。海洋文化是国家海权中的软实力，反映出国家的海洋理念、海洋行为规范和有关海洋的价值标准，在实践中，它可以通过一种共同的价值观而产生独特的生产力效应，在国家海权的发展和维系方面起着独特的作用。因此，在缺乏海洋文化的国家，发展海权尤其要注意海洋文化的积累。"③ 蔡静认为，"尽管目前海洋综合开发的核心内容是关于海洋经济、海洋科技等层面问题，但说到底还是文化问题，是怎样认识和把握、发展海洋文化的本质及其蕴涵的问题，海洋世纪的到来，如果缺失了海洋文化的研究，会比现在更可怕。而对于东北亚国家和地区而言，发展海洋文化这种强大的'文化力'则显得更为关键和必要"。④

而海洋意识作为海洋文化中最深层次的内涵，无疑也是海洋软实力的最基本内容。冯梁在探讨中国"海洋意识"时明确把它融入"海洋软实力"的理论框架中，并把海洋软实力理解为"国家海洋软实力是国家软实力在海洋方面的体现，主要表现在海洋文化、价值观的吸引

---

① 叶自成、慕新海：《对中国海权发展战略的几点思考》，《国际政治研究》2005 年第3 期。

② 曲金良：《海洋文化与社会》，中国海洋大学出版社 2003 年版，第 132 页。

③ 刘新华、秦仪：《现代海权与国家海洋战略》，《社会科学》2004 年第 3 期。

④ 蔡静：《东北亚地区海洋文化观的建构与思考》，《大连海事大学学报》（社会科学版）2010 年第 4 期。

力、海洋政策和管理机制的吸引力、国民的整体形象等方面"。① 而树立起 21 世纪中华民族的海洋意识,对于提升国家海洋软实力至关重要。

从上述中可以看出,中国一些学者在对海权这一西方概念进行新的思考的过程中已经提出海洋软实力的概念,试图探寻一种海洋强国战略中的软性力量因素即"软实力"因素,但是并没有对此加以明确界定和阐释。

在借鉴和总结不同学者观点的基础之上,本书认为:海洋软实力是指一国在处理国际海洋事务过程中,通过运用吸引、同化与合作等非强制性方式实现其海洋战略目标的能力,这种能力是通过相关资源转化而获得并表现为该国在海洋领域对他国的吸引力、感召力和创设力。

对海洋软实力概念的进一步阐释如下。

第一,海洋软实力的本质是力,是在相互作用的过程中形成的力的集合。物理学中认为:"力是物体对物体的作用,物体间力的作用是相互的。力不仅有大小还有方向。"具体来说,力是一个双向互动的过程,A 物体对 B 物体施加了作用力,B 物体会对 A 物体有一个反作用力。但是由于损耗等原因,这个作用力与反作用力可能不是对等的。首先是一方应具备,并通过一定的方式对另一方产生影响,最终得到对方的回应,其作用效果是外向的。海洋软实力可以归结为三力,即吸引力、感召力和创设力。这三种力是依次递进的关系。吸引力,这是海洋软实力发挥作用的初级阶段,这种吸引力通常建立在海洋文化基础之上,受外在因素影响较大,具有外显性、直接性和可感性,这种吸引力并不一定稳定牢固,有时随着周围环境的改变而变化波动。感召力,则是海洋软实力发挥作用的中级阶段,这种力是建立在价值观、政策制度认同的基础上,通常更为深刻和稳定,能让人不自觉地产生行动认同。一个国家在国际海洋事务中对国际机制和政治议题的创设力,则是海洋软实力发挥作用的高级阶段,在文化吸引、价值认同的基础上,通过创设国际机制和政治议题来实现维护中国海洋权益、达到海洋共同治理的目的。也就是说,海洋软实力通常是一种无形的吸引力,能够通过海洋意识和相

---

① 冯梁:《论 21 世纪中华民族海洋意识在国家和平发展中的地位作用》,《世界经济与政治论坛》2009 年第 1 期。

关制度潜移默化地吸引、影响和同化他人，使之相信或认同某些准则、价值观念和制度安排，以达到实现和维护海洋权益、海洋共同治理的目的。从这个意义上说，海洋软实力的提出不仅仅在于维护各国的海洋权益，最重要的是为全人类可持续地开发与利用海洋提供共享的价值观念与治理工具。这种力是一种竞争力，但不是"你死我活"的"零和博弈"，而是一种合作共赢、相得益彰的共生力。

第二，海洋软实力是国家软实力的重要组成部分，但它并不是"软实力"一般概念特征的空间延伸和简单转换。海洋软实力是对一个国家而言的，是一个整体性的概念。尤其是目前中国海洋权益受到挑战，同时还要走和平发展道路、实现和平崛起，在海洋软实力提升中，国家就毋庸置疑地成为主体。作为国家软实力的重要组成内容，海洋软实力具有一般国家软实力的共同特性。但海洋软实力是软实力在海洋方面的体现，它被深深打上了海洋的烙印，体现出鲜明的海洋个性。海洋软实力以海洋为载体，它的形成与发展必然受到海洋历史、地理以及相关社会因素的影响。首先，海洋软实力的产生是一个主动构建的过程。海洋软实力不是无源之水，它是在人类的社会实践活动中产生的。中国拥有较为丰富的海洋传统文化资源，但"拥有资源并不总能使你如愿以偿"，①将本国优秀的资源进行整合、提炼与传播，这是海洋软实力主动构建的过程。其次，海洋软实力的产生是客观需要的产物。目前因海洋权益而产生的争端层出不穷，海域争端、海岛争夺等问题日益严峻。提升海洋软实力是维护和发展中国的海权，实现海洋强国的必然选择。海洋软实力的提升也是赢得其他国家的认可与支持、实现和平崛起、维护和平稳定的国际环境的需要。

第三，海洋软实力的形成源于一国海洋软实力资源的有效转化。海洋软实力并不是无源之水、无本之木，它的作用的发挥需要依赖一定的软实力资源。这些软实力资源既包括软性资源如海洋文化、海洋政策、海洋法律法规、海洋意识、海洋价值观等，也包括一些硬性资源如海洋经济、海洋科技甚至海洋军事等。对于一个国家而言，即使拥有再多的

---

① ［美］约瑟夫·奈：《软力量：世界政坛成功之道》，吴晓辉、钱程译，东方出版社2005年版，第3页。

资源，如果不能够被其他国家所了解和认知，也无法对其他国家产生吸引力。在这种情况下，这个国家就没有吸引其他国家的软实力。软实力是通过具有资源并且能够对资源柔性运用两个要素来实现的，不是具有了某样资源，就有了软实力，还需要对资源加以运用，否则，那样的资源只是"资源"，而不是"软实力"。如文化资源，文化资源不被开发利用是不会有影响力的，更不能称为软实力。一个拥有丰富海洋资源的国家并不一定同时具备强大的海洋软实力。正如约瑟夫·奈所说，"当人们把权力等同于能够产生结果的资源时，他们常常会遇到困惑，那些拥有最多权力资源的国家并不总是能得到他们想要的结果"。①

就我们国家的海洋领域来说，中国拥有丰富的海洋软实力资源，如：天人合一的海洋文化、和平发展的海洋价值观、与负责任大国形象相匹配的海洋政策，以及在海洋科技与海洋军事领域取得的诸多成就。但一个国家不是拥有悠久而丰富的海洋文化等资源，就具有海洋软实力，海洋软实力是海洋文化等资源被有效地运用而产生的结果，从海洋软实力资源转化为海洋软实力行为结果，中间有许多制约因素，所以海洋文化等资源本身不是海洋软实力，它只是海洋软实力的基础和来源。仅仅拥有海洋软实力资源并不能保证能得到想要的结果。但这些资源不会自动生成海洋软实力，要产生海洋软实力还要对上述这些资源进行转化。对海洋资源的转化，从国家主体的角度看可分为主动性转化和非主动性转化两种。主动性转化是指主体针对特定的对象，主动运用资源以实现某种既定目标。例如，中国举办国际海洋文化节以及派遣"和平方舟"号医疗船对其他发展中国家进行医疗援助；非主动性转化是指，主体没有专门针对某个或某些特定对象运用自身的资源，但有关主体的相关信息和情况通过其他渠道和途径侧面被其他国家自觉不自觉的认知和了解，主体也可能会对其他国家产生吸引。将资源转化为海洋软实力，获得想要的结果，还需要对海洋资源的柔性应用。一个国家海洋资源转化能力和效力的高低在一定程度上影响到海洋软实力发挥作用的大小和强弱。为此，应将海洋软实力同海洋软实力资源进行必要的区分。海洋软实力资源是海洋软实力产生的基础，而不是海洋软实力的全部。海洋

① ［美］约瑟夫·奈：《权力大未来》，王吉美译，中信出版社2012年版，第8页。

软实力资源丰富可以在一定程度上增强海洋软实力，但各种资源结合在一起能否产生想达到的效果还要取决于海洋软实力资源的转化行为。中国在提升海洋软实力的过程中不仅要注意对各种海洋资源的积累与开发，还要加强对各种海洋资源的软实力转化。只有将中国拥有的海洋文化、海洋经济、海洋科技等资源通过国家间的经济合作、民间交往、学术交流等方式成功地转化为对他国的影响力、吸引力与同化力，才能真正充分发挥海洋软实力的作用，即运用吸引、合作等非强制手段维护中国的海洋权益和实现海洋公共治理。

第四，海洋软实力的战略目的在于维护国家海洋权益、实现海洋共同治理。运用或提升一国的海洋软实力的根本目的是实现和维护国家海洋权益和海洋共同治理。海洋软实力的主体是国家，而国家的任何意图、行动等都是围绕国家利益展开的，所以海洋软实力的根本目的是实现和维护国家的海洋权益，在保证本国利益的同时也要寻找符合全人类共同利益的价值，促进全球海洋的共同治理。明确构建海洋软实力的根本目的，有助于我们正确把握海洋软实力的作用。首先，获取影响力、吸引力或趋同力不是构建海洋软实力的根本目的。尽管海洋软实力通常表现为在海洋领域的同化力、吸引力，但这并不是海洋软实力的根本目的，而只是海洋软实力在争取他国的理解、认同进而实现目标的过程中所表现出的不同形态。本质上说，在海洋领域的影响力、吸引力、同化力只是海洋软实力的组成部分，是海洋软实力的表现形式而不是其根本目的。其次，海洋软实力的根本目的也不是影响、吸引他国。能够吸引、影响他国并不一定能够获得他国在具体目标中的支持与认同。例如，深受中国熏陶的日本，尽管在每个生活层面都充满了中国文化的身影，但是依然对中国发动侵略。能够在国际海洋领域中通过影响、吸引他国以实现本国预期目标维护国家海洋权益才是构建海洋软实力的根本目的所在。由于这一目的的实现需要对各种海洋资源的积累与运用，因此吸引、劝导、同化是实现这一目的的过程与方法而非目的本身。

这里需要指出的是，尽管同海洋硬实力一样，海洋软实力也是实现国家预期目标的手段，但由于这一目标是在通过获得他国的理解、支持与认同的基础上实现的，因此海洋软实力在实现目标时并不会产生零和博弈的现象。也就是说，一国在通过海洋软实力实现其预期目标时并不会像硬实力那样必然损害其他国家的海洋权益，而是会实现不同国家海洋权益的共赢。例如，在海洋科技领域，中国积极参与全球性海洋科研活动，包括全球海洋污染研究与监测、热带海洋与全球大气研究；在国际海洋法律领域，中国连续举办了三届大陆架和国际海底区域科学与法律制度国际研讨会；在维护世界海洋安全方面，中国于 2008 年首次派遣海军护航舰队前往亚丁湾实施护航。通过在这些领域运用海洋软实力，一方面提高了中国在国际海洋事务中的话语权，得到了世界各国广泛赞誉和认同，更好地维护了国家的海洋权益；另一方面，也为国际海洋争端的妥善解决，世界海洋的安全与稳定以及全球海洋科技合作做出了积极努力。

第二节　海洋软实力的特点

海洋软实力是与海洋硬实力相对应的一个概念，要界定海洋软实力的特点，必须把握海洋硬实力的特征，在比较中作判断。作为国家软实力的重要组成，海洋软实力既有别于硬实力的一般性特点，同时又具有海洋特色软实力的个性特征。

一　海洋软实力与海洋硬实力的关系

约瑟夫·奈在《注定领导：变化中的美国力量的本质》一书中比较完整地阐述了软实力与硬实力之间的关系，认为二者的区别"不过是行为性质与构成权力的资源的实在程度不同而已"。从行为的角度说，硬实力是"命令式权力——改变他者所作所为的能力——取决于威胁和利诱的能力"，软实力是"同化式权力——塑造他者期望的能力——能够借助有吸引力的文化和意识形态或者通过控制议程的方式使其他国家知难而退进而无法表达他们自身的利益偏好"。从构成权力的资源来看，硬实力与军事和经济资源密不可分，软实力与文化、意识形态和制度等无形资源密切相关。同时认为"两种实力均是通过控制他国行为而实现其目的的不同能力"。① 这一论述会让人误以为软实力与硬实力一样与操纵有关，难免会影响软实力作用的发挥。后期约瑟夫·奈修正了有关二者关系的论述，在《美国权力的困惑》以及《软力量：世界政坛成功之道》中，约瑟夫·奈均不再强调二者的区别，相反强调二者同样重要，并且不再提及"控制"，而是用"影响"代替。② 对于软实力与硬实力的区别的认识做理论层面的探讨，有利于理论的完善，而认识二者之间的联系有利于提升综合实力，对实践具有很强的指导意义。

相对于海洋软实力而言，海洋硬实力是指一国在国际国内海洋事务中通过武力打击、军事制裁、威胁等强制性的方式运用全部资源，逼迫别国服从、追随，实现和维护国家海洋权益的一种能力和影响力，主要来源于领先的海洋科技、雄厚的海洋经济实力、强大的海洋军事力量。海洋软实力与海洋硬实力作为海洋实力不可或缺的两部分，既有区别又有联系，是辩证统一的。

（一）海洋软实力与海洋硬实力的区别

1. 力的性质与谋取方式不同

海洋软实力是一种吸引力、感召力、创设力，借助有吸引力的文化和意识形态、价值观、制度等让他国自愿追随。要保证其作用的发挥在一定程度上离不开大众传媒的宣传和非政府组织的公共参与，辐射力越大，发挥的功效越大。海洋硬实力是一种强制力，通过控制别国实现自身目的，要获取这种力量，通常依靠强大的军事、经济、科技实力，在这些强力的作用下，他国可能选择做自己不愿做但又不得不做的事情。

2. 对资源的运用手段和效果不同

海洋软实力是通过接触、沟通、协商、对话的方式，非强制地使用潜移默化的手段影响别国资源，追求"攻心为上""不战而屈人之兵"的效果，其作用的效果更加持久。海洋硬实力则是通过军事打击、武装威慑、利诱的方式，强制运用各种资源，其作用效果通常不够持久。

---

① Joseph S. Nye Jr. , *Bound to Lead* , *The Changing Nature of American Power* , New York： Basic Books, 1990, p. 74.

② 许少民、张祖兴：《约瑟夫·奈软实力学说再述评》，《国际论坛》2011 年第 5 期。

3. 运用的时机不同

海洋软实力注重平时运用,追求水到渠成;海洋硬实力一般更注重在关键时刻或最后时刻运用,在软实力难以发挥作用或面对突发状况束手无策时运用。

(二) 海洋软实力与硬实力的关系

对于中国海洋硬实力而言,增强我们的海上军事力量是重中之重。海上军事力量需要雄厚的资金支持,这离不开强大的经济力量;军事力量需要优秀的海洋人才,这离不开高水平的教育以及和谐的海洋文化塑造出来的道德品格。而对于中国海洋软实力而言,除了来源于天人合一的海洋文化、和平崛起的海洋发展道路以及与负责任大国形象相匹配的海洋政策之外,也离不开经济实力、军事力量的增强,要知道物质决定意识,一系列文化、价值观等无形资源均是以经济为基础的。所以说,海洋软实力与海洋硬实力相辅相成,缺一不可。

1. 二者相辅相成

"任何一方面的成功运用都有助于另一方面的促进和增强。"[1] 对海洋硬实力而言,一方面是海洋软实力的有形载体和物质基础,可以为海洋软实力的发展创造条件,有助于推动海洋软实力的提升,如中国索马里护航任务有利于良好国际形象的塑造,赢得了世界各国的尊重和追随,这是中国海洋软实力的体现。但是,如果离开强大的海军力量以及先进的军事设备,护航任务也无法完成,海洋硬实力在一定程度上是海洋软实力运用的坚实后盾。另一方面,海洋硬实力是海洋软实力的有益补充。海洋硬实力强大的国家其海洋文化更具有吸引力,价值观更具有渗透力,海洋政策及制度等更具有感召力。

海洋软实力对于海洋硬实力而言更为重要。黄仁伟认为:"在信息化全球化时代,软力量在综合国力结构中比硬力量更为重要……如果把硬力量当作常数,那么软力量就是变数或乘数;它倍增或递减综合国力。"[2] 中国学者叶自成、慕新海在中国明朝时期不可能成为海上强国问题上总结了三点原因:一是缺乏制度的支持;二是缺乏经济的支

---

① 孟亮:《大国策:通向大国之路的软实力》,人民日报出版社 2008 年版,第 34 页。

② 黄仁伟:《中国崛起的时间和空间》,上海社会科学院出版社 2002 年版,第 109 页。

持；三是缺乏海洋文明的支持。其中，制度、文明作为软实力资源，对于海洋强国的意义不容忽视。"明朝郑和时期的历史说明，没有强大的海上力量肯定成不了海权大国，但有了强大的海上力量也未必就能成为海权大国。"[1] 缺少软实力的支撑，海洋硬实力不仅难以发挥作用，而且也难以持续。因为，海洋硬实力强、海洋软实力强的国家，综合国力必然具有持续优势；海洋硬实力弱、海洋软实力强的国家，综合国力会持续提升；海洋硬实力强、海洋软实力弱的国家，综合国力会持续衰退；海洋硬实力弱、海洋软实力弱的国家，综合国力必然没有任何优势。海洋硬实力体现在强大的军事力量、雄厚的经济实力上，海洋软实力作为一种强大的隐形武器，在很大程度上能够为硬实力的发展营造一个良好的氛围，在无形之中为硬实力蓄积力量提供强大的助推燃料，同时有助于硬实力的实现，或者使硬实力的作用"发之有道""得之有理"，通过占据道义制高点，达到事半而功倍的效果。

2. 二者相互制约

任何一方的使用不当都会影响另一方的作用效果。海洋权益的维护离不开海洋硬实力的增强，一个具有强大海洋硬实力的国家毋庸置疑对别国具有震慑作用，可以保护领土完整以及主权不被侵犯；但倘若运用不当，欺侮别国，就会损害一国的国家形象，引起各国不满，造成海洋软实力的持续衰弱。美国硬实力强大，在世界各地充当"世界警察"的角色，不顾其他国家人民的感受，干涉别国内政，这一系列做法使得美国的软实力持续衰弱。同样，海洋软实力如果运用不当也会影响海洋硬实力的作用效果。各国具有不同的海洋文化，要尊重别国的文化，避免文化优越主义，否则就会影响两国的海洋科技、经济等往来。

总之，海洋软实力与海洋硬实力作为海洋综合实力的组成部分，既有区别又有联系，是对立统一的。在实施海洋强国战略时，海洋软实力与海洋硬实力均不能忽视，要平衡发展，两手抓，两手都要硬，实现二者的有机结合。约瑟夫·奈在 2008 年出版的《领导力》著作中提到"smart power"，即"巧实力"，简单来说，就是软实力与硬实力的有机

---

① 叶自成、慕新海：《对中国海权发展战略的几点思考》，《国际政治研究》2005 年第3 期。

结合。所以说，中国为维护海洋权益，成为海洋强国，一定要将软、硬实力相结合，提升海洋巧实力。

二　海洋软实力的特点

基于对海洋软实力概念以及与海洋硬实力区别的分析，我们可以概括出海洋软实力的特点。

（一）海洋软实力资源运用手段的柔性化和非强制性

软实力的本质是一种吸引力和影响力。随着全球化的不断推进和信息时代的到来，"权力正在变得更少转化性、更少强制性、更趋无形化……当今的诸多趋势使得同化行为和软权力资源变得更加重要，鉴于世界政治的变化，权力的使用变得越来越少强制性"……①如果说，历史上海洋强国的兴起主要借助的是"坚船利炮"等强制性的硬实力，而在以和平发展为主旋律的当今世界，通过发展软实力，实现软、硬结合走向海洋强国之路则成为必然选择。所谓"上兵伐谋，其次伐交，其次伐兵，其下攻城"，"不战而屈人之兵，善之善者也"。这里的"不战而屈人之兵"正是一种"攻心"的软策略，即是用一种柔性的、非强制性的力量来实现预期目的。

海洋软实力通过海洋制度、海洋文化、海洋政策等多种渠道对他方产生影响，其作用方式突破了传统海洋硬实力强制性的命令和暴力威胁，以软性的吸引和说服为手段，这样的方式比较柔和、缓和，更容易获得被作用者的认可，减少因强制而引起的反感和憎恨，因此，比较容易达到海洋战略目标。而且，相对于锋芒毕露、刚性有余的海洋硬实力而言，海洋软实力的应用方式更为灵活，更易变通，比如海洋文化交流、国际海洋节庆活动等，形式灵活多样，内容丰富多彩，比较容易产生共鸣，达到认同。

（二）海洋软实力资源运用主体的多元性

以海洋军事、科技等为代表的海洋硬实力资源，要有效地转化为在国际海洋事务中的震慑力，必须依靠国家的强力推动和巨大的财力支

---

① ［美］约瑟夫·奈：《软权力和硬权力》，门洪华译，北京大学出版社2005年版，第47页。

撑，即海洋硬实力资源运用的主体主要是政府、军队以及财力雄厚的大企业集团，这些资源运用主体所显示出的力量是刚性的、张扬的，通常给人以压力、紧张之感。而以海洋文化、海洋价值观念、海洋制度等为主要内容的海洋软实力资源，要转化为一种在国际海洋事务中的吸引力、动员力，其资源运用的主体尽管离不开政府，但显然政府已不占绝对主导的地位，更多的海洋社会组织甚至公众个人都能够以不同的方式，如海洋民间往来、文化交流、海洋合作研究等，对他国产生一定的影响力，而这种影响往往是潜移默化、润物细无声的。海洋软实力资源运用主体的多元性，特别是民间力量的广泛参与，不仅丰富了海洋软实力的资源内容，更拓宽了海洋软实力资源发挥作用的渠道和增强了其发挥作用的能量。

（三）海洋软实力成长与发挥影响的无形性和持久性

海洋软实力的建设发展不像硬实力那样易见成效，海洋软实力的最深层资源都是在漫长的历史演进中形成的，海洋文化传统、国民的海洋意识、海洋习俗、海洋制度等大多是社会演进过程中积累的结果，是在社会变迁发展的往复循环和矛盾运动中不断升华传统的结果，从潜移默化中逐步积淀、培育、提升。海洋软实力一经形成，往往深入人心，根深蒂固，其影响要比使用硬实力所产生的影响深刻、持久且更为深远。

（四）海洋软实力具有内生性与民族性

海洋软实力来源于并受制于一国内部的海洋文化和政策等。任何软实力只有首先来源于一国内部，然后才会在对外交往与传播中向外辐射从而产生影响力与吸引力。如果一种文化、一种制度、一种价值观对内部社会的民众都没有影响力、吸引力与说服力，绝对不会对外产生多强的软实力。软实力尽管重在向外发生作用，但首先在一国内部生成，否则就成为无源之水。正是软实力的这种内向性，使得产生于本国特定的历史文化、地理环境和政治经济环境的一个国家的海洋软实力被深深地打上了本民族的烙印，具有独特性、不可模仿性、难以复制性等特征。尽管海洋软实力具有扩散性和辐射性，但一个国家的海洋软实力是具有自己特色的一种无形力量，根植于一国深厚的民族、文化土壤之中，即使被移植，也很容易水土不服；而靠发展海洋军事、海洋经济、海洋科技所形成的海洋硬实力，却更易于被他国所移植和模仿。从这个意义上讲，一个国家没有内部的、具有自身特色的海洋软实力资源就不可能有对外部的影响力与吸引力，增强国家内部的海洋软实力是问题的关键与重点，发展和提升海洋软实力，不能搞"拿来主义"，只能走有本国特色的海洋软实力发展之路。

（五）海洋软实力具有外向性和国际性

尽管海洋软实力内生于一国土壤之中，但其力量指向是对他国或他者的影响力、吸引力与说服力，即软实力的外向性。内生的海洋软实力资源为海洋软实力的形成提供了可能性，但有了这些资源并不意味着在国际海洋事务中具备了影响力、吸引力，只有对他国产生了影响，而他国也做出了认可、接纳、自愿跟随的回应，海洋软实力才真正发挥了作用。与外向性相连的是海洋软实力更具国际性。"世界海洋是一个整体，研究、开发和保护海洋需要世界各国的共同努力。"[①] 海洋的开放性、整体性，海洋问题的区域性、全球性决定了海洋软实力的国际性，在当前世界和平与发展的主题下，国与国之间的合作，是实现海洋合理开发的有效途径。首先，正确认识并妥善地处理国与国之间、国家与所在的区域之间以及国家与整个国际社会之间的关系，是国际领域成功合作的前提和基础，达成共识、合作共赢是必然选择。其次，作为一个海洋国家，应采取积极措施，主动参与并影响国际海洋制度设置议程，以达到公平利用海洋资源，共同治理海洋环境，维护整个人类的公共利益的目的。

第三节　海洋软实力的资源要素体系

海洋软实力和海洋软实力资源是两个不同的概念。实力属于功能、属性范畴；而实力资源则不然，它是功能、属性的载体。海洋软实力是由海洋软实力资源转化而来，海洋软实力资源是海洋软实力的基础。如

---

① 中华人民共和国国务院新闻办公室：《中国海洋事业的发展》（政府白皮书），转引自《中国海洋年鉴（1999—2000）》，海洋出版社 2001 年版，第 19 页。

果要对这一概念进行更为深入的思考，那么探究什么样的资源会产生海洋软实力就显得必要。

一　对软实力资源的认识

软实力资源是形成软实力的基础，但对于什么样的资源是软实力资源，目前学界并没有统一的认识。总的来看，目前学界对软实力资源的认识有狭义、广义之分。

（一）对软实力资源的狭义认识

从狭义的角度认识，更多的是把软实力资源限定在无形的资源范围中。按照约瑟夫·奈的观点，一个国家的综合国力，既包括由经济力量、科技力量、军事力量等表现出来的硬实力，也包括文化、意识形态、政治价值观的吸引力和民族凝聚力所体现出来的软实力。硬实力是一种通过强制性的"经济胡萝卜"或"军事大棒"威胁利诱别人去干他们不想干的事情的力量；软实力则是一种通过精神和道德诉求，影响、诱导和说服别人相信或同意某些行为准则、价值观念和制度安排，以产生自己所希望的过程和结果的力量。归根结底，"软实力"是价值观念、生活方式和社会制度所产生的吸引力和感召力，是建立在此基础上的同化力与规制力。约瑟夫·奈指出："同化式实力的获得靠的是一个国家思想的吸引力或者是确立某种程度上能体现别国意愿的政治导向的能力。这种左右他人意愿的能力和文化、意识形态以及社会制度等这些无形力量资源关系紧密。这可以认为是软力量，它与军事和经济实力这类有形力量资源相关的硬性命令式力量形成鲜明对照。"① 约瑟夫·奈从两个层面对硬实力与软实力做出了区分：其一是"行为范畴"，硬实力的行为包括强制、引诱、命令，而软实力的行为包括议程设置、吸引、吸纳；其二是"最可能的资源"，硬实力最可能的资源包括武力、利诱、制裁、贿赂，而软实力最可能的资源是制度、价值观念、文化、政策。在2004年出版的《软力量：世界政坛成功之道》一书以及2006年发表的《"软实力"的再思考》（Think again：soft power）一文中，约瑟夫·奈明确指出，一个国家的软实力主要来自三种资源："文化

① ［美］约瑟夫·奈：《美国定能领导世界吗?》，军事译文出版社1992年版，第25页。

（在能对他国产生吸引力的地方起作用时）、政治价值观（当这个国家在国内外努力实践这些价值观时）及外交政策（当政策被认为合法且具有道德威信时）。"① 与硬实力不同，许多软实力资源并不属于政府，而且并不总是产生政府想要的政策结果。②

约瑟夫·奈实际上是把资源分为无形的软实力资源和有形的硬实力资源，从而将软实力资源限定在一个特定范围中，这样就使得软实力研究避免陷于因研究对象的繁杂而导致研究内容的无序无限度这一困境之中。约瑟夫·奈的观点在学界具有广泛的影响力，被大多人所接受，成为很多学者研究软实力的逻辑起点。

（二）对软实力资源的广义认识

从广义角度，资源是中性的，没有软、硬之分，所有资源既可产生软实力也可产生硬实力。美国学者詹姆斯·特劳布认为，软、硬实力这种两分法本身存在这样一个问题，它没有考虑到军用直升机和航空母舰也可以产生软实力。如今，美军是开展所有工作——战争、外交、社会政策和人道主义救援——的工具。关键在于我们如何运用军队。简而言之，软实力不一定是软绵绵的。这种披着坚硬外壳的劝诱可能比通过典型工具展现的软实力（尤其是通过流行文化表现出来的软实力）更加有效。③ 詹姆斯·特劳布的观点表明，对硬实力资源（军事力量）的运用方式决定着力量的属性和效果，运用军事力量进行战争，它发挥的是硬实力的效果；而运用军事力量去救援救灾、推动友好交往等，则会发挥软实力的效果。

所以，从广义上讲，软实力的来源涵盖所有的资源。不论是硬实力资源（军事、经济、科技等），还是软实力资源（文化、价值观、制度、政策等），只要运用方式得当，都能够产生吸引别国的力量。虽然有形资源在总体上倾向于被转化为强制式的硬实力，但如何实现有形资

---

① ［美］约瑟夫·奈：《软力量：世界政坛成功之道》，吴晓辉、钱程译，东方出版社2005年版，第11页。

② ［美］约瑟夫·奈、王缉思：《中国软实力的兴起及其对美国的影响》，《世界经济与政治》2009年第6期。

③ ［美］詹姆斯·特劳布：《新的硬软实力》，2005年3月9日，www. cetin. net. cn/ce-tin2/servlet/cetin/action/HtmlDocumentAction？ baseid = 1&docno = 220847。

源的软实力转化正日益受到各国的关注。例如，2010 年美国海军制定了《21 世纪海权的合作战略》，重点关注美国海军与其他国家合作维护海洋自由以及建立集体机制促进相互信任的职能。该战略涉及了联合训练、技术援助以及提供人道主义援助的能力。代表硬实力资源的美国海军用直升机和航空母舰，当它们投入沿海地区人道主义救援任务时，军队此时所发挥的作用就是海洋软实力了。所以，即便是带来震撼和恐惧的军队，这种传统意义上的硬资源，同样可以赢得民众的好感和国际社会的认可，发挥海洋软实力的作用。

即便是软实力资源，如果采用的不是交流、沟通、宣传、合作等柔性方式，也无法达到软实力的作用。比如想推广一个国家的价值观，虽然价值观是软实力资源，但如果采用强迫、威胁等传播方式，肯定会适得其反，此时的价值观所发挥的效果就不是软实力。

军事、经济、科技、文化等资源本为中性，这些资源只有被行为主体怀着不同的目的、采用不同方式使用并产生不同的效果时，才会产生硬实力或者软实力。所以软实力是需要具有资源并且能够对资源用柔性的方式加以运用两个要素来实现的，强调运用资源的方式是柔性的。也就是说，无论是什么资源，必须运用柔性的方式，才有可能实现软实力的效果。

海洋软实力是一个国家以柔性方式运用所拥有的资源争取他国理解、认同与合作以维护和获取海洋权益的能力。提升中国的海洋软实力，不能只局限于文化、价值观、制度、政策等此类软资源，还应扩展到军事、经济、科技等此类硬资源，无论软资源、硬资源，只要是对资源运用如交流、沟通、宣传、合作等柔性方式，都能实现海洋软实力。

二 海洋软实力资源要素的构成体系

无论从广义还是狭义认识海洋软实力资源，都有其一定的合理性。其实纠结于海洋软实力的构成要素到底有多少，是只含软资源还是软、硬资源都包含等问题并没有多大的意义，因为即使是所有资源都对海洋软实力的形成发挥作用，在实践中其发挥作用的程度也肯定不尽相同，有轻有重。任何事物都有主次之分，从现实情况看，海洋军事、海洋经济、海洋科技等资源要素尽管也可能产生海洋软实力，但更多地与海洋硬实力联系在一起，其转化为硬实力的可能性和必然性远大于转化为海洋软实力的可能性与必然性。而海洋价值、海洋文化、海洋政策制度等资源要素尽管也可能借用强力产生海洋硬实力，但更多地与海洋软实力联系在一起，其转化为软实力的可能性和必然性远大于转化为海洋硬实力的可能性与必然性。因此，从对海洋软实力形成的重要程度和直接程度看，以海洋价值、海洋文化、海洋政策制度等资源要素为主要内容的"软"性资源，更能体现出海洋软实力的特征。

基于上述分析，本书在探讨海洋软实力的资源要素时，不是把所有影响海洋软实力的资源（包括软、硬资源）一一列出，而是突出重点，抓主要矛盾，侧重于强调对形成海洋软实力起更直接作用的相关"软"资源进行具体分析。

海洋软实力资源是由诸多要素构成的一个体系，按照从无形到有形、从精神到物质的序列，海洋软实力资源要素体现为由内到外的三个层次：一是深层实力资源，处于内在核心层，如海洋价值观、国民海洋意识、海洋伦理等精神层面资源；二是中层实力资源，如海洋发展模式、海洋外交政策、海洋政策法规等制度实力资源；三是表层实力资源，如海洋科教机构、海洋文化场所、海洋NGO、海洋媒体等物化实力资源。三个层次之间保持着内外层级的从属关系（如图2-1）。

（一）海洋软实力的深层实力资源

这些实力资源主要包括国民海洋意识、海洋价值观、海洋伦理等。深层实力资源主要是通过意识形态认同和价值观念同化，从而达到行动的一致性。深层实力资源作为整个体系中最"软"、最"柔"的资源，是海洋软实力发挥作用的核心资源。

海洋价值观、海洋意识、海洋习俗、海洋禁忌等，它是人们在长期的海洋实践活动中自然演化而成的，并与人们的行为方式、思维方式和生活方式融合在一起，是得到社会认可的行为规范和内心行为标准。尽管非正式制度往往是不成文的或无形的，给人以"软"的感觉，但却因其根深蒂固和有着深厚的群众基础而左右着涉海人群的行为。"当个人深信一个制度是非正义的时候，为试图改变这种制度结构，他们有可

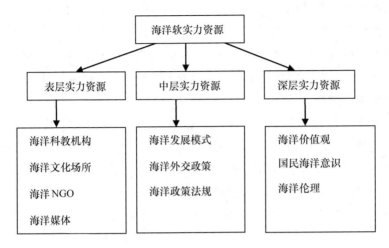

图 2 - 1　海洋软实力资源构成体系

能忽视这种对个人利益的斤斤计较。当个人深信习俗、规则和法律是正当的时候，他们也会服从它们。"① 不同的观念体系影响了人们的制度选择和行为方向。西方世界之所以从古代至今，一直把征服海洋、发现和开辟海外市场、向海洋要财富作为自己的行动战略，最重要一点就在于他们所具有的"谁能控制海洋，谁就能控制世界"海洋价值观念。

海洋意识是人们对海洋世界总的看法和根本观点，具体指人类在与海洋构成的生态环境中，对本身的生存和发展采取的方法及途径的认识总和。包括了海洋国土意识、海洋资源意识、海洋环境意识、海洋权益意识和国家安全意识等。海洋意识是一种深层次的海洋文化，是海洋文化的灵魂，海洋意识的深层次发展代表海洋文化系统的发展程度。先进的海洋意识是治理海洋、改造海洋的精神动力。

海洋伦理是由海洋行为引发的道德关注，表现为人海关系以及利用海域中产生的人人关系。海洋伦理强调资源共享和自律原则，最终目的是提高涉海人员的海洋道德水平。秉持人海和谐的海洋伦理观将有助于增强海洋价值的普适性，在海洋发展中占据道义制高点，从而对他国或

---

① ［美］道格拉斯·诺斯：《经济史中的结构变迁》，陈郁等译，上海三联书店 1991 年版，第112 页。

他人产生吸引和认同。一种文化要想对别国产生吸引力，就不能是狭隘的，而应与别国认同的价值观具有共同点或者是不影响别国的利益，而人海和谐的海洋伦理理念作为中国海洋软实力的重要来源，以其普适性对世界各国具有一定的吸引力，在处理本国或世界海洋事务时，有利于国家形象的塑造。

海洋文化是人类文化的重要组成部分，也是海洋文化软实力的基础。约瑟夫·奈认为，当一个国家的文化含括普世价值观，其政策亦推行他国认同的价值观和利益时，那么由于建立了吸引力和责任感相连的关系，该国如愿以偿的可能性就得以提高。狭隘的价值观和民粹文化就没有那么容易产生软实力。[①] 海洋文化，作为和海洋有关的文化，它是源于海洋而生成的文化，也即人类对海洋本身的认识、利用和因由海洋而创造出的精神的、行为的、社会的和物质的文明生活内涵。海洋文化的本质就是人类与海洋的互动关系及其产物。[②] 根据海洋文化的定义，海洋文化的构成丰富多彩，大体上可分为：海洋民俗生活、航海文化、海港与港市文化、海洋风情与海洋旅游、海洋信仰、海洋文学艺术、海洋科学探索、国民海洋意识等。

中国的航海文化是世界上最早发展起来的，是中国海洋文化的重要组成部分，中国先民的航海能力达到了世界领先水平，从丝绸之路到郑和下西洋，中国的航海活动，起到了传播海洋文化的作用，对周边国家具有极强的吸引力。

海洋民俗文化、海洋艺术、海港文化、航海文化等具体海洋文化形态之所以能够产生巨大影响力和吸引力，本质上在于其内在的价值附着，这种价值附着就是海洋价值观，海洋价值观是指海洋对人类产生、生存和永续发展的地位和作用的总体认识。相对于表层和中层的海洋软实力资源而言，海洋价值观显得更加抽象和难以捉摸，海洋价值观通过一国的海洋政策、海洋制度以及国民的海洋意识、海洋文化、海洋媒体等表现出来。正如人类对自由、民主、人权等政治价值观的追求一样，海洋价值观也集中体现着人类的追求和普适价值，如天人合一的海洋文

---

① 韩勃、江庆勇：《软实力：中国视角》，人民出版社 2009 年版，第 108 页。
② 曲金良：《海洋文化概论》，青岛海洋大学出版社 1999 年版，第 4 页。

化、和平崛起的海洋发展道路等都是海洋价值观的内涵。中国秉持着和平崛起的海洋价值观，开放地发展，合作地发展，稳定地发展。中国政府历来主张，中国的崛起不会威胁到周边国家的发展，也不会挑战地区安全，更不会追求世界霸权，中国永远不称霸。

通过以上分析，一国若有着灿烂辉煌的海洋艺术，领先的海洋科技，充满异域风情的海洋民俗，蕴含普适价值的海洋价值观，这个国家必然拥有对他国的巨大吸引力，相应地也就拥有强大的海洋软实力。

（二）海洋软实力的中层实力资源

这些资源属于制度层面资源，主要包括海洋政策法规、海洋外交政策、海洋管理体制、海洋决策机制等。中层实力资源介于表层实力资源和深层实力资源之间，这些实力资源所产生的吸引力和影响力是稳定的、集中的。中层实力资源是海洋软实力发挥作用的重要资源，主要由以下几部分资源构成。

1. 海洋政策法规

包括海洋发展战略、海洋管理制度、海洋管理的法律法规等。海洋强则国家强，海业兴则民族兴。海洋发展战略是国家层面的战略，它立足于中国海洋经济发展的实际，把握国际海洋事务发展的新动向，对海洋社会发展进行合理规划。海洋发展战略涉及海洋开发秩序、海域使用管理、海洋生态与治理、海洋法规的完善以及海洋外交策略等，最终实现内外兼顾、陆海统筹、人海和谐的目标。海洋管理制度是涉海机构良好运行的重要保障，主要包括海洋工作组织制度与管理制度，内部监督管理制度以及相关涉海领域的管理与治理制度等。与海洋管理制度相关的还有国家及各个部门颁布的涉海法律。法规和政策是最重要的正式制度，是促进海洋经济发展、维护海洋权益的正式说明。

2. 海洋外交政策

外交政策对软实力的影响是明显的，在国际社会，海洋外交政策往往是一国形象和地位的直接体现，符合主流价值观、负责任的外交政策会受到国际社会的普遍支持和欢迎，产生吸引力和同化力。这里的外交政策不单单指一国对外奉行的海洋外交政策，还包括一国参与和创设国际机制的能力。约瑟夫·奈在1990年出版的《注定领导：变化中的美国力量的本质》中明确指出，如果一个国家可以通过建立和主导国际规范及国际制度，从而左右世界政治的议事议程，那么它就可以影响他人的偏好和对本国利益的认识，从而具有软权力，或者"制度权力"。① 国际机制与国际社会每一个国家的利益密切相关，参与和利用国际机制维护或扩张国家也就成为各种国家力量较量的舞台。② 因此，能否或在多大程度上参与和影响国际机制的创建，不仅反映了一个国家的国际地位，更重要的是反映了这个国家在国际事务中影响国际关系运动、利用国际机制维护扩张国家利益的能力，这些构成了一国软实力的重要组成部分。

作为海洋软实力的重要资源，中国海洋外交政策影响力和创设海洋国际机制的能力是服务于中国整体外交政策的。自中华人民共和国成立以来，特别是中国改革开放以后，中国奉行独立自主的和平外交政策，随着中国国际地位的提升，中国的外交软实力不断提升。与此相应，中国海洋外交政策的影响力和创设海洋国际机制的能力也在不断地提升。

中国作为世界上最大的发展中国家，始终坚持睦邻友好的和平外交政策，在海洋对外政策方面，"主权属我，搁置争议，共同开发"是中国处理海洋划界矛盾的基本原则，在国际组织和国际活动中恪尽职守，积极履行相应义务，努力为了和平与发展参与创设国际机制，体现出一个大国应有的国际担当和形象。

3. 海洋发展模式

所谓发展模式，"是一系列带有明显特征的发展战略、制度和理念"。③ 一国制度和发展模式在世界范围内不断扩大的影响，不仅将为本国外交拓展空间，也将有利于改善国家形象，巩固其国际地位，增强国际威望和同化力，这是一种重要的软实力资源。这里的海洋发展模式是指一系列带有明显特征的海洋发展战略、海洋管理制度和理念的总和。

历史上，马汉和他所创立的"海权"理论为推动19世纪末及20世

---

① ［美］约瑟夫·奈：《软权力和硬权力》，门洪华译，北京大学出版社2005年版，第132页。

② 陈正良：《中国软实力发展战略研究》，人民出版社2008年版，第41页。

③ 俞可平：《"中国模式"：经验与鉴戒》，《文汇报》2005年9月4日第6版。

纪初美国海外扩张的历史进程立下汗马功劳,并为以后美国历届政府推行对外政策和制订战争计划、谋求世界霸权地位产生重要影响和指导作用。正是在马汉的"海权"理论和海上霸权策略的指引下,美国、日本先后通过武力扩张和战争取得了海上霸权,发展成为海洋强国。建立强大的海上军事力量进行海外殖民扩张成为当时各国追求和效仿的海洋发展模式,与此同时,依赖于马汉"海权"理论走向海洋强国的美国、日本,成为当时各国模仿和追随的对象。

历史发展到今天,和平与发展成为世界主题,军事力量和战争已经不再是国家发展海洋事业、实现海洋强国战略的唯一有效手段。不同国家根据不同的现实条件和国际环境特点选择了不尽相同的海洋发展道路和模式。

和平崛起的中国海洋发展战略要求我们发展中国海权,中国海权是一种基于中国主权的海洋权利而非海上军事力量,也非海上霸权,其特点是它不出主权和国际海洋法确定的中国海洋权利范围,海军发展不出自卫范围,永远不称霸是中国海权扩展的基本原则。经过几十年的发展,中国已经走出了一条独特的发展道路。国际社会对中国的改革开放的经验有了更多新的认知和明确的看法,它们把中国的发展经验概括成为"中国模式"或"北京共识"。"中国模式"的成功是经济、政治、文化等多方面的成功,自然也包括中国海洋强国发展战略的成功。中国的和平崛起引起了发展中国家的广泛关注和效仿,无形中提升了中国的海洋软实力。

(三) 海洋软实力的表层实力资源

这些表层实力资源主要是与海洋相关的物化的存在形式。这些形式主要包括海洋科教机构、海洋文化场所、海洋 NGO、海洋媒体等。表层实力资源是海洋软实力的外显形式,是所能接触到的和感知到的直观的物化形式,并在人们的心目中形成对一国最直接的认识,这种认识往往是暂时的、分散的。表层实力资源是海洋软实力发挥作用的基础资源。

国家海洋政策决策机构也是海洋行政管理的组织,主要有中央和地方两类。中央的海洋行政管理组织是原国家海洋局以及分局,另外海监总队负责监察执法，与原国家海洋局合署办公。地方海洋管理机构主要有三种模式：海洋与渔业管理模式、国土资源模式、分局与地方结合模式。① 海洋政策决策机构起到总揽全局、协调各方的作用，为资源的整理与转化提供制度和法律的保障。

海洋科教机构的范围较广，科研院所类的有中国科学院海洋研究所、原国家海洋局第一海洋研究所、农业部水产科学院黄海水产研究所、中国地质调查局青岛海洋地质研究所等，另外海洋科教机构主要是依托高校的力量进行研究，如中国海洋大学、广东海洋大学、浙江海洋学院等。它们以文字的形式记录整理着海洋传统文化、渔民的性格以及国民海洋意识等，是对海洋软实力资源进行研究的最直接单位。

沿海社区组织是人类在开发、利用和保护海洋的实践活动中所形成的具有文化认同、特殊结构的地域共同体及其活动场所。② 按照功能的不同可以划分为海洋渔业社区、海洋旅游社区、海洋交通社区、海洋资源社区、海洋军事社区等。③ 沿海社区组织是接触海洋软实力资源的最直接组织，他们能将自身拥有的海洋习俗、见闻故事、民间风情等进行初步的整理与整合。

海洋传媒组织是利用现代的传播手段传播海洋文化、海洋信息、海洋理念的组织。中国既有官方的海洋传媒组织，也有民间海洋传媒组织。海洋传媒首先是将经过提炼的意识形态、海洋文化等进行内部的传播，其次是促进不同文化之间的交流、不同意识形态的国家海洋观念的融合。总体来说，海洋传媒组织是海洋软实力传播的直接组织。

海洋 NGO 是致力于发展海洋事业的非政府组织，不以营利为目的。按照其工作性质的不同可以分为海洋政策咨询类、海洋环保类、民间文化类、对外传播类等非政府组织。海洋 NGO 在海洋环境治理、海洋权益维护、海洋民俗的传承以及对外交流方面发挥着重要作用。

把海洋软实力的资源基础划分为表层、中层和深层软实力资源，只是一种概括性的分类，海洋软实力的资源是十分丰富的，难以面面俱

---

① 王刚、王琪：《我国的海洋行政组织及其存在的问题》，《海洋信息》2010 年第 3 期。

② 赵宗金、崔凤：《我国海洋社会学研究的新进展——海洋社会学专业委员会成立大会暨第一届海洋社会学论坛综述》，《河海大学学报》（哲学社会科学版）2011 年第 1 期。

③ 宋广智：《海洋社区渔民社会保障问题探讨》，《法制与社会》2009 年第 21 期。

到，只能选择其中对于一个国家海洋软实力影响重大且显然的要素简要阐释。

三　海洋软实力的资源转化态势

上述海洋软实力资源要素只是一个静态的存在，要转化为海洋软实力，即由静态的资源产生出一种"力"的存在，还要让这些资源"动"起来。只有这样，海洋软实力资源才能转化为海洋软实力。

（一）海洋人才资源的培育与海洋社科研究的深入

海洋人才资源是海洋软实力的智力保障。优秀的海洋复合型人才须具有较高的外语水平和较广的法律知识，另外海洋领域的专业知识掌握得越多，海洋人才看待问题的眼光和解决问题的能力就越强，完成任务的效果也就越好。人才的培育和素质的提升是海洋软实力发展力的重要表现之一。海洋软实力在社科方面的研究深入和谐海洋的价值观、海洋权益与国家发展、强化国际海洋领域的执法以及维护海洋安全等领域，研究的领域扩展，研究的深度增加。这种研究有利于促进公众对海洋社会人文领域的关怀，促进海洋交流的深入和观念的传播。

（二）海洋管理制度的创新与变革

当前，中国海洋管理的范围由近海扩展到大洋，由一国管理扩展到全球合作，管理内容由各种海洋开发利用活动扩展到自然生态系统。正在走向以可持续发展的理念来进行海洋资源和环境的综合管理之路，从而实现海洋经济系统和海洋生态系统的协调永续发展。海洋管理制度的创新与变革主要体现在：海洋法制建设使人们的海洋生活、海洋开发活动纳入法律化、制度化轨道；整合海洋公共权利，建立海洋统一管理体制；突出了海洋环境政策的主体地位；健全了海洋政策的协商机制。近年来，海洋管理领域中也引入了国际合作机制，如每两年举行一次的国际涉海科学研讨会，在联合国海洋学委员会框架下建立的南海海啸预警减灾系统等。

（三）海洋文化的挖掘与传播、海洋观念的普及与增强

对海洋传统文化的挖掘是海洋软实力发展力的表现，在政府、各类经济组织、涉海非营利组织和民众的支持下，关于海洋生产、生活的传

统民俗文化被广泛收集并分析成型，得到了进一步的传播。海洋观念的普及与增强是海洋软实力在传播过程中形成的影响，既包括对国内的影响也包括对国外的影响。随着海洋强国战略的实施以及海洋权益问题的国际争斗日益激烈化，海洋意识作为重要议题，开始渗入人们的思想观念和日常生活之中。

（四）各类海洋组织的发展与壮大，海洋传媒的发展

海洋组织与海洋传媒是海洋软实力资源得以传播的重要支撑系统，它的发展与壮大是海洋软实力的重要表现。近几年来，非政府海洋组织得到了进一步的发展，并逐渐在海洋环保、政策咨询等方面发挥着重要作用。海洋传媒组织也不断壮大，在传播海洋文化、海洋价值观等方面发挥着重要作用。

（五）和谐海洋理念的共享与国际认同

中国提出的构建"和谐海洋"的理念是继 2005 年在联合国大会提出"和谐世界"理念以来的一个创举，是和平崛起理念在海洋领域的具体化，标志着中国对海洋发展的新成就和新贡献，体现了国际社会对海洋问题的新认识和新要求，是具有时代意义的价值观。如今，和谐海洋理念已经引起了国际社会的关注并得到了国际社会的认同，这也是提升海洋软实力的最终目的。

第 三 章

中国海洋软实力的历史变迁与当代反思

中国海洋软实力是中华文明与国家综合国力在海洋领域的体现，是中华民族在认识海洋、开发海洋的历史进程中逐渐积累并彰显起来的。作为中国海洋软实力的构成要素，海洋价值观、海洋政治思想、海洋意识、海洋制度等在数千年的沉淀与演变中，指引着先民们不断向海洋迈进，给中华民族打上了深深的海洋烙印。海洋文明推动着中华文明有机地融入世界文明体系当中，并为新时期建设海洋强国奠定了坚实基础。

在当前和平发展的国际环境下，建设海洋强国既要加强海洋军事、科技、经济等硬实力，也要提升海洋软实力。加强对中国海洋软实力的历史发展脉络及其规律的研究是题中之义，因为"国家的发展总是沿着连续历史发展的过程进行的"。"倘若对世界历史具有正确的认识和解释，我们就能根据各种历史模式来洞察未来的一般趋势。"① 因此，从纵向上回溯与梳理中国海洋软实力的发展历程与脉络，概括与总结其运行的基本规律，分析其资源优势，有助于深化海洋软实力的基础理论研究，为中国海洋软实力的提升提供历史镜鉴和现实指导。②

---

① ［美］斯塔夫里阿诺斯：《全球通史：从史前史到21世纪》，吴象婴等译，北京大学出版社2012年版，第420页。

② 门洪华指出："中国软实力研究需要纵向的历史视角。历史不是简单的循环，但历史确实时有重复。中国曾经的历史失误或忽视而导致的战略错误会给我们警醒，中国曾经的成功经验也为世人至今津津乐道，我们可以从历史进程中找到逻辑阐释。例如，我们可以深入探讨的一个重要议题是：软硬实力的相辅相成如何造就汉唐盛世？明清时期的创新停滞如何导致了国家衰败？汉唐之际，中国的政治价值观是具有普世性的，中国的军事力量可谓空前强大，但当时的决策者并没有用军事实力征服世界，而中国文化、政治观念、发展模式都受到了推崇和追随。明清末季，中国表面上繁荣昌盛，但以创新停滞为标志的软实力下降导致了国家实质性衰败，西方的坚船利炮因此产生了摧枯拉朽的效应。基于此，将历史、现实和未来作为剖析中国软实力的一条主线确实是必要的。"参见门洪华《中国软实力评估报告》（上），《国际观察》2007年第2期。

第一节　中国海洋软实力的历史变迁

　　中国海洋软实力是中华文明与国家综合国力在海洋领域的体现，是中华民族在认识海洋、开发海洋的历史进程中逐渐积累并彰显起来的。作为中国海洋软实力的构成要素，海洋意识、海洋制度等在数千年的沉淀与演变中，给中华民族打上了深深的海洋烙印。海洋文明不仅使中国兼具陆地大国与海洋大国的特征，而且推动中华文明有机地融入世界文明体系当中，进而为新时期建设海洋强国奠定了坚实基础。

　　海洋软实力是一国在处理国际海洋事务过程中，通过运用吸引、同化与合作等非强制性方式实现其海洋战略目标的能力。① 这种能力既包括具备一定的资源优势，又涵盖了将资源优势运用转化为行为结果的支撑条件与方法技巧。但无论如何，海洋软实力的形成总是以海洋意识、海洋政治法律思想以及海洋制度等软因素为前提的，否则就是"无源之水"。因此，探讨中国海洋软实力的源头，需要从先民们认识海洋的思想、观念以及形成的制度、民间海洋信仰等角度分析，需要从中华文明的宏观视野加以考察与反思。

一　悠久与辉煌：中国海洋软实力的源起与发展

　　海洋软实力的缘起可追溯到远古时代，是伴随着人们利用"鱼盐之利"与"舟楫之便"逐渐形成的。换言之，先民们在开发和利用海洋的实践活动中，认识海洋，创造并积累了丰富的海洋软实力资源。

　　中国兼具陆地大国与海洋大国的特征，中华民族生存的空间是一个海陆兼备的区域，拥有辽阔的海域和长达18000多千米的海岸线、6500多个海岛和14000多千米的海岛岸线，近海面积超过470万平方千米，沿海一带的气候与资源条件又较为有利于海上活动，这些均为原始社会时期人们"依海而生"创造了有利条件，因而中国的航海及其他与海

---

① 王琪：《提升海洋软实力——走向"海洋强国"的必由之路》，《中国文化报》2013年4月22日第3版。

洋有关的各项人类活动历史悠久。在旧石器时代，居住在沿海的人们就"刳木为舟"，[①] 掌握了渡海技术。[②] 在新石器时代，沿海居民开始以采拾贝类和捕捞小鱼为生，[③] 此后利用水上运载工具筏、船桨、摇橹等扩大了沿海航行的范围。利用海水制盐，扩大了沿海航行的范围。[④] 河姆渡地区发明的最具海洋文化特色的石器——石锛，被应用到太平洋沿岸。[⑤] 在思想观念层面，先民们很早就认识到大海的浩瀚无垠、变幻莫测，感受到的是惊叹与敬畏，初步形成了敬畏海洋的思想观念。"汤汤洪水方割，浩浩怀山襄陵""万川归之，不知何时止而不盈；尾闾泄之，不知何时已而不虚"是对大海浩瀚的动态意象的生动写照。[⑥] 作为中国古代第一部写海洋的经典——《山海经》，反映古代先民对于海洋的认知、好奇、探索与向往，体现了强烈的人文精神和鲜明、浓郁的海洋文化特色。[⑦]

随着生产力的发展，到夏商周时期，人们对海洋的认识得到了进一步拓展和深化，呈现出多方位的特征，既有对海洋物质层面的认识，也有对海洋精神层面的开拓。"箕子去国"与"殷人东渡"成为这一时期的重大的航海事件。《诗经》曰："相土烈烈，海外有截。"说明早在三千七八百多年前，殷商的先人就开辟了海上航线，与"海外"——渤海以外的地方建立了联系。周成王时就有越国献舟活动，还有"积沙成城，以捍潮势，亭民取盐潮脱沙"的晒卤制盐技术，等等。这一时期，

---

① 《易经·系辞》记载："伏羲氏刳木为舟，剡木为楫。"

② 据考古发现，细石叶技术及雕刻器在西伯利亚贝加尔湖以东、中国东北如十八站遗址、朝鲜半岛水扬介遗址均有发现。充分说明了先民们在旧石器时代早期就已掌握渡海技术，旧石器时代中期已开始开发海洋蛋白资源，旧石器时代晚期此方面活动更呈活跃。参见邓聪《海洋文化起源浅说》，《广西民族学院学报》（哲学社会科学版）1995年第4期。

③ 中国考古工作者在北起辽宁南至广州的沿海地区，发现了许多新石器时代人类留下的贝壳堆，说明沿海地区的原始人群，已经开始从海边采拾贝类。

④ 研究发现，新石器时期百越人最早发明了水上运载工具——筏。随着时代的发展，进一步发展到木帆船、车船、战船。建造的材料、体积、强度、技术都一步步提高了。

⑤ 吴春喜、房建孟：《正确处理好海洋文化建设中的几个关系》，《中国海洋报》2008年9月2日。

⑥ 《庄子·秋水》。

⑦ 方牧：《山海经与海洋文化》，《浙江海洋学院学报》（社会科学版）2003年第2期。

还形成了诸多像东夷文化那样的区域性海洋文化,①《越绝书·吴内传》释文载:"越人'习之于夷。夷,海也。'"② 此外,海洋捕捞技术已有初步发展,有了纺轮、坠网、鱼钩、鱼叉等渔具。在海域管理方面,根据考古资料,夏禹创立的九州中,冀州、兖州、青州、徐州、扬州属于临海的行政区划。"东渐于海,西被于流沙,朔南暨,声教讫于四海。"③ 可见当时中国的疆域已经扩展到了海边,并且执政者也意识到了海域的重要性,从而依据海疆与陆疆来划分行政区划。河南安阳殷墟妇好墓中出土了大量的红螺与海贝,其中货贝数量达到了 6880 枚,贝类来自海南、西沙群岛等地,可见商代海洋贡品以及海运的长足发展。周代设"渔人"一职,是海洋管理的开创性举措。"渔人掌以时渔,为梁。春献王鲔。辨鱼物,为鲜薧,以共王膳羞。凡祭祀、宾客、丧纪,共其鱼之鲜薧。凡渔者,掌其政令。凡渔征,入渔玉府。"另有"鳖人""盐人"等职务,"鳖人掌取互物,以时籍鱼鳖龟蜃,凡貍物,春献鳖蜃,秋献龟鱼。掌凡邦之籍事"。"盐人掌盐之政令,以共百事之盐。"④ 由此可见,在周代,统治阶层已经开始对海洋资源进行分类管理,懂得将海洋资源融入政治生活以及日常生活当中。

到春秋战国时代,海洋捕捞已经广泛使用船只。不仅如此,人们还利用船只进行运粮食、远航、打仗等,从对船的制造到运用船,已经远洋航行,从最初的岛屿延伸其他国家,并开始外贸交易。"渔人之入海,海深万仞,就彼逆流,乘危百里,宿夜不出者,利在水中。"⑤ "历心于山海而国家富。"意味着先民们开发利用海洋的力度逐步加大。这时的人们已经有了一定的航海技术,形成了横渡渤海、航行舟山与台湾的沿海航线以及东航朝鲜与日本的航线,产生了沿海的一些港口城市。北方沿海的燕、齐和南方沿海的吴、越都发展成为沿海的重要国家。《说苑

① 曲金良:《中国海洋文化的早期历史与地理格局》,《浙江海洋学院学报》(人文科学版)2007 年第 3 期。

② 研究者认为,中国人的航海文化最早萌芽于古越族人中。参见徐晓望《论古代中国海洋文化在世界史上的地位》,《学术研究》1998 年第 3 期。

③《尚书·禹贡》,慕平译,中华书局 2009 年版,第 27 页。

④ 杨天宇:《周礼译注》,上海古籍出版社 2006 年版,第 63 页。

⑤《管子·禁藏篇》。

·正谏篇》记载：齐国的齐景公曾"游于海上而乐之，六月不归"。齐国管仲提出著名的"仓廪实而知礼节，衣食足而知荣辱，上服度则六亲固"思想，制定了发展盐业，盐业国家专营的政策，极大地增加了国家财政收入，为齐国争霸奠定了厚实的物质基础。这是史学界公认的中国第一个通过国家政策发展海洋事业，进而在竞争中取得优势地位的案例。在齐国发展海洋事业的同时，齐国的海洋文化也蓬勃发展起来。海洋文化固有的开放性、包容性产生了强大吸引力，以至于战国时期齐国稷下学宫成为当时学者争相前往的圣地，"稷下学士复盛，且数百人"。[1] 可谓是海洋软实力在古代中国的一次集中体现。齐国也因为海洋的充分开发，长期保持着大国地位。此外，海洋作为军事角逐的载体，丰富了中国古代战争形态。早在春秋时代，地处沿海的齐国、吴国、越国、楚国就已经开始着手建设海上军事力量，相继组建起强大的海军。据《春秋大事表》记载，"春秋之季，惟三国边于海，而其用兵相征伐，率用舟师蹈不测之险，攻人不备，入人要害，前此三代未尝有也"。在精神文化层面，出于古人对大海浩渺无边、山岛其间、海天缥缈、神奇变幻的认识，民间海洋信仰不断丰富，人们相信海中有神山仙人仙境，徐福东渡传说与蓬莱信仰颇为流行。而且，当时已有"四海之神"的海神崇拜。《太公金匮》云："四海之神，南海之神曰祝融，东海之神曰句芒，北海之神曰玄冥，西海之神曰薄收。"说明民间海洋意识初兴。

　　秦汉时期为中华文明勃兴之际，帝王巡海以及航海事业的发展刺激了海洋软实力快速增长。秦始皇"扫六合"统一中国后曾经四次巡海，并且积极开辟海上航路，开展与东南亚、印度和阿拉伯的贸易往来。资料表明，此时秦始皇已经有了明确的海疆经营战略。秦始皇设立了沿海郡县。"秦时海疆包括十六郡。自北向南为：辽东郡，包括了辽宁东部和朝鲜的西北部。辽西郡，包括了今辽宁西部和河北秦皇岛、昌黎、乐亭一带。右北平郡、渔阳郡、巨鹿郡都有临渤海的部分。齐郡临渤海，琅琊郡、东海郡临黄海，从山东半岛直达长江以北。秦会稽郡、闽中

---

① 《史记·田敬仲完世家》。

郡、南海郡、桂林郡、象郡的海岸线则从江浙一带一直延伸到越南的海防。"① 除了在行政区划上重视海疆管理之外,秦始皇还多次巡视海疆郡县,并且"南登琅邪,大乐之,留三月。乃徙黔首三万户琅邪台下"。② 另外,秦始皇还指派徐福数次东渡,寻求长生不老药,多次航海射鱼,移民兴边,可见其海疆经营战略已经很有系统与规模。秦始皇之后,秦二世、汉武帝也多次东巡海上,其中仅汉武帝就巡海达七次之多,《史记》等对此多有翔实的记载,其对海洋的"至诚"之心可感。国家、帝王对海洋的重视和亲历海疆,对于经略海洋以及海洋软实力增强起到了重要的推动作用,海洋丝绸之路的出现亦得益于此。

汉代的海上丝绸之路是从东南沿海的交州、广州出发,沿着中南半岛,穿越马六甲海峡,进入印度洋沿岸和波斯湾地区。这一时期南中国海地区以及印度洋地区有诸多国家如印度、扶南、锡兰等国家与中国中原王朝有着密切的贸易往来,从中也接收了中国比较先进的制度、文化。三国时,孙权组织多次远航,到达台湾、海南岛和东南亚各国,故被历史学家称为"大规模航海倡导者"。"夷州以外,北到辽东半岛,南到南洋诸国,都曾有吴的使臣和商人活动。吴与南海各地的海上往来和贸易也比前代有所发展。吴的使臣曾多次泛海南出。"③ 根据阿拉伯史学家曼苏底记载,在公元 5 世纪,中国的海船就已经常进出于波斯湾的幼发拉底河口。这在人类海洋史上也是空前的。由此可见,在商业贸易的推动下,中外科技文化交流得以倡行,汉文化辐射周边,许多国家对其产生了敬仰与追慕之情,一些国家开始接受中国比较先进的制度文化。"从海洋交通和海外贸易层面上出现的海外丝绸贸易及其他有关贸易即'海上丝绸之路'获得了长足的发展。范围广大的'汉文化圈'亦即中国文化圈的形成与发展正是这种大规模海上交流积累的产物。"④ 体现了软实力的真正价值,海洋软实力作为中华文化软实力的重要内容,也取得了迅速的提升。

---

① 安京:《秦汉时期海疆的经略》,《中国边疆史地研究》1995 年第 1 期。
② 《史记卷六·秦始皇本纪·第六》。
③ 白寿彝:《中国通史》第五卷,上海人民出版社 2007 年版,第 892 页。
④ 曲金良:《中国海洋文化的早期历史与地理格局》,《浙江海洋学院学报》(人文科学版)2007 年第 3 期。

唐宋时期承继了秦汉海洋取向的价值选择，并在秦汉的基础上，进一步扩展了中华文化的影响力，海洋软实力持续地提升。作为海洋软实力的重要依托——中国的航海事业繁荣，造船技术达到了新高峰，唐代已经有了长达 50 米的大海船，并已开辟了"渤海道"与"海夷道"两条航线，"渤海道"定期驶向朝鲜，"海夷道"定期驶往南洋、印度、阿拉伯、波斯等地（往返为期两年）。每艘海船上的水手多达数百名，船上还能够栽花种菜，其大可知。据记载，唐朝时的波斯湾，停泊的大部分都是中国的船队。同时，海洋潮汐研究、海图绘制与指南针用于航海三项先进航海技术，当时均居世界前列。指南针的运用，在战国时期已见端倪，《韩非子·有度篇》上说："先王立司南以端朝夕"，古人已经能够将人类无力感知的地磁信息转换成视觉可见的指南针。《萍洲可谈》记述了指南针给航海业带来的巨大作用："舟师识地理，夜则观星，昼则观日，阴晦观指南针。"[①] 为近海航行提供了天文学知识和航海技术。此外，唐代，在汉族发达的制木技术影响下，榫接技术与铁钉使用技术，都应用到南方的船舶制造上，于是，船舶的牢靠程度大大提高了，唐代出现的"海鹘"船，两舷设置了披水板，可以减弱风浪的横向推力，平衡船身，增加了船的抗沉性和稳定性，开始使用水密隔舱结构，大量使用铁钉、桐油等技艺，"这些技术标志着中国在隋唐时期的航海技术的发达"。[②] 相关记载表明，唐宋以来航行于东亚与西亚之间的船只，以中国的大型木船最好，不论哪一国的商人，都以乘坐中国帆船为最佳选择。宋王朝出使朝鲜的"神舟"，载重量已在 1500 吨以上，还发明了"其行如飞"的"车船"（明轮船）。

在海洋管理方面，唐玄宗开元二年（714）设市舶使一职："主市舶司事，以招徕海中蕃舶。"具体职责为：管理海外各国从海路前来朝贡的事务，接待海外各国使节，护送使臣、贡物到长安；管理贸易与税收，从进口货物中征购官府所需商品，以及对商船征收进口货物税。宋朝设置了管理机构市舶司，下设市舶务，主要职责是：对进口的外国货物征税（当时称"抽分"或"抽解"），对外国货物抽分后收购全部或

---

① 陈秀萍：《中国海洋文化发展迟缓缘由析》，《杭州师范学院学报》2000 年第 4 期。

② 章巽：《我国古代的海上交通》，商务印书馆 1986 年版，第 49 页。

部分（当时称"博买"或"官市"），管理从事对外贸易的海舶进出港，查禁偷税或私运违禁物品的非法活动。元初，制定了《市舶抽分杂禁二十二条》。① 在科技文化交流方面，以海洋为通道，唐代时中日之间进行了长期的科技文化交流，"隋唐之前，日本虽然与中国有所往来，但是官方层面没有正式的行为。但是日本自隋朝即公元607年就开始派遣遣隋使"。② 日本全套仿效唐代的官吏制度，典章律令，吸取中国先进的文化知识和生产技能，以边陲小邦的身份，虚心学习他们自认为曾是故土的新兴文明。天皇派遣大批使节、留学生、学问僧越洋跨海入唐。自舒明天皇二年（630）首次遣使以来，200余年间共派使团达19次。在遣唐使的主持下，日本开始了具有划时代意义的、模仿中国唐朝制度的大化革新。大化革新的主要内容在于以班田制度（类似唐朝的均田制度）取代贵族私有土地制度，官吏由国家任免且中央集权，此外还有模仿《唐律》颁行的《近江令》等举措。同时，唐王朝也多次遣使东渡，受到隆重接待。据《续日本书纪》载："唐客入京，将军等率骑兵二百、虾夷廿人，迎接于京城门外三桥。"双方睦邻政策极大促进了中日两国文化交流。宋代尤其是南宋偏安一隅，为缓解财政压力，抵抗外敌和维护统治，其经济发展呈现外向型特征。特别是宋高宗南渡时期，财政十分拮据，把开放海洋作为国策，市舶收入成为南宋王朝一项重要的财政来源，仅福建市舶司一地，在建炎元年（1127）至绍兴四年（1134）的八年之内，一个蕃舶纲首招致的舶船，就获得98万缗的"净利钱"。③ 据统计，南宋与海外诸国贸易往来极为频繁，保持经常联系的国家和地区达五六十处。所谓"市舶之利，若措置合宜，所得动以百万计。"一些国家以"朝贡""交聘"的方式来宋，"射利于中国"，一些国家的统治者还接受宋朝的封号，遇到困难也愿意找宋朝出面帮助解决。外向型经济扩大了宋王朝的政治影响，增进了其他民族对汉民族高度的文化认同，构成了海洋软实力的重要方面。由是观之，秦汉以至唐宋，中华文化对他国的吸引力可谓强大一时，海洋软实力的提升高度

---

① 陈秀萍：《中国海洋文化发展迟缓缘由析》，《杭州师范学院学报》2000年第4期。

② 白寿彝：《中国通史》第五卷，上海人民出版社2007年版，第892页。

③ 徐松：《宋会要辑稿》，中华书局1957年版，第67页。

可见一斑。有研究者认为："在这七八百年的时期内（秦汉以至唐宋），中国的海洋文化无疑是领先于世界的。"① 从某种意义上讲，正是依靠综合国力的强大以及软实力的渗透，唐宋帝国缔造了中古东亚文明圈，并成为这一文明圈的中心区。政治层面上的"华夷秩序"已然成熟；经济上以中国为中心的朝贡贸易逐渐完备；文化上，中国传统文化以海洋为交通枢纽，"突破国界，在日本、朝鲜、越南等沿海周边国家的社会生活中占有日益重要的地位，发挥着广泛的影响"。② "中国先民的航海能力，达到了世界上最早将自己的文化实现远距离跨海交流的水平。这在事实上构成了中国文化通过海洋对其邻邦文化的强烈吸引力。"③ 据说，先知穆罕默德有一条教训称："学问，即便远在中国，亦当求得之。"阿拉伯帝国第二代哈里发苏尔莫都巴格达时也宜称："这里有底格里斯河，可以使我们接触像中国那样遥远的国度，并带给我们海洋所能提供的一切。"

在民间信仰方面，唐玄宗时，朝廷似乎对四海之神的信仰较以前更为重视，表现在册封四海海神为王。道教创造了"龙王"，于是海龙王信仰开始在民间流行。"海为龙世界，云是鹤家乡"的传说以及海龙王崇拜在民间的广泛存在，说明中国海疆以及周边大海是构成中华民族龙文化的重要载体。

至元代，元朝虽是个立国短祚的中原王朝，但是其辽阔的疆域以及长期的颠簸生活、战争经历使得少数民族统治者没有趋向于保守，而是以更加开放的姿态面向世界，这时的中国对外交往呈现出全面繁荣的姿态。元政府把发展海洋作为国策，海洋经济发展达到鼎盛时期。元世祖忽必烈曾遣使从海路到东非去采访异闻，并多方设法不使海外贸易中断。至元十四年（1277），元政府沿袭南宋的市舶制度，并制定《市舶抽分杂禁二十二条》。④ 为了取得更多的收入，还由政府出船出本钱给舶商出海贸易，称为"官本船"。海上贸易和商业交往促使海洋移民进行海洋拓殖、海岛开发、繁衍生息，促进了沿海地区商品经济的发展。

---

① 徐晓望：《论古代中国海洋文化在世界史上的地位》，《学术研究》1998 年第 3 期。
② 赵君尧：《中国海洋文化历史轨迹探微》，《职大学报》2000 年第 1 期。
③ 曲金良：《中国海洋文化观的重建》，中国社会科学出版社 2009 年版，第 57 页。
④ 陈秀萍：《中国海洋文化发展迟缓缘由析》，《杭州师范学院学报》2000 年第 4 期。

泉州一跃成为世界级的繁荣港口，大批西方人来到中国，其中不少人得以在朝任职，受到统治者的重用。当这些西方人士返回故土后，大多不遗余力地宣传中国的物产丰富、文化的博大精深，这其中最著名的当属马可·波罗，其回国后撰写的《马可·波罗游记》第一次向欧洲系统阐述了高度发达的中华文明，激起了欧洲人对于当时中国的强烈向往，以至于启蒙运动时期的泰斗伏尔泰也对中国赞不绝口。元朝虽以"马上得天下"，但征伐之心促成其大规模建造战船、组建水军、组织庞大舰队。① 此时海上行动，最大规模可组织水军 7 万人、战船 500 艘。然而，强大的海上军事实力并未给忽必烈带来征伐的胜利，其先后数次对日本、占城、安南、爪哇的海外战争均以失败告终，一定意义上反证了海洋软实力的重要性。② 这一时期，东南沿海社会民间信仰——海上女神妈祖信仰颇为盛行。后来，逐渐扩大到全国海疆（仅天津就有 16 座妈祖庙），由中国而扩大到整个东南亚甚至全世界，取代伏波将军而成为全国最大的海神。这显示出民间海洋意识的进一步觉醒。

二 彰显与陟降：明清以至近代海洋软实力发展的曲折之路

明朝初期，"是中国海洋文化发展的转型时期，也是沿海社会经济充满新旧交替冲动的时期。一方面，官方的海洋活动退却，长期实施的海禁，使中国传统的海洋发展受阻；另一方面，这种经济专制体制与海洋大国客观条件相违背的社会不适应性，随着中央对地方控制力的下降或失控而被局部突破，导致沿海民间社会海洋经济的孕育和发展不足"。③ 明初，明成祖朱棣曾派"三保太监"郑和七下西洋远航，通好

---

① 此时海上行动，最大规模可组织水军 7 万人、战船 500 艘。参见《中国历史上曾多次错过成为海洋强国机遇》，《解放军报》2009 年 12 月 28 日。

② 从某种意义来说，单纯依靠强大的海洋硬实力而忽视以道义、和谐为内核的海洋软实力的军事扩张，是不可能带来征服与同化的，终归走向失败。尹博认为，一个国家是否有力量，不在于其具有多少利器，而在于其所具有的利器所包含的文明的力量。中华民族之所以能够延续至今，最重要的就是华夏文明所具有的文明力量，在近代列强的坚船利炮的攻击下，依然能够重新屹立于世界东方，都是源于华夏文明所具有的文明力量。而且在此基础上，还要吸收新鲜血液，适应新时代需要，因而这个文明力量才能继续发挥作用并成为中华文明进一步发展的基础。参见尹博、王伟《以人为本：人海关系和谐对海洋经济可持续发展的指导意义》，《海洋开发与管理》2005 年第 5 期。

③ 杨国桢：《明清中国沿海社会与海外移民》，高等教育出版社 1995 年版，第 3—4 页。

亚非诸国，所到之处，一方面宣扬明朝的国威，晓以对海外各国的怀柔之意，邀约各国派使臣到中国来"朝贡"，另一方面又和各国开展平等的贸易。此后，很多国家在郑和的远航舰队访问后，即派使臣来中国建立邦交和进行贸易，另外还有许多客商继续循着郑和开辟的海路远航通商。明成祖朱棣通过郑和的和平、开放、探险式的出使，使得"蛮夷之情，由来叛服不常，数年陛下怀柔之恩，待之以礼，今皆悦服，无反侧之意"。① 海外国家纷纷朝贡，被传为盛事。因此，郑和下西洋之举，既标志着中国的造船业和航海技术发展到历史的高峰，又体现了中国古代人们明确的海洋意识和中国海洋文化的久远变迁与辉煌历史，同时还标志着中国海洋软实力达到了一个新的高峰。② 因此，有研究者认为："明代虽然一度有过海禁，但总体说来，却是中国海洋文化史上的黄金时代。"③ 国外学者们对这一时期的中国海洋历史有着较深入的研究。比较著名的有《马可·波罗游记》、李约瑟的《中国科学技术史》乃至中国周边国家如朝鲜、日本等国的相关史志。以 L. S. 斯塔夫里阿诺斯的《全球通史：从史前史到 21 世纪》为例。该书多次提及中国海洋发展历史，尤以对郑和远航的评述最为精彩。书中写道："西欧这一由各种势力、制度和传统交织在一起而形成的独特复合体的意义，通过中国明朝派出的著名的远航探险队的惊人历史，可得到有力的说明。1405至 1433 年间的七次远航冒险都是在一个名叫郑和的内宫监太监的指挥下进行的。这些探险队的规模和成就之大令人吃惊……中国探险队不仅在规模上，而且在所取得的成就方面也使人印象深刻。它们绕东南亚航行到印度；有些船继续西航达亚丁和波斯湾口；而个别船则驶入非洲东岸的一些港口。我们应该记得，在这期间，葡萄牙人只是刚刚开始沿非

---

① 《明成祖实录》卷五十。

② 对此，徐凌指出："不能因为关注郑和航海的壮举本身，而就断定其一定代表了先进的海洋文化，是全面将中国海洋文化推向了顶峰。"然而，笔者认为，郑和之举无疑体现了成祖一朝海洋取向的价值观，这一点远比此后长期的禁海内向思想开放、先进，将郑和之举视为古代海洋软实力发展的高峰是有一定道理的。评价历史人物或事件，应将其置于当时的时代背景之中。参见徐凌《中国传统海洋文化哲思》，《中国民族》2005 年第 5 期。

③ 林河：《中华民族是人类海洋文化的缔造者》，《中国民族》2002 年第 11 期。

洲海岸探寻航路，直到 1445 年才抵达佛得角。"① 加文·孟席斯专门针对郑和航海进行了大量实证研究，甚至提出了中国发现世界的全新想法，更是引发一时学术热潮。②

在民间信仰方面，由于民间海洋贸易的发展，海商们不仅信奉妈祖，也信奉关帝、三官大帝、土地公等，由于海洋移民潮流的涌现与海洋渔业的发展，许多陆域的护境神信仰以及海岛渔村的护境神信仰也出现了"海洋化"。民间海洋意识得以持续涵养。

中国海洋事业的衰退在郑和下西洋之后便现端倪。至 1511 年，葡萄牙人吞并明朝"救封之国"暨远东重要商业贸易中心马六甲时，明朝廷对此竟无动于衷，显示了中华帝国霸权及其海洋文化开始衰落。③此后，日本对朝鲜半岛的觊觎和倭寇对中国沿海的侵扰，迫使明王朝对外政策进一步收缩，直至嘉靖二年（1523）开始实行海禁，封锁沿海各港口。而这时，世界正在进入海洋文明时代，欧洲海洋文明之下的殖民主义和商业资本主义，开启了西方全球扩张的道路。中国海洋事业发展开始落后并趋于衰微。明末郑氏家族的海上贸易虽然使"海洋中国"出现初期的雏形，但明代气数已尽。随着清兵入关，尤其是清初的"禁海迁界"政策的实行，"片板不许下海"。此后开海与禁海虽有反复，但中国海洋事业、航海技术、对外交流江河日下之势已不可避免。尤其是海外交往的政策处于零散、断裂的状态，没能延续前朝的辉煌。清朝更是推行严格的闭关锁国政策，尽管也有诸如广州十三行这样的对外贸易管理机构，但是对于贸易有着数量、时间、地点的严格限制，而且征收高额关税，尤其是中国主动出海，出访他国的历史由此中断，对外交往逐渐演变成了狭隘的小规模的贸易往来，失去了将中国悠久的海洋文化、深厚的文化底蕴传播出去，进而吸收国外先进经验的历史机遇，近代的屈辱历史由此埋下伏笔，可见此时的海洋软实力处于陡降局面。当

---

① ［美］斯塔夫里阿诺斯：《全球通史：从史前史到 21 世纪》，吴象婴等译，北京大学出版社 2012 年版，第 108 页。
② ［英］加文·孟席斯：《1421 中国发现世界》，师研群译，京华出版社 2005 年版，第 7—8 页。
③ ［美］斯塔夫里阿诺斯：《全球通史：从史前史到 21 世纪》，吴象婴等译，北京大学出版社 2012 年版。

然，辩证地看，即使在闭关自守的明、清时期，一些沿海地区仍较开放，如海外文化强烈地吸引着闽人走出家门，伊斯兰教和基督教亦曾在福建沿海扎根，明清海洋民间组织异军突起，一定程度上弥补了官方海洋经略的缺憾，它意味着中国海洋软实力发展并未彻底中断，只是处于"蛰伏期"。

两次鸦片战争中，西方列强用坚船利炮轰开了中国的大门，也使朝廷中的有识之士猛醒，开始认识海权的意义，海洋软实力开始复苏。于是，中国掀起了"洋务运动"，创办军工，筹备船政，培养海军人才，组建北洋、南洋、广东、福建 4 支舰队。到甲午战争前夕，历时 26 年，共造各类舰船 55 艘，这在中国造船史上是空前的，海洋硬实力大增。[①]然而，在甲午战争中，清朝当权者把北洋海军舰队视为拱卫京畿的活动式"要塞"，奉行消极防御的战略，不可避免地使北洋水师遭到全军覆没的下场，海军强国梦破灭了。另外，清政府奉行"闭关锁国"政策，阻断了中国与其他国家交流的重要通道。作为海洋大国的中国，未能认识到海权是国家综合国力在海洋方向的表现。反映到海军的建设和使用问题上，即是海军建设缺乏连贯性，没有长期的发展规划，海军只是在近岸近海活动。甲午战败，清政府与日本签订《马关条约》，不得不把当时中国最具海洋文化特征，最先拥有铁路、电报、电线设施的台湾省割让给日本。因此，从中可以看出，正是缺乏与时俱进的海洋意识、海洋战略以及海洋文化，导致明清海洋事业出现陡降的局面，从某种意义上讲，海洋软实力的下降是造成海洋事业停滞乃至中华民族面临百余年屈辱历史的重要动因之一。

三　重构与提升：中华人民共和国成立以后海洋软实力发展的时代机遇

1911 年，清政府最终退出历史舞台，但是北洋政府以至后来的民国政府，历经军阀混战、国共十年内战以及抗日战争、解放战争，根本无暇发展海洋事业，海洋软、硬实力依然薄弱。中华人民共和国成立以

---

① 张海文：《纵观古今中外：以海强国是必然选择》，http://news.ifeng.co m/mil/4/detail_ 2013_ 11/18/31340617_ 0. shtml。

后，党和国家高度重视海洋事业发展和海洋文化建设，经略海洋思想趋向明晰，海洋管理体制初步理顺，意味着海洋软实力在重构中快速提升。

首先，国家海洋战略是海洋软实力的关键内容。以毛泽东为核心的第一代党中央领导集体充分认识到海权的重要性，并开创了中国人民海军事业。他高度重视海军建设，审时度势、果断决策"我们一定要建立一支强大的海军"，① 曾经形象地把人民海军建设喻为"把我国海岸线筑成海上长城"。在中华人民共和国成立后的 26 年中，他一直关心海洋事业和海军建设的发展，甚至在弥留之际还嘱托"海军要搞好，使敌人怕"。正是由于有了清晰的海洋战略思想，中国海洋硬实力才在较短时间里得到实质性增长。相应地，强大的海洋硬实力发展又强化经略海洋意识，实现了海洋综合实力的快速提升，中越西沙海战最终以中国完胜而告终即是明证。此后，历届中央领导集体和核心都高度重视海洋发展战略和海洋文化建设。邓小平科学地分析了当时国际局势和党情国情的特点及发展趋势，从维护和发展中国人民和世界人民的根本利益、长远利益的战略目标出发，实施改革开放，逐步形成了以独立自主和全方位开放海洋、分层次分步骤的海洋战略、近海防御作战、"搁置争议，共同开发"等为主要思想内容的中国特色社会主义国家海洋发展战略。② 江泽民将海洋发展战略推向了新的发展阶段，海洋战略、蓝色国土、海洋经济、蓝色文化、开发和利用海洋资源、海洋大省等概念开始在全国传播开来。他在历次视察人民海军时，多次指出："我们一定要从战略的高度认识海洋，增强全民族的海洋观念"，③ 促使中国在海洋文化的现代化、国际化、科学化、全民化和国家海洋战略的持续发展等各项海洋事业中都取得了可喜成绩。党的十六大、十七大分别提出"实施海洋开发"和"发展海洋产业"。21 世纪是海洋的世纪，作为中国海洋发展战略的里程碑，党的十八大首次提出了建设海洋强国的目标，明确指

---

① 《人民海军报》创刊号题词，《人民海军报》1950 年 1 月 1 日。

② 《搁置争议，共同开发》，http://www.fmprc.gov.cn/web/ziliao_ 674904/wjs_ 674919/2159_ 674923/t8958. shtml。

③ 《春风鼓浪好扬帆——江泽民主席关心人民海军现代化建设纪事》，《人民日报》1999 年 5 月 28 日。

出："提高海洋资源开发能力，发展海洋经济，保护海洋生态环境，坚决维护国家海洋权益，建设海洋强国。"这是中国共产党准确判断重要战略机遇期内涵和条件变化提出的战略目标，体现了党中央对海洋事业的高度重视和充分肯定。习近平同志指出建设海洋强国是中国特色社会主义事业的重要组成部分，强调坚持陆海统筹，坚持走依海富国、以海强国、人海和谐、合作共赢的发展道路。① 2016 年 3 月，由原国家海洋局与教育部、文化部等五部委联合印发《提升海洋强国软实力——全民海洋意识宣传教育和文化建设"十三五"规划》，指出提升海洋强国软实力必须围绕海洋强国和 21 世纪海上丝绸之路建设，以增强公众海洋意识、弘扬海洋文化、提升海洋强国软实力为核心，全面打造海洋新闻宣传、海洋意识教育和海洋文化建设三大业务体系。该规划的发布，意味着海洋软实力首次被纳入国家海洋战略之中，标志着海洋软实力建设进入一个新的阶段。2017 年党的十九大报告中强调要坚持陆海统筹，加快建设海洋强国，充分体现了党中央对海洋事业建设发展的新要求，为海洋事业建设发展指明了前进方向。由此可见，海洋强国建设，不仅需要海洋硬实力，还需要海洋软实力，通过"软硬兼施"，既能够以最小的代价维护国家海洋权益，更可以使和平发展理念以及中国模式取得各国的认同与追随，从而达到"不战而屈人之兵"的效果。

其次，海洋工作体制不断健全。为推进中国的海洋经济建设和海洋综合管理，1964 年 7 月 22 日，第二届全国人民代表大会常务委员会批准成立原国家海洋局，直属国务院领导，这是中国海洋事业发展史上的重要里程碑，中国从此有了专门的海洋工作领导部门，海洋工作体制迈向新阶段；海洋经济实现大发展，据原国家海洋局统计数据显示，2008 年中国海洋生产总值 29662 亿元，同比增长 11.0%，占国内生产总值的 9.87%，全国涉海就业人员 3218 万人，比上年新增就业岗位 67 万个。

最后，海洋科技实力持续增强，船舶海洋监测、海洋生物、海洋资源勘探高技术取得一系列自主创新成果，海洋数值预报业务化系统、海水淡化与综合利用技术取得新的进展，海洋卫星实现零的突破，海洋科

---

① 习近平：《进一步关心海洋认识海洋经略海洋　推动海洋强国建设不断取得新成就》，http://news. xinhuanet. com/ politics/2013 – 07/31/c_ 116762285. htm。

技成果转化及产业化工作稳步推进。而在海洋文化与教育研究方面，20世纪90代初，中国有了比较系统的海洋文化研究，对海洋文化的基本理论也开始进行了较多的探讨，中国海洋大学等一批高等学校相继成立了海洋文化研究机构，海洋软实力正在成为应对海洋问题的重要学术阵地。国家和民间组织也正在大力加强海洋传统资源的收集和整理工作，努力保护并积极弘扬优秀的海洋传统资源，海洋管理体制不断创新，大众传媒也不断将优秀的传统文化等传输到世界各国。综上可见，中国海洋软实力迎来了更好的发展机遇。

第二节　中国海洋软实力发展的基本规律

在中国海洋文明史的演进中，海洋软实力得以形成、发展、彰显。"灿烂辉煌的海洋文化艺术，领先的海洋文明和制度体系，充满风情的海洋民俗，蕴涵深厚的海洋价值观"，[1] 使得中国这一文明古国在长期的历史进程中，拥有了强大的海洋软实力。当今时代，"谁拥有了海洋，谁就拥有了世界"，[2] 我们不会像历史上帝国主义那样称霸海洋，我们要走的是和平发展的中国特色海洋强国之路，而这条道路离不开强大的海洋软实力，"分析世界海洋强国的发展规律不难发现，这些国家在从海洋大国向海洋强国崛起的过程中，都十分注重发挥海洋文化软实力的作用"。[3] 只有拥有强大的海洋软实力，才能在国际竞争中占据道义制高点，掌握国际海洋秩序话语权，规避国际海洋权益的"零和博弈"。揭示海洋软实力发展的基本规律，反思当代海洋软实力建设之路，无疑有助于实现海洋强国战略目标。

一　海洋软实力发展对国家硬实力具有明显的依赖性

软、硬实力的关系表明，"任何一方面的成功运用都有助于另一方

---

① 王琪：《提升海洋软实力——走向"海洋强国"的必由之路》，《中国文化报》2013年4月22日第3版。

② ［美］马汉：《海权论》，一兵译，同心出版社2012年版。

③ 王山：《用海洋文化软实力推进海洋强国建设》，《中国海洋报》2013年8月22日。

面的促进和增强"，① 国家硬实力是软实力运用的坚实后盾，软实力又是国家硬实力的必要补充。从中国海洋软实力的发展历史来看，我们很清晰地看到这样的一个规律：海洋软实力对国家硬实力呈现出高度的依赖性。以秦汉至唐宋时期的海洋软实力而论，为什么能领先世界七八百年呢？正是中世纪的中国综合国力包括经济发展水平、科技文明程度高于其他国家。明清时期海洋软实力的衰微也与这一时期长期的经济发展与国力水平有着密切的关系。"历史上重视开放与航海的时期，往往也是国家比较强盛的时代。"② "自晚清以来，中国综合国力迅速下降，软实力也几乎丧失殆尽。"③ 反观西方的海洋文化之所以成为近代人类海洋文明的制高点，也是因为它有发达的工业文明作为基础。明清以来西方海洋文化对中国海洋文化的胜利，也是建立在它雄厚的科技水平与工业基础上的。甚而有学者认为，在当时的条件下，即使明清政府重视海洋，也是无法与西方竞争。④ 此外，纵观海洋秩序与国际秩序的发展演变过程，我们也很明显地看到，实力因素始终是决定海洋秩序稳定与变迁的最坚实的后盾。一个国家如果缺乏包括海洋实力在内的雄厚的综合国力，是很难在海洋秩序与国际秩序的构建与安排中表达本国的国家意志的，更谈不上维护和拓展国家的海洋权益。因此，要提升当代中国海洋软实力，加快建设海洋强国步伐，不仅需要建设强大的海上军事力量、发展海洋经济、推动海洋科技，更需要保持国家经济发展的良好势头，在营造和平安定的国内外环境基础上，持续提高国家的综合国力，否则，中国海洋强国建设可能会重蹈明清覆辙。

二　道义性原则与和谐理念是中国海洋软实力的核心要素

软实力内含政治合法性与道义性原则。"如果一个国家能够使它的

---

① 孟亮：《大国策：通向大国之路的软实力》，人民日报出版社 2008 年版，第 34 页。
② 蔡一鸣：《论郑和航海精神与我国和谐海洋观》，《中国航海》2006 年第 4 期。
③ 国林霞：《中国软实力现状分析》，《当代世界》2007 年第 3 期。
④ 当然，这不是说海禁政策对中国海洋软实力成长的影响不重要，而是唯物主义观念的印证。

权力在别人眼中是合法的，它的愿望就较少会遇到抵抗。"① 对于海洋软实力而言，它存在的重要前提，在于所倡导的价值符合人类社会发展的内在要求和潮流，有利于增进国内福利和国家行为体之间在海洋领域的共同利益，并促成良好国内、国际海洋治理的形成，② 使得海洋硬实力"发之有道""得之有理"，并有利于建构人类命运共同体。中国海洋软实力在其发生发展过程中，深受中华文明的熏陶，传承了中国传统文化的优秀基因。中华民族是爱好和平的民族，中华文化是追求和谐的文化，中国海洋软实力的力量所在，从根本上讲，是它高度契合中华文化所强调的道义性与和谐理念。老子讲的"天下之至柔，驰骋天下之至坚"（《道德经》43 章），儒家思想推崇的"为政以德，譬如北辰，居其所而众星拱之"（《论语·为政》）、"以德服人"（《孟子·公孙丑章句上》）、"仁义治国"（《贞观政要·仁义》）、"得道者多助，失道者寡助"（《孟子·公孙丑下》）、"得天下有道，得其民，斯得天下矣"（《孟子·离娄上》）、"远人不服，则修文德以来之"（《论语·季氏》），孙子提出的"不战而屈人之兵"（《孙子兵法·谋攻》），等等，均是中华文明倡行道义性原则的体现。此外，中国传统文化追求"和"，讲究"和而不同"，主张平等相待、诚信合作、互利互惠，以此作为化解人与自然、人与人、国与国、家与家之间的冲突，实现不同文明之间的和谐发展。在中国海洋实力非常强大的时期，中国并没有远隔重洋侵略他国，而是以其先进的文化优势为基础，通过积极的国际交往将其文化远播海外，创造出辉煌的文化时代，建构了以文化为底蕴的东亚朝贡体系。古代中国东亚秩序核心的原因在于，中国文化、生活方式对周边民族和国家有着强烈的吸引力和同化力。中国与属国的关系主要依靠华夏礼义的吸引力，依靠提供公共物品。作为华夏伦理秩序的自然扩展，朝贡体系是一种隐含超越民族、种族畛域的天下秩序，代表了东方国家对世界制度、国际秩序的早期实践，中国致力于追求道德目标的战略路径

---

① 王沪宁：《作为国家实力的文化：软实力》，《复旦学报》（社会科学版）1993 年第3 期。

② 王印红、王琪等认为："海洋软实力不只是一种竞争力，它的提出最重要的不是维护各国的海洋权益，而是为全人类可持续的开发与利用海洋提供共享的价值观念与治理工具。"参见王印红、王琪《中国海洋软实力的提升途径研究》，《太平洋学报》2012 年第 4 期。

也为当代东亚秩序的建设提供了最具深意的启示。在今天，中国传统文化中"以和为贵"的思想，已经从之前单纯的文化含义慢慢地融入社会生活的方方面面，"和谐社会""和谐家园"成为与人们息息相关的话题。2008 年北京奥运会和 2010 年上海世博会的成功举办，更是提供了一个让中国了解世界，也让世界了解中国的最佳平台。来自全世界不同地区、不同国家的文化汇同于此，充分融合、协调。在国际舞台上，西方世界所倡导的民主、法制价值观长期处于主导地位，中国提出的"和谐世界""和谐海洋"理念成为中国文化价值观中普适性的最佳体现，它让人们了解到中国的和谐理念，并在世界范围内产生了强烈的价值认同。2017 年 10 月 18 日，习近平总书记在党的十九大报告中提出，坚持和平发展道路，推动构建人类命运共同体。人类命运共同体理念倡导在追求本国利益时兼顾他国合理关切，在谋求本国发展中促进各国共同发展。通过构建人类命运共同体理念，可以进一步提高中国国际影响力、感召力、塑造力，提升世界话语权和软实力，为解决人类问题贡献更多中国智慧和中国方案，为世界和平与发展做出新的重大贡献。上述理念与思想，也成为中国海洋软实力的组成部分。

三　提升海洋软实力的关键是重视顶层设计、明确的国家海洋意识及清晰的海洋发展战略

在长期的封建帝制时期，最高统治者的海洋观念与王朝政府的制度安排成为影响海洋事业发展的关键因素。正如前述，秦汉时期，封建王朝帝王对海洋的重视和亲历海疆，无疑促进了海洋软实力的形成。唐宋时期国家对海洋贸易的重视以及沿海各项海洋管理制度的实行，创造了开放、包容、冒险的时代精神与文化意蕴，海洋软实力也可以说是繁盛一时；郑和下西洋是在明成祖的首肯与大力支持下得以成形的，海洋软实力发展到历史巅峰。反观之，明代中晚期以至清代，统治者在抱残守缺、封闭内向的观念支配下，推行闭关锁国与禁海政策，最终使长期领先于世界的中国作茧自缚，丧失了融入世界海洋文明体系的重要机遇。研究表明，当时中国已经能够建造 12 桅以上的超级海船，而统治者却严禁建造 3 桅以上的大船。"总的来说，中国历代朝廷基本都是背向海洋'向内用力'的内陆中心体系，但朝廷特别是宋、元、明、清的朝

廷在沿海海洋社会经济强劲发展后，已经开始希望把海洋资源的开发利用，纳入朝廷的管理控制之下，这一点不能不认为是'向外用力'的尝试，即以内陆中心体系为基础的向海洋发展，其结果产生了宋元时期和明末清初两次中国海洋发展史上的发展机遇，但又分别被明清政府所扼杀，沿海商民的海外开拓，在极端专制的明清政府看来，是游离于朝廷控制之外的不安定因素，必须予以打击，至于沿海人民的生计，则理应为中央政权的集权统制而牺牲，沿海商民面向海洋和朝廷背向海洋的抗争中，强大的中央政权是最后的胜利者。"① 可见一个国家或民族经略海洋意识，尤其最高领导阶层的海洋观念以及制定的海洋政策，对于建设海洋强国具有重要作用。对此，历史学家斯塔夫里阿诺斯认为，明清时期中国海洋事业的衰落是中国强大的君主权力制约的结果，"能够并的确发布过一道道对其整个国家有约束力的命令"。② 党的十八大报告明确提出"建设海洋强国"，这是党和国家基于历史和现实的战略判断，它将海洋上升至前所未有的战略高度，彰显了海洋取向的国家意志，意味着海洋软实力将会极大提升。这意味着，即使在面临当今国际政治外交形势波诡云谲、海洋权益错综复杂的严峻局面，中国依然会坚定走向海洋的决心，倡导"软硬兼施、文武之道"，坚决维护海洋权益，建设和谐的海洋环境，为实现中华民族伟大复兴的"中国梦"奠定坚实基础。

四 中国海洋软实力与中国文化一脉相承，具有强大的包容性与同化力

海洋软实力涉及海洋与人类的思想观念。海洋独特的品质决定了海洋软实力具有强大的包容性。"海纳百川，有容乃大"正是海洋特质的体现。海洋的存在，除了给人类带来了巨大的物质利益，同时也给人类带来无限的精神文化价值。这种源于海洋而生成的文化价值，有着不同于陆地文化的鲜明的特色。海洋以其博大、浩渺、深邃的自然特性，造

---

① 李文睿：《试论中国古代海洋管理》，博士学位论文，厦门大学，2007年。
② ［美］斯塔夫里阿诺斯：《全球通史：从史前史到21世纪》，吴象婴等译，北京大学出版社2012年版，第174页。

就了海洋文化精神生活的多样性，与大陆文化相比，海洋文化大气、强悍、机智、热情、浪漫、生机勃勃、充满想象力与创造性；构建了海边人豪爽、旷达、灵活、容易接受新事物与新观念的心理素质，也塑造了沿海而居的人的品行、民族性格，使得生活在沿海地区的人们生来就具有一种包容性、开放性和拓展性。① 徐凌指出："从开放性角度来看，中国古代的海洋观念总体上是一种趋向开放的景象。经历了诸如从秦始皇巡海、徐福东渡到东汉开辟海上丝绸之路再到宋元时期航海贸易的空前繁荣，从对海洋的'鱼盐之利'的初步认识到建立完备的市舶制度以谋求航贸之利。这种开放表现在积极拓展航路、发展官民并举的中外双向航贸关系，积极与外域建立多方面的联系等方面。"② 赵君尧认为中国海洋文化模式的最基本的特征是：对外和平的开放性，对外扩展的探险性和恢宏的拓边精神。③

中国海洋软实力的包容性首先体现在大气。所谓"大气"是指一种胸襟，一种宏观的气度与气魄。首先是非凡想象力。仅以诗歌为例，曹操的《观沧海》写道："东临碣石，以观沧海。水何澹澹，山岛竦峙。"以大海般广阔的胸襟与宏大的气魄给读者以豪情、信心与力量。唐代诗人李贺有一首题作《梦天》的诗："……黄尘清水三山下，更变千年如走马。遥望齐州九点烟，一泓海水杯中泻。"诗人从更高的角度俯瞰海洋，俯瞰人生，引发沧海桑田的惊人想象，不仅是感慨人生苦短，而是惊奇地发现人类自身独具的想象能力与天地往来的精神意志。其次是创新。大海亘古常新，具有恒定与变动两重特征，海洋文化是一种喜新不厌旧的文化。由于沧桑变迁与人口流动，沿海地区的变化比内陆显著。再次是多元化色彩。细大不捐，包罗万象，涵盖古今。沿海地区接纳了来自内地与世界各国的移民，也接纳了丰富多彩的移民文化。多元文化的兼容并蓄，交融互补，显示了大气与创新，体现了自强与自

---

① 德国哲学家黑格尔以哲学思想的形式考察了人类文化的起源及类型和特征。沿海地区的海洋文化，沿海地区交通便利，视野开阔，发展了商业和航海业，因而形成了以开放性、进取性为特征的海洋文化。在这里，透露出黑格尔西方文化优越论的观念和对农耕文化的偏见。但依据民族生存的自然条件划分文化的类型，仍然具有其合理性。

② 徐凌：《中国传统海洋文化哲思》，《中国民族》2005 年第 5 期。

③ 赵君尧：《中国海洋文化历史轨迹探微》，《包头职工大学学报》2000 年第 1 期。

信。海洋文化的包容性是积极的、动态的,是主动接纳而非被动承受。总之,多元文化的兼容并蓄,交融互补,显示了大气与创新,更体现了自强与自信。中国古代汉、唐两代,相继开通陆上丝绸之路与海上丝绸之路,把中亚、南亚乃至欧洲的某些文化移植到中国,不仅弘扬了国力,经济繁荣昌盛,文化博大精深,而且积淀与丰富了中华文化的深厚底蕴。

中国海洋软实力的包容性还拥有强大的同化力。这种同化力,既来自中国文化的包容性,也来自中国文化的开放性。有学者指出,中国文化具有广远的开放性。天生的文化优势、长期的文化中心主义熏陶赋予中国一种积极开放的文化心态,即勇于接受外来新鲜事物和异国文化。中国传统文化是开放的产物,在文化上中国真正实现了有学无类、有教无类。古代中国挟其文化优势,大胆从各种文化吸收营养,实现了文化交流上的"教学相长"。从汉代开始,中外文化有了数次交汇,中国通过吸收西域文化、印度佛教文化确立了自己的强势文化地位,造就了盛唐气度,中国文化自此向外辐射、扩散,构成了日本、朝鲜、越南、泰国等亚洲国家的文化主脉。此外,中国文化不仅走向亚洲,而且还走进欧洲,对17—18世纪的欧洲文化产生了重大影响。日本从唐朝直至明治维新长期师法中国,朝鲜半岛、越南等地常可见孔庙和汉文,甚至欧洲的一些启蒙思想家也深受中国文化的影响。在当代中国,"和谐海洋"理念的提出,也将对其他国家产生巨大的吸引力和同化力。

五 增强学习力与提高忧患意识是中国海洋软实力的持续发展之路

纵观历史,"人类文化的进步取决于社会群体是否有机会汲取邻近的其他社会群体的经验。如果其他地理因素相同,那么,人类取得进步的关键就在于各民族之间的可接近性和相互影响。只有那些最易接近、最有机会与其他民族相互影响的民族,才最有可能得到突飞猛进的发展,并处于领先地位;那些与世隔绝或奉行闭关自守政策的民族,其文化和社会发展则多半停滞不前"。① 这一人类社会的基本规律构成了提

---

① [美]斯塔夫里阿诺斯:《全球通史:1500年以前的世界》,吴象婴、梁赤民译,上海社会科学院出版社2002年版,第4页。

升中国海洋软实力的思想指引。同时，在人类文明进程中，遏制领先法则表明，在历史变革时期，处于最适应和最成功的社会要想改变和保持其领先地位是最困难的，相反，落后和较不成功的社会可能更适应变革并在变革中逐渐取得领先地位。自明代以后，海禁政策频频出台，执政者夜郎自大，故步自封，陶醉于"天朝上国"，视他国为"蛮夷"之邦。其结果只能是落后于世界文明的步伐，被动挨打。乾隆皇帝出于维护统治以及盲目自信的心态，多次拒绝英国通商的请求，丧失了对外开放的良好时机。鉴古知今，我们应看到，尽管中国拥有较为丰厚的传统海洋文化资源，历史时期的海洋软实力亦曾盛极一时，但由于近代统治者的故步自封，丧失了学习先进文化的意识和能力，导致中国在 17 世纪以来的全球海洋争夺中处于劣势；尤其近代以来，制海权的丧失，给中华民族添上了深深的伤痛。时至今日，全民族的海洋意识并不强烈，海洋战略并不完全清晰，海洋体制机制矛盾重重，海上军事力量与发达国家仍有差距。因此，在建设海洋强国的过程中，我们不能沾沾自喜于大国崛起与盛世到来，不能只看到中国道路和中国模式的巨大吸引力，更不能只有文化自信，一味强调中国海洋软实力过去的辉煌与强大。而应该居安思危，看到中国在海洋软、硬实力层面上存在的主要问题，增强忧患意识，保持领先势头，迫切学习他国尤其是传统海洋强国的理念、制度与发展道路，[①] 并将其进行有效的嫁接与移植，使其本土化，"在不断学习中把他人的好东西化成我们自己的东西"，[②] 用构筑人类命运共同体的博大胸怀与人文情怀，积极倡导和平发展理念，构建和谐海洋，提升海洋软实力，实现海洋强国战略目标。

---

① 尹博在论述海洋文明时指出："一个国家是否有力量，不在于其具有多少利器，而在于其所具有的利器所包含的文明的力量。中华民族之所以能够延续至今，最重要的就是华夏文明所具有的文明力量，在近代列强的坚船利炮的攻击下，依然能够重新屹立于世界东方，都是源于华夏文明所具有的文明力量。而且在此基础上，还要吸收新鲜血液，适应新时代需要，因而这个文明力量才能继续发挥作用并成为中华文明进一步发展的基础。"参见尹博、王伟《以人为本：人海关系和谐对海洋经济可持续发展的指导意义》，《海洋开发与管理》2005年第 5 期。

② 《习近平在省部级主要领导干部学习贯彻十八届三中全会精神全面深化改革专题研讨班开班式上发表重要讲话》，http://www.gov.cn/jrzg/2014－02/18/content_ 2610940. htm。

第三节　中国海洋软实力的当代反思

一　海洋传统文化资源：海洋软实力提升的优势所在

文化是国家软实力主要来源之一，海洋文化是海洋软实力的重要资源。它是人们在长期认识、利用和开发海洋过程中形成的物质和精神文化的总和，[①] 包括人类在认识海洋的过程中形成的观念、意识、思想以及利用海洋过程中产生的制度、习惯和生产方式等。具体而言，文化有广义和狭义之分。狭义文化是指人们所形成的精神或观念体系，是属于思维或心灵的东西。广义文化是人们在实践和生活过程中所创造的物质和精神财富的总和。无论是广义文化还是狭义文化，都有一个共同的思想主旨，就是把文化看作关于人的学说，即人化或人类化，是人类的活动及其产品。因此，如果从海洋文化的基本构成内容来看，大致可分为海洋文化观念和海洋文化心态两个基本层次。海洋文化观念是人类对海洋认识的理论化、系统化、具有特点的表达和表现方式的文化形式，如海洋哲学、海洋意识、海洋相关的政治法律制度等；海洋文化心态是与海洋社会生活直接联系的心理倾向和习惯，它存在于人们的内心世界和行为方式中。二者的有机联系，构成了海洋文化体系，具体包括海洋哲学、海洋政治法律制度、海洋意识、海洋群体心理和心态以及海洋礼仪和风俗等方面。

中国海洋文化源远流长、博大精深。广袤而多样化的海洋地理环境、海陆互补互动的文化结构、自古发达的海上交通、历代畅通的海上丝绸之路等是中国海洋文化生成的历史和地理因素。[②] 中国海洋文化具

---

① 曲金良教授（2003）将海洋文化定义为："人类源于海洋而生成的精神的、行为的、社会的和物质的文明生活内涵，其本质是人类与海洋的互动关系及其产物。它有四个方面的内涵：一是心理和意识形态的层面；二是言语、行为样式的层面；三是人居群落组织结构和社会制度的层面；四是物质经济生活模式包括资源利用及其发明创造的层面。"作为一种广义上的界定，包括了人类涉海活动的所有层面，这为以后学者研究海洋软实力提供了很大的启发。

② 曲金良：《中国海洋文化的早期历史与地理格局》，《浙江海洋学院学报》（人文科学版）2007年第3期。

有自身的特点，其传统内容包括了深厚悠久的海洋历史文化、繁荣兴旺的海洋商贸文化、浩气长存的海洋军事文化、多姿多彩的海洋民俗文化、浩如烟海的海洋文化艺术，等等。不仅存在类似西方的海洋商品文化，而且具有独特的海洋农业文化。"中国古代向海洋发展的传统始终没有被割断，只是表现时强时弱而已。汉唐以来，海上交通、海上贸易、造船和航海技术、海上捕捞和鱼盐制造等等，都有深厚的历史积淀。"①

　　首先是深厚悠久的海洋历史文化。正如前述，中国的海洋文化萌芽于旧石器时，经过数千万年的发展，形成了思想底蕴深邃、价值体系完整、特色鲜明的宝贵精神财富，成为中国传统文化的重要组成部分。中国不仅是悠久的文明古国，也是海洋文化大国。如"天人合一"的自然观就深刻地影响了中国海洋文化的形成。"天人合一"的思想发端于中国古代，是指人要依赖自然而不能违背自然。具体而言，在人类起源问题上，中国古代很少像西方一样用"创世说"来解释人类的产生和出现，而是试图把人类看作是自然界的产物，"有天地然后有万物，有万物然后有男女"。天地万物既是人类的缔造者，同时又是人类的养育者，那么人类对自然万物无论是感情上还是理智上都应该给予关爱、珍惜和善待，否则将失去立身之所、生存之源。关学思想的代表人物张载曾对"天人合一"思想加以发挥，形成了"民胞物与"的理念，即"民吾同胞，物吾与也"。天地为父母，个人乃因天地而生，天下民众都是我的同胞，自然万物同样也是我的兄弟，这是一种博大的胸怀，其中透露出浓浓的人文关怀和生态伦理意识。"民胞物与"思想主张人与自然建立一种和睦的、平等的、协调发展的新型关系。这一思想有助于走出西方"人类中心主义"的误区，致力于实现全人类价值观和发展观的全面变革，推进生态文明的实现。在人海关系上，"天人合一"思想强调人与海洋和谐共处，公平分享海洋利益、可持续地利用海洋资源，具有普适的价值。在"天人合一"思想指导下，中国注重海洋环境保护和海洋可持续发展，都将对别国产生吸引力，并会无形之中影响别国的行为，具有国际动员力。

----

① 杨国桢：《明清中国沿海社会与海外移民》，高等教育出版社1995年版，第3—4页。

　　其次是繁荣兴旺的海洋商贸文化。中国海洋文化尽管受农业文化或大陆文化的影响较大，但商贸文化依然繁荣兴旺。早在秦汉时期，中国已开辟了海上丝绸之路，开展与东南亚、印度和阿拉伯的贸易往来。唐宋时期的海上贸易十分鼎盛，郑和下西洋更将国际贸易推向了高潮，并且带动了广州、福州、泉州、宁波等一批沿海港口的发展。据水下考古研究中心统计，中国南海的古沉船应该超过 2000 艘。① 即使到了明代中晚期，在海禁政策严格控制下，民间性、地方性的海洋商贸活动也未停止。集海盗与海商两位一体的海上走私贸易者，不顾明清政府"海禁""迁界"的政令，私造商舶出洋通贸，从事亦商亦盗的活动；隆历、万历时期形成了以潮州人、琼州人为主的粤海寇；天启、崇祯时期形成以漳州人、泉州人为主的闽海寇。海洋商贸文化培育与造就了海洋群体勇于冒险、慕利、开放包容、开拓进取的精神。

　　再次是浩气长存的海洋军事文化。绵延万里的海岸线，明珠般的众多岛屿，记载了中国人民无数可歌可泣、不屈不挠抗击外来侵略的英雄史实。一座座古城堡演绎了多少震古烁今的悲壮故事，一个个古战场存录了多少撼天动地的硝烟炮火，戚继光和东南沿海人民的抗倭斗争，镇海三总兵和三元里人民的抗英战役，邓世昌和清军水师的甲午抗日，英勇悲壮、气贯长虹。

　　复次是多姿多彩的海洋民俗文化。沿海居民和居住在海岛上的渔民在长期的涉海实践活动中，凭着自己的聪明才智和对大海的神圣向往，创造了丰富多彩、喜闻乐见的海洋民俗文化，开渔节、沙雕节、鱼灯节，渔歌民谣、传说故事、庙戏小调等，语言艺术、表演形式都富有海洋气息和海岛特色。正如前文所述，在民间信仰方面，最著名的当属"妈祖文化"。发端于宋代的"妈祖崇拜"，逐渐成为历代商人、渔民的共同信奉的神祇，集中展示了古代中国海洋事业的发展以及海洋文化、海洋信仰的源远流长，并于 2009 年入选世界非物质文化遗产。海洋民俗文化是海洋文化的重要组成部分。

　　最后是浩如烟海的海洋文化艺术。海洋不仅是人类生存发展的源

---

　　① 刘丽、袁书琪：《中国海洋文化的区域特征与区域开发》，《海洋开发与管理》2008 年第 2 期。

泉,更是文化艺术创作的源泉。千百年来,沿海人民和内陆崇敬海洋的文人墨客,以海洋为题材,以人们涉海活动为内容,创作了大量的书画、小说、散文、诗歌、戏剧、舞蹈、影视等文化艺术,丰富灿烂、异彩纷呈。先秦不少思想家、政治家在其作品中论述过海洋,其中不少也同时具有很高的文学价值,如庄子《秋水》有关海神和河伯的对话故事,还有"北冥有鱼,其名为鲲。鲲之大,不知其几千里也。化而为鸟,其名为鹏。鹏之背,不知其几千里也。怒而飞,其翼若垂天之云。是鸟也,海运则将徙于南冥。南冥者,天池也"。"鹏之徙于南冥也,水击三千里,抟扶摇而上者九万里,去以六月息者也"的记载。[1] 道家经典《列子》中"渤海之东不知几亿万里,有大壑焉,实惟无底之谷,其下无底,名曰归墟。八纮九野之水,天汉之流,莫不注之,而无增无减焉。其中有五山焉:一曰岱舆,二曰员峤,三曰方壶,四曰瀛洲,五曰蓬莱",[2] 表达出先人对于海洋的畅想。此外,《左传》《禹贡》《诗经》《楚辞》等经典著述中也有对海洋的描写与论述,蕴藏着对于海洋的敬畏以及深深的"敬天悯人"的思想。秦汉以来描述海洋文学作品大量存在,仅海赋著名的就不下数十篇:汉代有班固《览海赋》、王粲《游海赋》。《史记》中在人物传记中大量穿插着海洋描写,比如对于齐国管仲的海洋经营、秦始皇以及汉武帝多次海上巡视的描写。班固的《汉书》也有相关记载。在诗词歌赋领域,佳作更是层出不穷。司马相如的《子虚赋》写道:"且齐东陼钜海,南有琅琊;观乎成山,射乎之罘;浮渤澥,游孟诸;邪与肃慎为邻,右以汤谷为界;秋田乎青丘,彷徨乎海外。"[3] 极尽渲染铺张之能事,展现了因海致富的齐国的盛况。三国有曹操《沧海赋》;晋代有潘岳《沧海赋》、木华《海赋》、孙绰《望海赋》、庾阐《海赋》;唐代有卢肇《海潮赋》。唐宋诗词鼎盛时期,更是有很多诗词大家涉足海洋创作,张若虚的《春江花月夜》"春江潮水连海平,海上明月共潮生",展现了潮涨潮落的盛景;李白的《梦游天姥吟留别》"海客谈瀛洲,烟涛微茫信难求",以海叙情;李清照的

---

① 孙通海译:《庄子》,中华书局 2007 年版,第 4 页。
② 景中译注:《列子》,中华书局 2007 年版,第 136 页。
③ 费振刚等辑校:《全汉赋》,北京大学出版社 1993 年版,第 124 页。

《渔家傲》"天接云涛连晓雾，星河欲转千帆舞"表现了细腻的情感。宋代有吴淑《海赋》。明清的海赋就更多。① 元明清时兴的戏剧、小说、杂文也多有关涉海洋的著作，像《三言二拍》中对于涉海经商故事的记叙，著名海洋神话剧《张生煮海》等。再如壮观的暴涨潮是中国古代海洋文学艺术中突出的主题。西汉时枚乘《七发》的文学地位很高，为汉代大赋的前驱。《七发》细腻生动地描绘了长江广陵涛的全过程。历史上有大量描绘钱塘江暴涨潮的文学作品，最早的是东晋顾恺之《观涛赋》。唐代有白居易《咏潮》、李益《江南曲》、姚合《杭州观潮》、罗隐《钱塘江潮》等。宋代范仲淹、苏轼写有观潮诗多首。此外，海洋体育文化、海洋科技文化、海洋生态文化和海洋教育文化等，有的古已有之，如今枯木逢春、推陈出新、发展良好；有的是新兴项目，方兴未艾、前景广阔。中国最早的地理著作《山海经》、西汉时期的《盐铁论》、元代的《岛夷志略》以及徐福东渡、鉴真东渡、古代海上丝绸之路、郑和七下西洋、古代万里海塘、戚继光抗击倭寇、郑成功收复台湾、林则徐虎门销烟、中日甲午战争等，无不印证了中国传统海洋文化的伟大和源远流长。

提升海洋软实力是时代命题，是建设海洋强国的必然选择。如何整理与挖掘中国海洋文化的资源优势，推进中国传统海洋文化的当代转型，是提升海洋软实力的重要课题。我们要本着"继承与扬弃"的观点，充分汲取中国传统海洋文化的有益养分，将其进行重新阐释与定位，运用现代化手段加以包装与传播，不仅使其在沿海社会得以重生与内化，而且将其输出到其他国家，进而形成强大的文化影响力，赢得他国民众与社会的广泛认同。这样才能使得中国传统海洋文化资源重放异彩，推动中国海洋软实力的不断提升。

当然，海洋软实力的提升还有赖于当代海洋文化的兴盛与传播。时至今日，海洋文化更多地侧重于寻求实现载体之上。比如原国家海洋局宣传教育中心开展的全国珍贵海洋文物研究项目，该项目实现了对 21 个省级行政单位、85 家文博机构的 634 件三级以上珍贵海洋文物的系统梳理，涵盖了文献文书、船舶部件、地图航海图、古船文物等 20 类

① 宋正海：《中国传统海洋文化》，《自然杂志》2005 年第 2 期。

涉海可移动珍贵文物，这些文物反映了中国海洋文化历史的创始、变化和发展，为弘扬中国悠久的海洋历史和灿烂的海洋文明提供了翔实资料。① 此外，当今社会文化往往与经济交织在一起，所谓经济为文化搭台。海洋文化设施是海洋文化传播交流、海洋文化表达的物质载体。在信息化时代富含民族个性特征的标志性海洋文化设施也可以作为一种浓缩的海洋文化符号，有利于在世界便捷传播，形成一种强烈直观的文化感性印象，如中国沿海地区的妈祖庙宇、古代海盐遗址、海洋设施等，都承载着浓厚的海洋文化。中国海洋文化设施建设已经呈现出分层特点，尤其在沿海地区，结合本地经济、社会发展水平建设的海洋文化公共设施，如海洋博物馆、图书馆、民俗馆等层出不穷，此外创设和完善了一批海洋媒体，增强海洋文化传播力；海洋旅游文化建设蓬勃发展，如中国海洋文化节、青岛国际海洋节、厦门国际海洋周、象山开渔节、全国大中学生海洋知识竞赛等海洋文化活动；另据《2012 年中国海洋经济统计公报》显示，中国主要海洋产业增加值 20575 亿元，其中，滨海旅游业继续保持健康发展态势，产业规模持续增大，全年实现增加值6972 亿元，比上年增长 9.5%，占全国海洋产业增加值的 33.9%。②

二　"和谐海洋"理念：中国海洋软实力的核心理念

软实力内含政治合法性与道义性原则。"如果一个国家能够使它的权力在别人眼中是合法的，它的愿望就较少会遇到抵抗。"对于海洋软实力而言，它存在的重要前提，在于所倡导的价值符合人类社会发展的内在要求和潮流，并有利于增进国内福利和国家行为体之间在海洋领域的共同利益，并促成良好国内、国际海洋治理的形成。中国海洋软实力在其发生发展过程中，深受中华文明的熏陶，传承了中国传统文化的优秀基因。

中华民族是爱好和平的民族，中华文化是追求和谐的文化，中国海洋软实力的力量所在，从根本上讲，是它高度契合中华文化所强调的道

① 《我国开展首次海洋文物调查研究》，http：//www.cseac.com/Article_ Show.asp？ArticleID = 15344。

② 《2012 年中国海洋经济统计公报》，http：//www.coi.gov.cn/gongbao/jingji/201302/t20130227_ 26159.html。

义性与和谐理念。正如前述,"远人不服,则修文德以来之""为政以德,譬如北辰,居其所而众星拱之""得道者多助,失道者寡助""不战而屈人之兵""以德服人"等理念,均是中华文明倡行道义性原则的体现。尤其建构了以文化为底蕴的东亚朝贡体系,对于周边民族和国家形成了强烈的吸引力和同化力。中国与属国的关系主要依靠华夏礼义的吸引力,依靠提供公共物品。作为华夏伦理秩序的自然扩展,朝贡体系是一种隐含超越民族、种族畛域的天下秩序,代表了东方国家对世界制度、国际秩序的早期实践。

在今天,中国传统文化中"以和为贵"的思想,已经从之前单纯的文化含义慢慢地融入了社会生活的方方面面,"和谐社会""和谐家园"成为与人们息息相关的话题。特别是以和谐理念为核心的海洋价值观——"和谐海洋"思想,既是对中国传统政治理念的继承,又体现了国际社会对海洋问题的新认识和新要求,是具有时代意义的思想体系;也是继2005年中国在联合国代表大会提出"和谐世界"理念以来的一个创举。它不仅对解决当前世界面临的种种海洋问题提供了新的思路,而且它内含的远见卓识,具有亲和力和穿透力,更能为世界各国、各民族和人民接受,因而对提升中国国家影响力、促进世界海洋文明进步必将产生重大影响。

"和谐海洋"思想是和平发展理念在海洋领域的具体化。中国和平发展的理念资源,不仅仅是来自改革开放近几十年的建构,更是根植于中国传统文化,有着几千年的传承与创新。中国传统文化追求"和",讲究"和而不同",主张平等相待、诚信合作、互利互惠,以此作为化解人与自然、人与人、国与国、家与家之间的冲突,实现不同文明之间的和谐发展。在历史上,中国以其"程度极高而造诣极深的多样性文化价值"为各方人士所倾倒。中国传统政治的特点之一就是政治伦理化、伦理政治化,在政治实践中重视儒家伦理的应用与贯彻,儒家的义利观、道德观、为政观等都强调道德伦理的极端重要性。约瑟夫·奈曾在多个场合指出"软实力"概念只不过是对古希腊和中国古老智慧的新的表达,这里其中之一指的就是儒家的"王道"思想,即认为纯粹靠军事、强权所达成的国际秩序、国家利益不会具有可持续性和相对稳定性,王道才会得人心,才能维护政治体系的稳定与持续。在海洋政治外交中，中国注重"道德优先""以德服人"等价值理性的因素，将其与国家利益这个工具理性结合起来，兼顾本国利益与他国利益，相较于西方三大主导性国际关系学说之一的现实主义——利益优先、实力优先、工具理性优先、战争解决争端等理念，更具有明显的人本倾向和道德色彩。例如，郑和七下西洋所承载的历史使命显然包含了儒家观念中以和为贵的思想。目的要达到天下共享太平之福，体现了中国传统文化中不以强凌弱，共同富裕，以和为贵的高尚思想。① 这与半个世纪以后西方航海探险家的发现和探险总是伴随着一些对不同文化、不同民族的血腥暴力和侵略行为形成了鲜明的对比。

从内容上讲，"和谐海洋"思想具体体现以下三个方面：首先是人与海洋的和谐，即实现人海和谐共处、双向给予。其次是海洋社会的和谐，即实现海洋活动中人际关系和谐，公平分享海洋利益、可持续地利用海洋资源；最后是建立和谐的海洋国际合作机制，即实现海洋世界祥和安定、海洋文明健康发展。

在人海和谐层面，海洋是地球的生命调度器，无论是在能量流动、气体流动以及大洋环流等方面都发挥着巨大的作用，另外，海洋生物物种的丰富性决定了海洋对于生命起源研究、物种延续、基因库保存以及食物链的完整性和复杂性等的重要意义与作用。因此，海洋生态系统的可持续良性发展是人类生存环境稳定的必要条件。而如果人类在开发、利用海洋资源的过程中超过了其生态系统的最大承载力，就不仅会影响到海洋自身的良性循环，更会影响到整个人类生存环境的良性循环。生态系统的破坏也必然会影响到人类的生产生活及社会的发展进步。所以说，"良好的海洋生态环境是和谐海洋的基础，改善并保护海洋生态环境是建设和谐海洋的前提条件"。②

在海洋社会和谐层面，要达到人与人、人与社会的和谐，需要通过一定的制度来实现，其中海洋管理制度的建设与完善十分必要。"海洋管理制度作为一套规范涉海人群行为的规则、模式，其目的在于通过对涉海人群的实践活动立规矩、定方圆，来保证和促进海洋事业的有序健

---

① 蔡一鸣：《论郑和航海精神与我国和谐海洋观》，《中国航海》2006年第4期。
② 李泉昆：《建设和谐海洋面临的挑战及战略选择》，《生产力研究》2007年第10期。

康发展。"① 因此，海洋管理活动的安定有序发展，要求海洋管理制度应具有可行性、适应性以及协调一致性。同时海洋管理制度还应具有一定的稳定性，保证政策的连贯执行。

在国际关系层面，"中国不会也不可能依靠武力去霸占殖民地，依靠战争手段去攫取他国的资源，而只能通过平等互利的贸易交往获取海外资源，开拓海外市场，争取实现和谐世界"。② 有助于积极应对"中国不确定论""中国威胁论"，并形成与西方的交流机制，促进国际关系向和谐良性的方向发展。同时可以用和平的手段解决中国海洋权益的敏感、热点问题。在和谐海洋理念指导下，当代中国对外要求建立的海洋新秩序，不是牺牲和限制其他国家的发展，不是以危害他国的安全和称霸世界为目标的。但是中国也决不是以牺牲本国的利益为代价换取暂时的和平。中国要在公正合理的基础上，通过加强海洋法律制度和国际机制建设维护国家的海洋权益。自 20 世纪 70 年代末开始，中国参与了联合国第三次海洋法会议的历次会议和《联合国海洋法公约》的制定工作，1991 年联合国国际海底管理局批准中国成为国际大洋多金属结核资源开发第五个先驱投资者，特别是在 1996 年批准《联合国海洋法公约》这一重要标志性事件后，中国参与国际海洋事务无论从广度还是深度上都有了非常大的提升。若以 1996 年为分界点，中国在被批准加入《联合国海洋法公约》后参与的国际海洋事务越来越多，也越来越频繁。其中比较重要的事件有：1996 年中国法学家赵理海当选国际海洋法法庭大法官；1997 年吕文正当选为联合国大陆架界限委员会委员；1999 年苏纪兰院士当选联合国政府间海洋学委员会主席等；③ 中日、中韩渔业协定分别于 2000 年生效及签署，同年中越也就两国在北部湾领海、专属经济区及大陆架划界上达成了协议；2002 年中国与东盟各国外长签署《南海各方行为宣言》，于 2011 年连续第 12 次当选国际海事组织 A 类理事国；2011 年中国政府批准正式启动了《南海及其周边海

---

① 王琪：《海洋管理制度的现状分析及其变革取向》，《中国海洋大学学报》2005 年第 6 期。

② 王历荣、陈湘珂：《中国和平发展的海洋战略构想》，《求索》2007 年第 7 期。

③ 《我国批准〈公约〉以来海洋权益工作大事记（小资料）》，《人民日报》2001 年 5 月 14 日第 6 版。

洋国际合作框架计划（2011—2015）》；2012 年在该计划的支持下，中国与南海及其周边海洋国家共同开展了形式多样的务实合作。通过这些活动，中国在国际海洋立法及议题创设方面的能力得到了明显加强。中国作为世界上最大的发展中国家，始终坚持睦邻友好的和平外交政策，在海洋对外政策方面，"主权属我，搁置争议，共同开发"是中国处理海洋划界矛盾的基本原则，在国际组织和国际活动中恪尽职守，积极履行相应义务，努力为了和平与发展参与创设国际机制，体现出一个大国应有的国际担当和形象。这些海洋外交政策在不通过战争等硬实力的前提下最大限度地求真务实、灵活地处理好了与相关当事国家的关系，为中国和平崛起赢得了稳定的外部环境。建设和谐海洋凸显了中国在这一进程中独特的建设性作用，中国将承担和履行大国责任和义务。总之，"和谐海洋"思想蕴含着强大的"软实力"因素。

三　海洋管理制度的创新与变革：海洋软实力提升的基本保障

制度是在一定社会历史条件下的政治、经济、文化等方面的体系。制度创新就是提高软实力的内因，合理的制度会促进人与人之间的合作关系，从而更好地利用劳动分工的优越性和人类的创造性。相反，如果没有适合事业发展的制度作保障，该事业就不可能有发展依托。因而，海洋制度的创新与变革是提升海洋软实力的重要内容。研究表明，制度创新可以使一个国家居于国际关系的领导地位并成为其他国家仿效的对象，从而获得巨大的经济、政治收益。

具体来说，在海洋政策方面，自中国于 1996 年正式加入《联合国海洋法公约》到现在，已经初步形成了一个完整的政策体系，如具有战略与综合性的《中国海洋 21 世纪议程》，2008 年由国务院批准的《国家海洋发展规划纲要》，2012 年十八大提出的"建设海洋强国"的战略目标，2013 年经国务院批准并由国家发展改革委、国土资源部、原国家海洋局联合印发实施的《国家海洋事业发展"十二五"规划》等。在《国家海洋事业发展"十二五"规划》中，就提高海洋综合管理能力、增强海洋可持续发展能力、优化海洋公共服务能力、强化海洋巡航执法能力、提升海洋科技创新能力、健全海洋法律法规以及提高参与国际海洋事务的能力与影响力等多个方面做出了具体而明确地指示；由原国家海洋局海洋发展战略研究所组织编写的海洋发展系列年度报告《中国海洋发展报告（2013）》就中国海洋发展的国际环境、海洋法律与海洋权益、海洋政策与海洋管理、中国大洋事业的发展六个方面的内容进行了具体的阐述。在法律法规方面，中国已经制定了《领海及毗连区法》《专属经济区和大陆架法》《海洋环境保护法》《海域使用管理法》《海上交通安全法》和《渔业法》等法律法规，这些法律法规为合理海洋开发、保护海洋环境、维护海洋权益、防治海洋灾害发挥了巨大作用。整体而言，中国海洋制度正处于变革与创新的过程之中，正在由近海扩展到大洋，由一国管理扩展到全球合作，管理内容由各种海洋开发利用活动扩展到自然生态系统。正在走向本着可持续发展的观点来进行海洋资源和环境的综合管理，从而实现海洋经济系统和海洋生态系统的协调永续的发展。具体而言，体现在如下方面：海洋法制建设使人们的海洋生活、海洋开发活动纳入法律化、制度化轨道；突出海洋环境政策的主体地位；健全海洋政策的协商机制；整合海洋公共权利，建立海洋统一管理体制。特别值得一提的是，2013 年 3 月中国重组原国家海洋局，设立中国海警局，这是对于多年来"九龙闹海"以及日趋激烈的国际海洋争端的有效回应。

四　海洋社会组织的培育：海洋软实力提升的重要支撑

海洋组织是提升海洋软实力的主体，是将海洋软实力潜在资源转化、传播并形成吸引力、感召力的支撑条件。经过数十年的发展，中国拥有了体系完整、数量众多的海洋组织，不仅有公共部门，如海洋行政管理组织、海洋 NGO；还有私营部门，如涉海企业等。具体来说，主要包括海洋的行政管理组织、企事业单位、学术团体和其他组织。其中行政管理组织是海洋管理的职能部门，有水利部门、渔业、海监、农业部门等，涉及海洋、农（渔）、财政、科教、交通、旅游、能源、科技等方面，对外的还涉及外交部门；企事业单位是海洋资源、海产品生产、销售、服务单位，有海洋运输公司、渔业公司、船舶服务公司、海产品贸易公司等；学术团体，主要指以海洋经济文化为研究对象的学术团体，如海洋文化研究所、海洋水产品研究所、海洋气象研究所，涵盖海洋决策与咨询机构、海洋科教机构等机构；其他组织，指行政管理组织、企事业单位、学术团体以外的组织，如联合国下属的海底委员会、国际海底管理局等。这些海洋组织在一定程度上反映了人们利用、开发、管理海洋的广度和深度。

改革开放以来，中国社会组织稳步发展，整体素质不断提高。2011年全国各类社会组织已发展到46.2万个，[①] 实践证明，社会组织在推动经济发展、环境保护、社会进步以及对外交往等各方面做出了积极贡献，并成为党和政府联系人民群众的桥梁和纽带，成为推进国家现代化建设和可持续发展的一支重要力量。当前，中国正在实施海洋强国战略，作为社会组织在海洋社会的表现形式—海洋社会组织，也将在其中发挥更加重要的作用，因为"非政府组织（NGO）是一个国家对外扩展软实力的重要手段"。海洋 NGO 不可避免地将成为处理海洋事务的主体之一，致力于保护海洋，合理利用、开发海洋，以及维护各自的海洋权益。近十年以来，中国的海洋 NGO 得到充分而广泛的发展且初具规模，其本身所具有的特性日益凸显，角色功能愈加完备。大致有以下类型：一是海洋环境保护类。如香港海洋环境保护协会、海南省海洋环保协会、深圳市蓝色海洋环境保护协会、大海环保公社、蓝丝带海洋保护协会等。此类组织宗旨主要是保护海洋，致力于海洋环境、海洋生物的保护，维护海洋生态系统平衡。二是海洋科研教育类。如中国海洋学会、中国海洋法学会等。中国海洋学会致力于海洋科技的繁荣与发展，促进海洋科技与经济的结合、海洋科技人才培养，普及和增进全民海洋意识、维护海洋权益、发展海洋经济。中国海洋法学会的主要任务是为制定和完善中国海洋法律制度提供咨询和建议，开展海洋法问题的学术研究和学术交流活动，维护海洋权益，促进海洋事业发展。再如2000年以来，福建省相继成立了妈祖文化研究会、闽商文化研究会等一批海洋文化研究机构，涌现出一批专、兼职从事海洋文化研究的学者和骨干，研究出一批有价值的海洋文化理论成果。三是海洋文化传播类。如中国海外交通史研究会，致力于弘扬中华民族悠久辉煌的海洋文化。海洋博物馆通过向民众展示海洋自然历史和人文历史，重塑中国的国家海

---

① 徐振斌：《我国社会组织参与社会建设趋势分析》，《人民日报》（理论版）2012 年 10 月 8 日。

洋文明价值观，是爱国主义教育基地。四是海洋权益维护类。如中华保钓协会、中国民间保钓联合会、世界华人保钓联盟等一些民间保钓团体。此类团体致力于钓鱼岛的保护，除了以实际行动宣示及保护国家领土主权外，也从事有关钓鱼岛的教育及学术研讨活动，传播保钓意识，维护国家海洋权益。

五 负责任大国形象的塑造：海洋软实力提升的重要途径

国家形象是外部和内部公众对某国的总体判断和社会评价。良好的国家形象是国家力量和民族精神的表现与象征，是综合国力的集中体现，是国家软实力的重要组成部分。良好的国家形象对国际公众在心理、行为上会产生潜移默化的影响，有时会产生比经济、军事更加显著的效果，能够建立世界各国对中国的信任，加深彼此之间相互的理解，并且有利于在政策层面上寻找战略认同，消除敌意。

中华人民共和国成立以来，历届国家领导人高度重视国家形象问题，经过几代人的共同努力，自强不息、开放进取、和平发展的中国日益赢得国际社会的尊重与支持。近年来，随着中国经济的强劲增长和国际地位的提高，中国政府重新界定与之相符的国际社会身份和国际责任。20世纪90年代，中国政府提出了"做国际社会中负责任大国"的外交理念，并积极展开了"负责任大国"形象的构建活动。中国政府提出了新安全观，以互信、互利、平等、合作为核心，倡导以对话和合作解决争端，破除冷战思维，实现国家间安全合作，集中体现了中国维护世界和平的责任感。在实践中，中国政府积极参与国际多边机制，增强国际社会对中国的认同，同时加深国际社会对中国的理解。在构建负责任大国形象中，中国政府奉行互相尊重主权，不干涉内政的政治理念及互利双赢的合作模式；实行以邻为伴、与邻为善及"睦邻、安邻和富邻"的外交政策；积极参加联合国的维和行动等，而且还特别注意外交策略的灵活运用。在与东南亚国家的交往中，为了消除这一地区对中国的恐惧心理，中国政府采取了淡化意识形态的外交政策，在有争议的南海问题上提出"搁置争议，共同开发"的建议，积极发展旅游业，增加互派留学生人数，加大对东南亚的教育援助，开设汉语课程等，不仅促进了东南亚国家的经济发展，也加强了中国在这一地区的影响力，提升了东南亚国家对中国的信任。在中非关系中，在坚持尊重主权和互不干涉内政的前提下，通过举办"中非合作论坛"等活动来加强同非洲的交流，并积极开展经济外交，加大对非洲的经济援助力度，提供自己改革和发展的经验，提升国家关系。这些举措为中国在非洲的形象打下了良好的基础。国家形象不断改善，正在以"负责任大国"的形象出现在世界上。

第 四 章

中国海洋软实力的制约因素及其分析

2009 年 12 月约瑟夫·奈在北京大学作了"中国软实力的崛起"主体演讲，他认为中国的软实力随着硬实力的增强正在崛起，主要体现在弘扬传统文化、展现建设成就和改善国际形象三方面。从文化角度来看，中国的传统文化一直因神秘而令世界向往，孔子学院在世界开经讲学。另外应充分抓住奥运会等契机，展现当代中国的文化风采。从政治经济学角度来看，中国经济发展的成就举世瞩目，而"改革开放"的独特发展模式对拉美、非洲等广大发展中国家也有着强大吸引力。最后，中国政府不断调整对外政策，以一种更友好、温和的姿态与世界各国打交道，使得中国的国际形象也不断改善。2012 年 4 月，约瑟夫·奈再一次来到北京大学，在演讲中他说一直以来都十分关注中国的软实力发展和文化建设，软实力研究掀起了一场热潮，也进入了官方话语体系。中国有发展软实力的文化传统。中国的传统文化如和谐、诚信等思想一直以来都极具吸引力。但另外一位软实力研究者给出了并不乐观的判断，贝茨·吉尔发表了《中国软实力资源及其局限》[①] 的文章，该文从文化、政治观念和外交政策三方面说明了中国的软实力资源正在逐步增强，但是认为，这些软实力资源不会自动转化成中国所期待的成果。有三个主要因素制约中国政府，使其不能有效利用其软实力：软实力资源的不均衡性、外交政策的合法性受质疑以及外交政策的不协调性。中国软实力在国内外学者的视野中还存在强烈争议，而对于海洋软实力，从其构成要素来看，呈现与海洋硬实力明显不匹配的低层次状态。从上

---

① ［美］贝茨·吉尔：《中国软实力资源及其局限》，《国外理论动态》2007 年第 11 期。

面的简要评价中也可以看出，中国海洋软实力与传统海洋强国的海洋软
实力之间，尤其是话语权和制度规则的建设上还存在着较大的差距，也
无法与我国海洋硬实力形成"两条腿走路"的平衡状态。之所以有这
样一个基本的判断，这与我国目前的发展阶段以及受到各种制约因素有
关系，本节拟对这些制约因素作深入分析。

从国内总体情况而言，经过 40 多年的改革开放，我国的经济建设
和社会发展取得了令世人瞩目的辉煌成就，已经成为世界第二大经济
体，是国际社会不可忽视的力量。但与此同时，也面临着人口增长的持
续压力、陆地资源日益短缺、生态环境逐渐恶化等一系列亟待解决的难
题。因此开放与利用海洋资源已经成为缓解资源困境、实施可持续发展
的重要战略举措。随着海洋资源开发与利用规模的日益扩大，目前显现
出许多迫切需要解决的问题：海洋环境问题有严重化的趋势。随着海洋
经济的发展，海洋环境状况下降，局部海洋污染加剧。2018 年 6 月国
家发布了《2017 年中国海洋生态环境状况公报》，尽管在总体上我国海
洋环境质量有所改善，但冬季、春季、夏季和秋季，近岸海域劣于第四
类海水水质的海域面积分别是 4.8 万、4.1 万、3.3 万和 4.6 万平方千
米，各占近岸海域的 16%、14%、11% 和 15%，污染海域主要分布在
辽东湾、渤海湾、莱州湾、江苏沿岸、长江口、杭州湾、浙江沿岸和珠
江口等近岸海域，人为破坏痕迹明显。夏季和秋季，呈现富氧化状态等
海域面积分别为 6 万和 9.5 万平方千米，其中重度富氧化海域面积为
1.5 万和 2.4 万平方千米。在面积大于 100 平方千米的 44 个海湾中，20
个海湾四季均出现劣于第四类海水水质。在监测的河口、海湾、滩涂湿
地、珊瑚礁、红树林和海草床等生态系统中，4 个海洋生态系统处于健
康状态，14 个处于亚健康状态，2 个处于不健康状态。[①] 除此之外，如
海洋捕捞密度和范围的增加，致使部分海域生物资源枯竭。沿岸和近海
渔场渔业资源严重衰退，渔获物品质下降、单船产量急剧减少。据有关
调查统计，大型肉食性鱼类减少 90%，河口与近海海域的大型鱼类减
少 85%，小型鱼类也减少了近 60%。一系列问题反映出来的直接原因

---

① 中国海洋发展研究中心：《2017 年中国海洋生态环境状况公报》，http://
aoc. ouc. edu. cn/18/9c/c9828a202908/pagem. htm。

就是海洋管理水平有待提高，反映出来的间接原因就是凝结在海洋管理上的管理智慧不足，海洋管理制度有待完善，海洋意识还有待提高等，这些现实的海洋问题说明中国海洋软实力还不乐观。

从海洋硬实力而言，中国相比于发达国家仍然有很长的路要走。海洋经济总体发展较快，总量持续上升，但海洋生产总值占国内生产总值的比重仍然不高，2018 年全国海洋生产总值为 83415 亿元，占 GDP 的9.3%。滨海旅游业、海洋交通运输业和海洋渔业作为海洋经济发展的支柱产业，海洋生物医药业、海洋电力业等新兴产业增速领先，区域发展不平衡，产业结构不合理的问题仍然比较突出。海洋经济发展的区域性差异十分明显，北部海洋经济圈海洋生产总值占全国海洋生产总值的比重为 31.4%；东部海洋经济圈海洋生产总值占全国海洋生产总值的比重为 29.1%；南部海洋经济圈海洋生产总值占全国海洋生产总值的比重为 39.5%。

不同区域海洋产业结构不均衡，区域海洋经济的空间分布呈现较显著的两极分化态势。

海洋军事力量强大是海洋强国不可或缺的重要因素，建设一支强大的海军既是保卫国家领土完整和安全的需要，又是国家运用海洋高新技术于实践的水平和能力的体现，将来的战争是战略核潜艇、航母作战群、水面舰艇、水雷战反水雷战、登陆战反登陆战、海军陆战、海上电子战等的组合，中国在很多领域与美国差距明显。张召忠教授曾指出，虽然中国海军现在取得了不错的成绩，但是我们不能盲目骄傲，现在的海军实力还不足以证明我们和美国是一个级别，对比现在的世界第一海洋军事强国美国，差距依然巨大，美国光是航母就有十多艘，而且都是10 万吨排水量的巨轮，所有的航母都是核动力航母；截至 2020 年 1 月，中国入列的航母有中国人民解放军辽宁舰和中国人民解放军海军山东舰，还没有形成有效的战斗力，因为动力系统的限制，远远比不上核动力航母，与福特号的差距还很大。此外，截至 2020 年，中国海军总吨位达到 180 万吨，位居全球第二。经略海洋背后比拼的是一个国家的综合实力，海洋权益维护说到底更加依赖于海洋硬实力。基于这样的考虑，习近平同志特别重视海军队伍建设，他担任中央军委主席到部队调研，第一站就是南海舰队。2012 年 12 月 8 日，习近平主席在广州战区视察海军南海舰队、广州军区机关，提出"在加快海军现代化建设步伐的同时，加强海上维权执法力量建设，做好应对各种复杂局面的准备，提高海洋维权能力，坚决维护中国海洋权益"。2013 年 8 月 28 日，习近平主席登上中国第一艘航空母舰——辽宁舰，接见官兵，观看演习，了解航母设施建设，并要求舰上官兵牢记职责、不辱使命，让航空母舰形成解放军的战斗力和保障力，为建设强大的人民海军做出贡献。习近平主席关于海军建设的讲话，传达出其在海洋权益维护进程中非常注重海军硬实力建设，通过不断加强海军建设展现了第五代领导集体维护领土主权与海洋权益的信心与决心，也体现了其一直倡导的"听党指挥、敢于亮剑、善打硬仗"的红军精神。

　　以上这些内容并不是本书关注的重点，但是海洋硬实力不强，和平崛起也难以企及。本书更为重要的是探讨海洋软实力构成要素所造成的障碍，它们对海洋软实力的提升关系重大，本章拟从表层资源（软实力载体）、中层资源（制度与体制）、深层资源（精神与文化）论述制约中国海洋软实力提升的关键要素。

第一节　海洋软实力外显载体层面（表层资源）

一　海洋权益维护局面复杂

　　我国有辽阔的海域，众多的海岛，漫长的海岸线，无疑是一个海洋大国，同时也是有众多海洋邻国的国家之一。由于历史原因，特别是加入《联合国海洋法公约》之后，我国海洋权益维护的形势日益复杂，面临着在黄海、东海、南海三个海区，与周边八个国家划定海上疆界的问题，与多个海洋国家之间存在着海洋经济争端。海洋权益是国家在海洋上所获得的利益，或者可以通俗地说是"好处"。就利益而言，包含以下几个方面：一是海洋政治权益，如海洋主权、海洋管辖权、海洋管制权等。二是海洋经济权益，主要包括开发领海、专属经济区、大陆架的资源，发展国家的海洋经济产业等。三是海上安全权益，主要是使海洋成为国家安全的国防屏障，通过外交、军事等手段，防止发生海上军事冲突。四是海洋科学权益，主要是使海洋成为科学实验的基地，以获得对海洋自然规律的认识等。除此之外，一个更重要的内涵是指国家在海洋上获得的属于领土主权性质的权利，以及由此延伸或衍生的部分权利。国家在领海区域享有完全排他性的主权权利，这和陆地领土主权性质是完全相同的。在毗连区享有的权利，也属于排他性的，主要有安全、海关、财政、卫生等管辖权，是由领海主权延伸或衍生过来的权利。在专属经济区和大陆架，享有勘探开发自然资源的主权权利，这是属于专属权利，也可以理解为仅次于主权的"准主权"。另外，还拥有对海洋污染、海洋科学研究、海上人工设施建设的管理权。这可以说是上述"准主权"的再延伸，因为沿海国家首先是在专属经济区和大陆架拥有专属权利之后，才会拥有这些管辖权。

《联合国海洋法公约》为各国清晰地界定"海洋产权"、有效率地利用海洋资源奠定了法律基础，但同时原本就划界模糊的海洋，现在必须清晰划定国家之间的界线，使得原本试图搁置的海洋领土争执提上了国家外交的重要日程。中国在一些有争议的海域上，体现了灵活的外交手段，展现了中国的文化智慧。比如在南海问题上，中国早就提出了"主权在我，搁置争议，共同开发"的主张，通过大家共同开发，使争议各方都能获得现实经济利益，有助于在多赢的基础上解决海上纷争。但恰恰正因为这样的原则，被一些国家误读，认为是"搁置争议，共同开发"，而忽视了"主权在我"的基本前提。

就中国的海洋权益而言，大致可分为两个层面：一是海洋经济权益；二是海洋国土安全权益。简单地说，中国海洋国土的主权完整，海洋航运通道的畅通，海洋资源不被侵占等都是中国海洋权益的具体表现。中国海洋权益所面临的威胁也主要体现在这两个方面。

首先，中国海洋国土主权受到挑战。南海以及钓鱼岛表现最为突出，南海周边国家纷纷对中国南海海域提出不合理的主权诉求，越南、菲律宾等国实际非法占领我国南海多座岛礁，对中国海洋国土的完整构成事实上的侵犯。在东海，钓鱼岛长期为日本侵占，成为中日之间冲突的一个焦点。目前随着南海周边国家在对中国南海主权诉求的趋同以及美国的介入，南海周边国家不断壮大自己的海空军实力，妄图阻碍中国在南海的维权行动，以越南、马来西亚、新加坡为例，虽然以上几国的海空军实力不足以与中国相抗衡，但由于地理位置及印度、美国等外部势力的支持，已经对中国南海航道畅通构成威胁，势必将加大南海局势的复杂性和中国在南海维权的难度。环顾中国周边海域，存在着几股较强的海军力量：美国第七舰队，日本海上自卫队，俄罗斯太平洋舰队，韩国海军。其中以美国第七舰队和日本海上自卫队对中国的海洋国土安全威胁最大，这两支力量也是目前"岛链封锁"中国海军的主力。加之有美日安保同盟、美韩安保同盟的存在，与周边国家的海洋纠纷极有可能扩大为国际冲突甚至地区战争。

其次，海洋资源的开发与利用争议。中日长期悬而未决的东海问题，实际上与海洋资源的开发有密切联系，海洋界线的划分，牵涉渔业、海底资源等众多方面的利益纠葛。如 2010 年 9 月 7 日，两艘日本巡逻船在钓鱼岛黄尾屿西北约 12 千米海域同一艘中国拖网渔船相撞。随后，日方对中方渔船实施拦截，并非法扣留中国船长。2012 年 5 月 8 日，朝鲜劫持三艘中国渔船，并索要赎金。① 围绕中韩渔业纠纷而引发的暴力冲突频繁出现。2017 年 12 月 19 日，在韩国经济专属区水域，韩国海警对 40 余艘中国渔船警告无效后，发射 200 余发子弹进行驱赶。2018 年 1 月 4 日，韩国全罗南道新安郡可居岛西南方向 35 海里（64.82km）海域，发现中国 50 余艘 60—80 吨级渔船进行"非法"捕鱼作业。韩国海警投入 1500 吨级、3000 吨级的 5 艘警备舰艇、1 艘渔政船和 1 架直升机来应对，因受到中国渔船顽固抵抗，阻碍韩国海警检查开枪致我国渔民两死四伤，韩国海警撞沉中国渔船一艘。② 这样的渔船争议近几年发生众多，在网上甚至发起了"中国临海矛盾升级"的讨论议题。在南海，越南等国长期开发国南海海底油气资源，此外南海还有丰富的渔业资源和岛礁资源也受到周边国家的侵占和盗采。

从国际海洋权益视角看，不仅仅依靠海洋软实力，还需依靠海洋硬实力，更亟待形成海洋巧实力。海洋实力的历史，涉及了有益于使一个民族依靠海洋或利用海洋强大起来的所有事情。③ 与近代强国重视海洋实力不同，中国海洋力量相比于陆地力量长期处于从属地位。中国历史

① 《朝鲜劫持三艘中国渔船》，搜狐网，http：//news. sohu. com/s2012/koreajichi/。

② 《中韩渔业冲突再现》，搜狐网，https：//www. sohu. com/a/215925456_ 743231。

③ 〔美〕马汉：《海权对历史的影响》，安常容、成忠勤译，解放军出版 2006 年版，第1—2 页。

上各个朝代绝大多数时期"重陆轻海"有其资源决定下的必然性。汉文化圈主导下的中国有相对广袤的耕地和发达的水系,在铁矿石比较丰富的情况下,完全实现了自给自足,地缘政治与环境的向心性与隔绝性使得中国形成了重农抑商、重陆轻海的文化传统。在此传统文化的影响下,中国历代政府与近代海洋强国重视海洋不同,很少将治理的注意力聚焦在海洋之上,中国海洋实力相比于陆域长期处于从属地位,到2017年中国海洋经济总量占全国经济总量也仅仅不到10%。历史上的荷兰、西班牙、葡萄牙以及近代的英国、美国通过经略海洋成为世界强国。地缘政治与环境的向心性与隔绝性使得中国形成了重农抑商、重陆轻海的文化传统,虽然也有段时间出现过规模较大的海外贸易,但始终不是国家生活的主要内容。海洋实力的缺乏造成了一系列自近代延续到当今的海洋问题。自鸦片战争开始,中国持续遭受来自列强的海上威胁,甲午战败更堪称中国迄今最惨痛的海上失利,面临从半殖民化到几乎亡国灭种的危机。"中国有着18000多千米的海岸线,数以千计的沿海岛屿,却没有对其海洋国土进行充分开发与有效占领,也未重视岛屿的重要战略地位。海洋意识的淡薄(海洋软实力)制约了国家利用海洋资源、积累财富的取向和能力,也引发了当今诸多海疆划分不清,岛屿主权不明,包括渤海、黄海、东海、南海划界及钓鱼岛、南沙群岛归属等海洋权益争端,台湾问题也久拖不决。中国沿海外围岛链阻隔,没有安全、可靠的远洋出海口,这些问题长期都未得到足够的关注,直到现在也未妥善解决。"[①] 以上众多海洋问题不仅涉及我国海洋权益,更关系到国家的威望与民族尊严,同时也影响着国家整体发展战略的实施。

在这样的局势下,习近平总书记在中国海洋权益的问题上一直强调的核心观点是:坚决维护中国领土主权和海洋权益,坚定不移地走和平发展道路。海洋强国建设一切出发点及归宿都应符合上述要求。2013年7月30日中共中央政治局就如何加强海洋强国建设的第八次集体学习会议上,习近平总书记提出"坚持走和平发展道路,但决不能放弃正当权益,更不能牺牲国家核心利益。要坚持用和平方式、谈判方式解决

---

① 王勇:《浅析中国海权发展的若干问题》,《太平洋学报》2010年第5期。

争端，努力维护和平稳定"。① 从其论述中不难发现，海洋主权问题事关中国的核心利益，"绝不"则表明捍卫核心利益的毋庸置疑和决心。

二　海洋外交能力有待提升

现代意义上的外交源自西方，它伴随主权国家体制的建立而成为国与国之间交流的必要手段，并在全球化时代成为各国处理对外关系的"最理想和最文明的手段"。② 海洋外交是当代总体外交的重要组成部分，它以海洋立法、海洋政策及其执行为基础，旨在调整海洋国际关系并规范海洋政治秩序，体现了当代海洋政治游戏规则的进步性，是一国谋求海洋战略主动性的国家战略行为。③ 中国海洋外交是中国外交的重要组成部分，并与中国外交关系重大。

在"21 世纪是海洋世纪"以及中国是一个西太平洋国家的背景下，海洋问题也突破传统的地缘政治范畴，进入全球外交的议程。从应然的角度，世界海洋是流动的连续整体，各个海洋区域的种种问题彼此相连，海洋问题具有很大的扩散性和跨国性。国际社会中存在的岛屿主权、海域划界等传统安全争端，以及海盗、海洋污染、跨国海上犯罪等非传统安全问题，提升了世界各国在维护海洋安全、促进海洋可持续发展方面的共同需求，使海洋从逻辑上理应成为外交对话与合作的平台。从实然的角度，从 20 世纪下半叶联合国三次海洋法会议开始，国际社会就已经有了海洋外交的实践。1994 年 11 月《联合国海洋法公约》正式生效后，客观上，各缔约国之间的海域划界争端、海洋资源争夺、渔业纠纷等增多，在国际实践中一直存在着围绕海洋问题进行交涉、谈判、磋商等的对话、合作与斗争。这些海洋领域的国际行动符合传统外交的基本构成，也顺应现代外交发展演变的基本趋势，已发展成一门功能性外交，即海洋外交。

与传统其他功能外交一样，中国海洋外交谋求的终极目标是在推进国际社会共同利益的同时，保障中国海洋利益，打造"海洋命运共同

---

① 习近平：《进一步关心海洋认识海洋经略海洋　推动海洋强国建设不断取得新成就》，《人民日报》2013 年 8 月 1 日。

② 陈志敏、肖佳灵、赵可金：《当代外交学》，北京大学出版社 2008 年版，第 25 页。

③ 沈雅梅：《当代海洋外交论析》，《太平洋学报》2013 年第 4 期。

体"，营造一个"和睦的海洋政治环境、有序的海洋经济环境、和平的海洋军事环境、安宁的海洋公共环境和健康的海洋生态环境"。[①] 习近平同志有关于海洋的论述给出了明确的回答，那就是从与外敌对的防御、对抗转变为合作共赢。经略海洋不需要敌人，需要的是朋友，但真正的朋友永远是建立在互惠互利的"商业交换"精神之上的，"交相利"——习近平同志正是认准了这一问题本质，提出了建设"21世纪海上丝绸之路"的构想。这一思想精髓就是"互联互通、开放包容、合作共赢、命运共同"，它的起点就是以经济贸易合作为先导，以互惠商业交换为基石，以政治和外交为推进手段，以促进文化交流、化解安全风险为重要目标，对于深化区域合作、促进亚太繁荣、推动全球发展具有重大而深远的战略意义。[②] 对于当前的海洋外交而言就是管理海洋争端，发展海洋国际合作，并在这个过程中提升国家在国际海洋规则制定中的话语权。

溯及我国传统海洋外交思想，并没有值得书写的一章。中华人民共和国成立后，美国通过美日、美韩、美菲以及东南亚集体防务条约构筑太平洋海岛防御圈，力图通过掌控东亚大陆的外边缘地带对中国进行遏制，对中国的海洋安全构成了沉重的压力。与此同时，中美在台湾问题上的矛盾、苏联援建中国海军建设时的政治利益谈判等问题，严重威胁中国国家海洋安全，以上问题对中国独立自主开展海洋外交活动形成了极大的阻碍。面对国际大国重重合围的国际形势，以毛泽东为代表的第一代中央领导集体形成了以"防御为主"的海洋外交思想。海洋外交活动以坚持国家独立与领土完整、保证国家海洋安全的原则下开展，在此基础上想方设法拓展国家海洋外交领域，在极度困难的情况下寻求海洋外交支持。

改革开放初期，海洋外交核心思想是：突破封锁，开放与共同开发海洋资源。以邓小平为代表的第二代中央领导集体直面我国海洋事业落后局面，正视海军建设落后、海洋经济发展滞缓等问题，提出突破封锁、加快"开放与开发海洋资源"的外交战略思想。邓小平强调，"建

---

① 冯梁：《中国的和平发展与海上安全环境》，世界知识出版社2010年版，第108页。
② 林宏宇：《海上丝绸之路国际战略意义透析》，《人民论坛》2014年第25期。

设一个国家，不要把自己置于封闭状态与孤立地位"，并提出"主权在我，搁置争议，共同开发"的指导方针，确定了全面开放与共同开发海洋资源的战略，开放沿海城市、建设沿海经济特区和沿海贸易港口等，逐步形成了对外联系的海洋通道。在邓小平海洋外交思想的指引下，我国加入《联合国海洋法公约》，与多个海洋大国建立合作关系，促进了海洋经济快速发展。这段时期海洋外交活动趋频，海洋外交成效初显。

2010年以来，中国推行积极的海洋外交政策，取得一些重要进展。例如，中日就建立海洋事务高级别磋商达成共识，中越签署了《指导解决中越海上问题基本原则协议》，成立了北部湾湾口外海域工作组和海上低敏感领域专家工作组。与东盟国家就《南海各方行为宣言》达成一致，建立了有关的海上合作基金。与周边国家就海洋争端开展对话合作，为处理突发事件、管控危机、维护海上局势稳定发挥了积极作用。① 在发挥积极作用的同时，海洋外交在中国周边海洋局势越来越复杂的情况下，难以形成海洋软实力。

其一，海洋外交起步较晚，缺乏实务经验。由于历史的原因，中国在海洋各个领域的起步都比较晚，海洋外交也是如此。在海洋问题特别是海洋权益维护问题持续升温20多年之后，2009年外交部才新成立了边界与海洋事务司，负责拟订陆地、海洋边界相关外交政策，指导协调海洋对外工作；承担与邻国陆地边界划界、勘界和联合检查等管理工作；处理有关边界涉外事务及领土、地图、地名等涉外案件；承担海洋划界、共同开发等相关外交谈判工作。由于成立较晚，缺乏成熟的工作机制与实务经验。边界与海洋事务司司长邓中华做客人民网强国论坛时也坦诚："我担任边海司司长时间不长，参加边海事务的谈判还不多，但是就在最近的谈判中，我初步有了艰难的谈判经验，包括与谈判对手连续5个多小时一对一磋商的经历。"②

其二，涉及的周边国家众多，不同的矛盾交织复杂。中国与8个周边邻国存在海上争议，这8个国家从北到南依次为朝鲜、韩国、日本、

① 外交部：《中国在周边积极开展海洋外交》，http://www.foods1.com/content/1583981/。
② 《新形势下的边界与海洋外交工作》，http://fangtan.people.com.cn/GB/147550/17620517.html。

越南、菲律宾、马来西亚、文莱和印度尼西亚，而且与每个国家争议的具体情况还不完全一样。具体地说，在海上有两类性质的争议，一是岛礁主权之争，比如东海的钓鱼岛问题和南海的南沙群岛问题，这些问题都是由于有关国家非法侵占或管控中国领土或周边水域引起的。二是海洋划界争端，这是因为1982年《联合国海洋法公约》（以下简称《公约》）扩大了沿海国可以主张的管辖海域的范围，使得沿海国可以主张200海里宽的专属经济区和大陆架，导致许多海上邻国的海洋主张出现重叠，需要有关国家进行划分。这两种争议虽然分属不同的范畴，但又相互影响、相互牵制，增加了海洋问题的复杂性，海洋问题难以用一种外交模式解决，这些复杂的海洋局势考验着中国学者以及领导人的海洋外交智慧。在东海、南海发生了一系列的其他海洋邻国侵犯中国海洋权益的事件之后，外交部常常会在第一时间发表内容相近的如"×××是中国的固有领土，中国对此拥有无可争辩的主权。我们坚决反对×××方任何侵害中方主权的行为"。以及"我们对此强烈抗议，严重谴责，并进一步关注事态的进展"。对此外交辞令公众已经十分熟悉，并在一定程度上表示反感。在涉及领土问题上，虽然前些年为了集中精力谋发展，邓小平智慧地提出"主权在我，搁置争议，共同开发"的原则，但被其他国家所曲解为"搁置主权争议，共同开发"。在涉及主权和海洋权益问题上，中国政府的立场一直以来都是旗帜鲜明、坚定不移的，海洋外交或许能做的就是反复地声明中国的立场。对于复杂问题的解决难以有令人信服的行动与实践，也难以产生较强的外交魅力。

其三，对于《公约》灵活的使用，不同的国家不同的标准，令中国的海洋外交魅力大打折扣。《公约》是处理国际海洋事务的最高约束规则，但是由于众多的国家参与以及国家海洋问题的复杂性，《公约》对于诸多核心事务措辞烦琐而模糊，在实践中往往导致争端双方作出有利于自己的理解。而现实的实践中，外媒普遍认为中国灵活地运用《公约》，有选择地使用条款来捍卫权益。中国虽加入了《联合国海洋法公约》，但是并未签字接受国际海洋法庭管辖；中国承认了邻国的领海、毗连区、专属经济区，但在南海主张自己的"九段线"；就大陆架问题中日与中韩之间标准不统一……这些问题使得中国的海洋外交魅力大打折扣。

其四，从政治格局而言，中国进入世界舞台的核心，但承担的责任与面临的竞争相应增加。40 余年来，中国外交放弃了以意识形态画线的原则，改变了"一条线、一大片"的布局，逐渐确立了"不结盟"的外交原则和"韬光养晦、有所作为"的战略方针，形成了"大国是关键、周边是首要、发展中国家是重点、多边是舞台"的布局，① 但美国不遗余力地推行"重返亚太"战略，在军事上，美国不断加强美日同盟并希冀构建起以美日澳为主轴的亚洲版"北约"，以制衡中国的军事现代化和蓝海战略。在经济上，美日积极推动 TPP（跨太平洋伙伴关系协定），将中国海上的一些周边国家纳入其中，旨在从经济上抗衡中国的影响力。② 在战术上，利用与中国的海洋权益争议，以牵制中国。中国正处于历史上任何一个崛起大国从未遇到的复杂国际局面，尽管给中国的海洋外交带来了一些困难，但同时也为中国海洋软实力的发挥作用迎来了重大机遇。

三　国际海洋事务议程设置能力亟须提高

海洋事务议程设置能力反映了一个国家的海洋影响力和现实海洋实力。海洋国家话语权是议程设置的核心，它是一个国家对有关国际海洋事务发表意见的权利，体现了知情权、表达权和参与权的综合运用。中国认识到国际话语权的重要性以及提升话语权，经过了一个长期过程。改革开放数十年的发展成就在进入 21 世纪后产生了累积效应，显示为国家力量的强劲崛起，中国在国际上的公共利益的需求与供给面也随之日益扩大。但在一个以"和平与发展"为主题的时代，"由权力界定利益"的国际关系现实主义命题失去了其当然的正当性，尽管国际政治的本质并没有发生根本的变化，但各国对权力和利益的诉求往往进行了更多的"话语包装"，国际话语权的竞争开始大行其道。而对于崛起的中国来说，如何说明自己发展道路的正当性、如何回应外在世界的质疑和挑战、如何保障自己在国际社会的合理利益，更概括地说，如何处理与

---

① 王存刚：《论中国外交调整——基于经济发展方式转变的视角》，《世界经济与政治》2012 年第 11 期。

② 侯金亮：《中美战略对话，可为中国海洋外交"减压"？》，《求知》2012 年第 9 期。

外在世界的关系，都依赖于更多的国际话语权。当前的中国表现出对国际话语权的浓厚兴趣以及话语权意识的高涨。例如，语言学界提出了汉语的话语权，商界提出了价格的话语权，意识形态部门提出了宣传的话语权，外交领域提出要提高国际政治议程制定中的话语权等，中国海洋软实力的提出也是在一定程度上出于海洋领域话语权国际竞争的需要。

尽管中国海洋发展水平持续向好，海洋综合开发能力显著提升；也有不少的非政府组织开始开展海洋研究，并发布海洋发展报告、海洋发展指数报告；政府以及其他部门举办的海洋会议数量也在增加，科研成果不断推陈出新。一方面提高了中国海洋管理水平；另一方面中国在海洋领域话语权地位也在提升。但是现实告诉我们，中国在国际海洋事务议程设置能力还需要有实质性的提高。

其一，从国际话语权来看，短期西方的强势地位与中国的弱势地位难以改变。冷战结束之后，被西方和世界主流舆论解读为西方政治和经济制度的胜利，加之民主化"第三波"的世界性冲击和苏东社会主义的剧变和转型，使得以美国为首的西方在国际话语权上取得进一步的主导性地位，民主、自由、人权、市场经济等源自西方的话语，几乎所向披靡，成为霸权性的国际话语。与之相对照，冷战后的中国，经济发展的成就、人权改善的事实以及"与国际接轨"的决心和行动有目共睹，也先后提出了一些重要理论，如新秩序理论、世界多极化理论、和平崛起论，但在影响力上难以超越西方主流话语。中国在与世界的接轨中，在经济领域中采用了商品价值、市场经济、股份制、股票交易、投资、私有产权等概念所构成的话语体系；在政治领域中民主、自由、人权、法治、公民社会等源自西方的概念和话语也被中国接受和采用，并认定这些是人类文明的共同成果；在外交领域，国家利益、权力及软实力、地缘政治、人道主义灾难等说法纷纷进入中国的外交话语体系；在人文和社会科学领域，西方的思潮夹带着西方中心主义的概念和话语大量"入侵"，中国学界争论的一些最热烈的话题，如存在主义、非理性主义、后现代、后结构主义、"历史的终结""文明的冲突"等，都源于西方。一种通常的模式是：西方在设置话题，中国则跟着讨论。各个学科都在努力地"与世界接轨"，西方话语已经成为各学科的主流话语。无疑，"与世界接轨"在一定程度上就是对"世界"已经确立的话语的接受和话语权的认同。

其二，从国际海洋问题的解决上以及公共产品的供给上，中国发挥的作用还不理想。首先，中国目前向世界提供的战略外援和公共产品与中国自身的大国地位和形象相比较，显得不足。当前，全世界提供外援最多的地区是北欧，其次是西欧，它们提供的外援金额高达其国民收入的 0.6%—0.9%。挪威首相在中国社会科学院进行演讲时曾经说，北欧国家有一个共同的信心，即未来这一地区向全球贫穷、落后或灾难地区与国家提供的对外援助金额将上升至其国民收入的 1%。而当前，中国的这一数字还不到 0.4‰。2014 年 7 月，中国国务院新闻办公室曾首次发布了《中国的对外援助（2014）》白皮书，2010—2012 年中国对外援助的情况，中国对外援助金额为 893.4 亿元人民币。2013 年 "一带一路"战略提出以来，中国对外援助金额有了显著的增长。[①] 在东南亚一些国家，中国开展了无偿援助如机场建设、自由贸易区建设、关税减让、非传统安全合作、教育、留学生交换等工作，但相对于欧美国家，显然是与中国日益扩展的全球利益及中国期待的全球影响，包括中国民众的国际意识与对中国作为负责任大国的诉求不匹配的。[②] 其次，中国向国际机制网络平台提供的非物质性公共产品更是少之又少，还没能成功地使体现中国理念与中国元素的国际机制文本应用于国际制度合作之中。究其原因，一方面在于中国在很多国际事务领域中处于后来者位置，对于成型的且目前仍大体行之有效的国际机制来说，中国目前应做的依然是遵守而不是打破现状，即使在某些需要修正的或需要体现中国特殊性的领域与范畴，中国的角色仍然首先是机制维护者，然后才是智慧贡献者；另一方面，中国显然还并不能主动向国际社会提供诸如全球气候制度、海洋治理等的文本案例，毕竟处于发展中的中国在生态环境的治理、全球公共产品的供给方面还缺乏令人信服的成功经验。

其三，来自美国海洋话语竞争。近年来美国重返亚太的意图明显，其主旨未必就是介入两国的权益之争，抑或是区域战争，而是在于争夺

---

① 国务院新闻办公室：《中国的对外援助（2014）》白皮书，http：//www. scio. gov. cn/zfbps/ndhf/2014/document/1375013/1375013. htm。

② 王逸舟：《中国外交十难题》，《世界知识》2010 年第 10 期。

话语权。最典型的事例当属时任美国国务卿希拉里·克林顿在2010年7月23日东盟地区论坛上的演讲，尤其是她在举世瞩目的国际场合以"突然发难"的方式抛出关于南海问题的论调，以达到话语的轰动性宣传效果。演讲中她惘视中国长期致力于与有关双边解决问题的模式和《南海各方行为宣言》等已有的成果，质疑南海的自由通航问题，高调声称南海事关美国国家利益，提出组织国际机构解决南海问题的方案，以及暗示中国在使用武力威胁等，成为美国话语介入中国海洋问题的生动教材。希拉里·克林顿谈道："美国对南沙群岛和西沙群岛的争端表示关切，争端的解决事关美国的国家利益"；"美国支持所有提出主权要求的国家，在不受到威胁的情况下，通过合作外交进程来解决争端，我们反对任何一方使用武力或以武力相威胁"。另外，不管在中日钓鱼岛之争时还是中菲黄岩岛之争中，美国都抛出不偏袒一方的"中立"论调，中国某些舆论还呼吁美国恪守这样的"中立"原则，但在"中立"原则下隐藏的是美国对国际海洋舞台上话语权的争夺。奥巴马连任虽有缓和，但与"克林顿主义"一脉相承，都实行美国经济优先和在外交上强调改善美国国家形象，因此注重多边主义和"巧实力"，① 强调国际机制建设和全球治理问题，表现出了较明显的"内向收缩"，甚至被称为美国版的韬光养晦。② 但在实际上执行亚太再平衡战略，奥巴马政府后来很快发现，仅仅依靠亚太国家已不足制衡中国，而且亚太国家倾向于认为制衡中国是美国人的事，他们更希望搭美国人的便车，而不是自己制衡中国。在"981钻井平台事件"与中国在南沙的陆域吹填活动之后，美国开始公开、多频次地批评中国，这意味着美国在南海问题上从幕后走向前台。

四 海洋社会组织发展相对滞缓

2000年之后，随着市场经济地位的确立，重新发现社会思潮的兴起，社会组织快速而广泛发展，海洋类社会组织粗具规模。海洋类社会组织是指依法建立的，以促进我国海洋政治、经济、社会发展为目标，

---

① 薛力：《美国的再平衡战略与中国的一带一路》，《世界经济与政治》2016年第5期。
② 王缉思：《美国进入"韬光养晦"时代?》，《环球时报》2015年3月31日。

运用多种形式开展活动，为实现提高公民的海洋意识、监督国家的政策运行、保护海洋资源生态发展等宗旨，不以营利为目的，具有志愿性和自治性的正式组织。与非营利组织特征相似，海洋类的非营利组织也具有非政府性、非营利性、公益性、志愿性、自治性和组织性等特征。不同的是海洋社会组织与海洋生活和生产息息相关。如中国的海洋协会、太平洋协会、蓝丝带海洋保护协会、大海环保公社等。他们在培养公众海洋意识、普及海洋科学技术知识、保护海洋环境、参与海洋应急事件、监督政府海洋管理等方面发挥着至关重要的作用。

中国作为世界第二大经济体，作为一个实力日新月异的新兴经济体，其海洋社会组织参与海洋治理仍处于起步阶段，我国海洋社会组织的人员配置素质整体较低，在专业性、语言方面欠缺，由于用于人员的资金有限，我国海洋社会组织工资整体水平低，难以吸引更高层次海洋专业人员的广泛加入。[①] 海洋组织由于成立时间及发展都比较晚，影响十分有限。如大海环保公社是国内第一家民间海洋环保社团，成立于2005年7月11日，蓝丝带海洋保护协会只是在2007年6月1日由三亚一些热爱海洋的公益人士启动成立。太平洋协会稍早一些，于1979年成立，挂靠在原国家海洋局，直属于科技协会，由于仅仅关注于海洋科学技术领域，其影响力在其他领域影响十分微弱。

海洋社会组织关注的领域也相对单一。目前的海洋社会组织主要集中在海洋科技、海洋环保领域以及海洋渔业领域，其他的则鲜有涉及。从国际视野来看，其实关于海洋的社会组织不只涉足科研和环保，比如美国有一个从事海底探索、调查、打捞沉船与遗迹的基金会，这个名为国家水下与海洋组织的非营利性团体的活动领域相较于传统的海洋类非营利组织来说，无疑更新颖、更宽泛，也值得我国海洋社会组织借鉴。

再者，社会动员力有待提高。如蓝丝带海洋保护协会举办的"长江校友·蓝丝带海洋环保中国行"活动，该活动历时一个月，由南至北进行，从我国海岸线西端广西东兴至东端辽宁丹东，沿途经过14个城市，要在全国范围内招募3.2万"海洋卫士"，活动结束之后召集"海洋卫

---

① 王琪、李简：《我国海洋社会组织参与全球海洋治理初探——现状、问题与对策》，《中国国土资源经济》2019年第9期。

士"2000 余人,与实际活动策划的需求相差甚远。也许是局限于活动地域的宣传效果,但在目前的情况下,海洋社会组织的社会动员能力不足也是事实。

此外,国际合作还有待加强。由于海洋问题的国际性,海洋社会组织参与国际合作必要而且必须。以蓝丝带海洋保护协会为例,该协会曾经参与联合国开发计划署《中国南海沿海地区生物多样性管理项目》的部分内容,旨在提高公众关于三亚珊瑚礁自然保护区在保护海南的海洋和海岸带生物多样性中重要作用的认识,此外协会还曾承办中国意大利可持续发展远程培训项目和中欧"清洁能源政策与国际经验"远程培训活动。协会努力开展各类国际科研合作和经验交流活动,但是拘泥于互联网这一媒介,合作主要以远程方式展开,这些限制了组织国际合作的深度和广度。其他的海洋组织在国际合作中内容匮乏,在本领域中的影响以及发挥的作用并不凸显。

第二节 制度与体制层面(中层资源)

一 海洋管理体制改革难言成功

纵观我国海洋发展历程,我国海洋管理体制经历了从行业管理到行政管理再到初级海洋综合管理的不同阶段,逐步形成了统一管理和分部门、分级管理相结合的以原国家海洋局为重要主体的海洋管理体制。其在维护海洋权益、协调海洋资源开发利用、保护海洋环境、开展海洋科技研究方面发挥着重要作用。但是海洋管理问题仍然比较突出,并饱受公众诟病。2013 年 3 月,国务院根据十二届人大一次会议审议的《国务院机构改革和职能转变》的议案,决定重新组建原国家海洋局,并成立中国海警局。2018 年 3 月,国务院几乎全盘否定了 2013 年的机构改革方案,把原国家海洋局的职能分别整合到自然资源部和生态环境部,统一管理整个海洋的行政管理体制彻底瓦解冰消。回顾海洋行政体制改革的历程更能使我们明白,管理体制问题不仅仅是我们理论不自信的结果,更是我们制度不自信的结果,也是我们的软肋。从国际层面而言,屡次改革的结果也难以形成稳定的制度吸引力。

其一，中国海警局的执法问题、身份问题。成立中国海警局是多年来关注海洋权益维护和海洋综合执法的学者和专家们广泛呼吁的结果，也是学习日美等发达国家维护其国土安全的结果。它的成立必将在维护我国海洋权益方面发挥积极的作用，2013 年中国海警整合海监、渔政、缉私、海警等执法力量，形成了中国海警。成立之后的中国海警面临诸多的难题。如中国海监成立之初的主要职能——环境监测，这一主要职能由海警完成其合理性值得怀疑；渔政成立之初的主要职责是负责渔业资源繁殖保护和江河流域规划，具体负责渔船登记、船员考核、处理渔业纠纷等，归属于原国家海洋局的海警如何处理江河流域的渔政事务；海上救援属于交通部海事局，2013 年的改革并没有整合中国海事，在海洋应急事件的处理中，拥有先进设施的海事无动于衷？

2018 年 6 月 22 日，为了贯彻落实党的十九大和十九届三中全会精神，第十三届全国人民代表大会常务委员会第三次会议通过《全国人民代表大会常务委员会关于中国海警局行使海上维权执法职权的决定》，决定按照党中央批准的《深化党和国家机构改革方案》和《武警部队改革实施方案》决策部署，海警队伍整体划归中国人民武装警察部队领导指挥，调整组建中国人民武装警察部队海警总队，称中国海警局，统一履行海上维权执法职责。成立中国海警局成为共识，但是如何成立海警局，海警局如何运作，编制、人员、机构如何重组，却没有一个清晰的共识。没有清晰的目标和步骤的改革，阻力重重。2013 年重组之后的海警局改革进展缓慢，5 年的时间过去了，身处其中的人们疑虑重重。另一问题在于：执法以海警为主还是海监为主。最为理想的改革是具有帕累托效率的改革，但是帕累托效率提出的意义更在于它是一种效率标准，现实中寻求帕累托的改革几乎不可能。也就是说，改革会使得一部分人的利益受损，中国海警局的成立，推行统一的执法模式也不例外。作为中国海警的两大重要组成部门，以海警为主还是以海监为主，既有博弈的过程力量的角逐，也有对解决现实问题的考虑。成立中国海警局，应该说海警在名义上占得了优势。海警局作为国家海洋执法统一组织，是国家部署在沿海海岸的一支重要武装执法力量，隶属于武警部队，从职能的角度上讲，原来的海警负责海上边界的巡逻管护，毗邻港澳一线的边境管理，海上治安管理；依法对出入境人员、交通运输工具实施边防检查和监护；防范、打击沿边沿海地区和口岸偷渡、走私、贩毒等违法犯罪活动。原来的海监主要负责依法维护国家海洋权益，会同有关部门组织研究维护海洋权益的政策、措施，在我国管辖海域实施定期维权巡航执法制度，查处违法活动。显然海警对内具有职能优势，同时可以配有武器装备；海监定期巡航，维护国家海洋权益，对外维权，有声誉优势。在职能上各有优势，不分伯仲，但在目前国家重视海洋权益的背景下，海监具有经验优势。但多年来的思维惯性、工作模式、自我认同，很难在短时间予以消除。

其二，原国家海洋局行政体制改革中的反反复复。1964 年成立原国家海洋局，2018 年 3 月，根据第十三届全国人民代表大会第一次会议批准的国务院机构改革方案对原国家海洋局重要职能进行重组，一部分职能划分到生态环境部，另一部分划分到自然资源部。对外保留原国家海洋局的牌子。对内没有任何的职能体现。也就是说，原国家海洋局经过了 54 年的浮浮沉沉，最终被改没了。从事海洋管理工作人员和海洋管理研究的学者，非常困惑。一方面，我们强调未来是海洋社会，我们提出"海洋强国战略"，另一方面推进"海上丝绸之路"建设，那么"海洋强国战略""海上丝绸之路"建设，谁是建设主体，谁来推进这些战略的实施？海洋不重要了吗？习近平同志有关海洋的重要性论述："21 世纪，人类进入了大规模开发利用海洋的时期。海洋在国家经济发展格局和对外开放中的作用更加重要，在维护国家主权、安全、发展利益中的地位更加突出，在国家生态文明建设中的角色更加显著，在国际政治、经济、军事、科技竞争中的战略地位也明显上升。"显然原国家海洋局的改革，并没有提升中国海洋战略。梳理 50 多年的海洋局改革历程，反映了制度的调适顺应了时代，但数次折叠反复，也消解了海洋制度自信。

原国家海洋局因事权而生。1964 年 7 月中国成立原国家海洋局，标志着我国开始进行专门的海洋管理。当时的事权范围包括统一管理海洋资源，对海洋环境进行资料调查和海洋公益服务等。从其后的实践上看，统一管理海洋资源更像是一种理念，原国家海洋局成立之后相当长的一段时间里，缺乏执法队伍和强制力，只是在海洋环境、海洋资源和海洋公益服务方面做了大量基础性的工作，总体来说，是对"物事"

的管理。20 世纪 80 年代初，五部委联合各沿海省市开展全国海岸带和海涂资源综合调查。为了更好地配合此次调查，沿海省市成立了海岸带调查办公室，在历经八年的调查之后，海岸调查办公室逐渐成为沿海各省市科委下属的管理本地海洋工作的海洋局（处、室）等机构开始了对本辖区内人、企业和地方政府涉海活动的管理。20 世纪 80 年代之后，基于陆域的行业管理部门，对海洋管理中的渔业、交通和盐业展开行业管理。在农业部，下设了主管渔业和渔政的渔业局，渔业局下设了渔政渔港监督管理局、渔业船舶检疫局、在交通部下设了港务监督局，开始与原国家海洋局的管理事务范畴展开竞争。在这个时期，从纵向看，海洋行业领域的治理依赖于国家部委业务指导下的职能部门实施行业管理。从横向看，海洋作为疆域，各省市自然而然地在行政区管辖的陆域或海岸带向外延伸，施行"行政区行政"。原国家海洋局的重要性有很大程度的下降。但在 2000 年之后，随着环境议题国际化，中央政府、公众以及主流媒体也随之将关注的焦点由海洋开发与利用转向海洋环境问题。海洋环境的治理更依赖于集体的行动，这给行政区行政提出了严峻的挑战。海洋自然属性的整体性、开发与利用活动的外部性、海洋环境治理的协同性，要求建构一种既区别于传统范式，又补益于传统范式的新型海洋治理形态，进而催生了区域治理范式。事权在变化也就是跨行政区事权在增加，并被高层高度重视。这个时期的原国家海洋局有事有位：海洋资源的综合利用、海洋环境的协调治理、海洋权益维护的执法整合。但是有事有位未必有效。

　　原国家海洋局显然在实践中并没有承担起这个重任，原国家海洋局"一直无力承担统辖全国海洋经济的职责，更难以履行新的国际海洋法公约赋予的权利和义务"。[①] 我国海洋权益维护形势日趋严峻，海洋环境问题日渐严重，用海矛盾也日渐加剧。当然这里有陆地资源稀缺程度增加、国家战略重点之一导向海洋等原因，但不可否认的是，海洋问题的严峻形势与海洋行政管理体制不合理、不适应存在高度相关关系，作为海洋行政主管部门无力承担海洋管理重任。在行政级别上，原国家海洋局是国土资源部的部属局，与其有职能交叉的行业主管部门如外交

---

　　① 周达军、崔旺来：《海洋公共政策研究》，海洋出版社 2009 年版，第 23 页。

部、环境保护部、交通运输部、农业部等都是部级单位，当处理海洋环保、渔政、交通等事务时，原国家海洋局无力承担综合管理，统一协调的职能。特别是海洋环境问题，《海洋环境保护法》第五条规定国务院环境保护行政主管部门（环境保护部）作为对全国环境保护工作统一监督管理的部门，国家海洋行政主管部门负责海洋环境的监督管理，鉴于环境问题的整体性以及海洋环境污染物主要来自陆源等特点，虽然法律规定了两个部门的职能和管理权限，但是，环境问题实践的统一性使得两个部门面对海洋环境问题时有着千丝万缕的联系。海洋环境的主管部门原国家海洋局处于弱势地位，环保部处于强势地位却不下海，海洋环境问题的日益严重化也就不难理解了。

另外，海洋管理的目的之一在于可持续的开发与利用海洋，并在开发与利用的过程中保护海洋环境，维护我国海洋权益。要实现这一目的，一方面要合理有序地开发海洋资源；另一方面要维护海洋生态安全，保护海洋环境。二者之间的关系是相辅相成的，如果只是着力于海洋的开发与利用，而忽视了海洋环境保护，则开发与利用也只是一时。海洋资源的利用与海洋环境的保护就像一个博弈，处于一种动态平衡时才能实现二者的双赢。而原国家海洋局的这两项重要职能，就像一个人拥有两柄权杖，一个握在左手中，一个握在右手中，当此人是个"左撇子"时，左手就会战胜右手；当是个"右撇子"时，右手就会战胜左手。回顾1998—2018年原国家海洋局的职能转变，由狂热的海洋开发利用如围海造田、鼓励养殖、远洋捕捞和加大海岸带开发利用到海岸工程的审慎环评、实施休渔期、保护沿海滩涂等职能转变也验证了前面的分析。对于这两个重要职能不能偏废任何一个，否则都是对公共利益的损害，但显然这两柄重要的权杖掌握在一个人的手里缺乏应有的博弈过程。

随着海洋事务的增多，行为外部性、管理复杂性使得统一管理海洋在专业化愈发明显的今天，越来越不符合实践的需要，延承陆域的职能分类管理是明智的选择。压实地方政府管理海洋的职责，才能让地方政府财权与事权更加匹配。基于以上的考虑和事实上的事权冲突，原国家海洋局职能被拆分。现在的海洋管理体制是否完美？社会转型期和制度改革期，海洋行政管理体制改革的道路依然漫长而艰难，基于制度形成的海洋软实力难以乐观。

二　国家海洋战略愿景亟须明确，实施战术亟须清晰

中国是一个亚洲国家，还是一个西太平洋国家？在这个基本的背景性命题中，中国显然并没有足够的看重后者的重要性。中国毫无疑问是个海洋大国，18000千米的海岸线，主张管辖面积300万平方千米，但中国还不是一个海洋强国。进入海洋世纪，中国海洋事业的发展面临诸多的挑战和机遇，在众多的抉择面前，中国海洋的核心利益到底是什么？相信即使是海洋专家也不敢轻易做出回答。原因在于中国一直缺乏国家长远海洋战略，导致在各个历史时期海洋核心利益取向不明。在周边海洋局势日益复杂的情况下，制定长远的海洋战略已经刻不容缓。

中华人民共和国成立后，中国海洋事业开始全面发展，中央政府加强对海洋事业和沿海地区的管理工作，着重对海洋渔业、海洋交通和海盐业等管理进行了系列调整和整合。1949年在食品工业部设置渔业组负责渔业生产恢复工作。1950年成立轻工业部，将渔业交由农业部管理，轻工业部将原食品工业部所辖水产工作移交农业部，农业部下设水产处，负责全国水产工作。海洋交通则由交通部管理。在油气方面开展了调查与勘测工作，还谈不上行业管理。海盐业则由轻工业部盐务总局管理。在这个时期，确保航道、航运安全的情况下，关注点在捕捞和盐业生产上，用一句话说，那就是关注海洋的物资生产，特别是人们基本的生存所需要物资的生产上。

伴随着海洋行业管理的不断推进，海洋产业和事业得到了快速的进展。但是海洋工作中亟须解决的问题也日益增加，如海上活动安全没有保证，海洋水产资源没有充分合理利用，海底矿产资源储量和分布状况了解很少，海洋资源匮乏等。1963年由国防科工委海洋专业组的专家们提议成立原国家海洋局，统一管理国家海洋事业。原国家海洋局初建时的海洋职能只是海洋环境监测、资源调查、资料收集汇编和海洋公益服务，目的是把分散的、临时的力量转化为一支稳定的海洋工作力量。由原国家海洋局成立的倡导者以及原国家海洋局的行政职能很显然可以看出，在这个时期国家海洋行政职能聚焦在海洋科技研究以及科研所需要的基础资料上。

改革开放以来，海洋地区区位和资源优势逐渐凸显，海岸带地区以其优越的地理位置和丰富的自然资源在国民经济发展中占据了重要地位。1980 年开始，国家计委、国家科委和原国家海洋局等五部委联合组织，在沿海各（省市）开展了全国海岸带和海涂资源综合调查，成立全国海岸带和海涂资源综合调查领导小组及其办公室。1992 年之后，地方海洋开发热潮兴起，海洋事务日益增多，地方参与海洋管理提到议事日程。此段时间里，我国相继在沿海省市成立了专门司职海洋工作的厅局级机构，以管理地方的海洋事务。除辽宁省成立海洋局外，全国多个沿海省份如山东、江苏、浙江、福建、广东、海南等均设立了海洋与渔业厅（局），将海洋与渔业两项事业合并在一起，受原国家海洋局和农业部渔业局的双重领导。与此同时，原国家海洋局明确了 10 个海洋管区和 50 个海洋监测基站的职责。在此阶段，海洋管理的价值取向十分明确，就是维护近海海域使用的秩序，推进海洋经济的发展，同时兼顾海洋环境保护。

人类开发海洋的规模向深度和广度进军，由此带来一系列的环境问题和海域利用矛盾使单纯的海洋开发或单纯的海洋环境保护难以解决，在充分兼顾各方面利益基础上达到海洋可持续的开发与利用，才是海洋管理的最终目的。特别是 1998 年国务院机构改革之后，原国家海洋局由新成立的国土资源部管理，被确定为监督管理海域使用和海洋环境保护、依法维护海洋权益、组织海洋科技研究的行政机构。1999 年中国海监总队成立，其主要职能依照有关法律和规定，对我国管辖海域（包括海岸带）实施巡航监视，惩处侵犯海洋权益、违法使用海域、损害海洋环境与资源、破坏海上设施、扰乱海上秩序等违法违规行为，根据委托或授权进行其他海上执法工作。在这个时期，原国家海洋局的管理职能逐渐清晰，与其他部委的海洋管理界限也基本清楚，那就是"海域使用、海洋环境监测、海洋权益维护、海洋科技管理、海洋宏观经济运行监测"。在这 20 多年的时间里，随着钓鱼岛局面的日益尖锐化、南海划界之争的复杂性，原国家海洋局乃至国家的海洋核心利益似乎放置在海洋权益的维护上。

从理论而言，走向海洋行政执法的统一具有其必然性。一是海洋资源环境的一体性为海洋行政执法统一提供了自然基础；二是整体性治理理论提出和发展为海洋行政执法统一提供了理论基础；三是数字海洋、网络技术、GIS 为海洋行政执法统一奠定了技术基础；四是"市场威权式"国家体制为海洋行政执法统一奠定了体制基础。从实践而言，面对日渐复杂化的东海、南海海洋权益维护局面，日渐频繁的海洋环境问题和日渐枯竭的海洋资源，分散执法的体制难以有效应对复杂的海洋管理局面。从国外的经验看，日本成立了"海上保安厅"，美国、韩国成立了"海岸警备队"，中国统一海洋执法也是潮流使然。尽管此段时间很短，但可以很明显地看到，海洋管理的重要着力点在于"海洋权益维护"。

党的十八大以后，"海洋强国"呼之欲出。似乎在确定了海洋强国的目标之后，海洋强国战略也就应然成立了，但海洋强国并不等于海洋强国战略，而是海洋强国战略需要围绕着"海洋强国目标"设定的全局性、方向性、谋划性的策略，方向性就是"海洋强国"已然清晰，但什么是海洋强国需要更具操作性的解读，围绕海洋强国设定的战略思想、战略方针、战略力量、战略措施缺乏全国性的海洋谋划。如果只是头疼医头、脚疼医脚，没有长远的海洋战略，难以在复杂的海洋利益格局中高瞻远瞩、形成战术合力。

党的十九大提出"加快建设海洋强国"的战略，十九大报告的海洋政策延续了这一战略目标及实现目标的基本策略：①经济上，提高海洋资源开发能力，发展海洋经济，坚持陆海统筹、优势互补；②生态上，保护海洋生态环境；③军事上，关注海洋安全，维护海洋权益；④发展理念上，坚持和平发展策略，不强权、不霸权，体现了中国海洋强国战略的稳定性和原则坚定性。[①] 维持政策稳定不仅有利于国家战略的落实，更彰显了一种对世界负责的大国形象。从国内来看，海洋强国战略总目标和具体策略，都是通过"上令下行"和自下而上的配合实现的。海洋强国战略的稳定性和完备性，彰显了中国共产党"谋大局、定政策、促改革的能力和定力"，为中国海洋发展事业提供一个较为长期的保证，是实现海洋强国的关键。

---

① 吴金鹏：《和平发展与稳中求进的海洋强国战略——基于全国党代会报告的政策话语分析》，《大连海事大学学报》（社会科学版）2019 年第 3 期。

无论是海洋强国战略还是"一带一路"倡议，中国海洋战略的目标缺乏辨识度，缺乏清晰度，当然从战术而言，也缺乏可以指导中国操作的行动方案。经济上，提高海洋资源开发能力，发展海洋经济，坚持陆海统筹、优势互补；生态上，保护海洋生态环境……如何才是海洋经济发展？如何才是好的海洋生态环境？当海洋经济发展与海洋生态环境保护冲突时，该如何抉择？这些都需要海洋软实力给出的思想引领、价值引领。

三　国内海洋法律制度还需进一步完善

海洋法律制度是人类治理海洋的重要手段，海洋法治也肩负着人与海洋和谐共处、可持续开发和利用海洋的重托，更是一个国家海洋软实力水平的重要体现。海洋法律制度是关于各种海域的法律地位以及调整各国在各类不同海域中从事航行、资源开发和科学研究并对海洋进行保护等方面的原则、规则和规章及制度的总和。海洋法律作为中国法律体系的重要组成部分，随着中国法治建设的发展而发展。

目前，中国已经颁布了一系列涉海的法律法规，这些法律法规的制定和实施，促进了中国海洋事业的发展，但是中国的海洋法律体系还远不够完善，主要体现在以下三方面。

第一，海洋立法相对滞后。中国海洋立法与发达国家相比起步较晚，并存在较大差距，在很多方面严重滞后。中国关于海域渔业资源管理与保护的法律法规的出台就比美国晚了近半个世纪。海洋立法还存在一些空白，如"海洋基本法"被海洋学者呼吁多年，但是至今尚未提上议事日程，也没有立法规划，出台的日子遥遥无期。与《联合国海洋法公约》（以下简称《公约》）相配套的国内法律缺乏。《公约》是处理国际海洋事务的最高约束规则，《公约》出台之时，为了让参与国尽快达成协议，对于一些海洋核心事务措辞烦琐而模糊，在实践中往往导致争端双方作出有利于自己的理解。中国有必要针对《公约》中未提及的海洋事务进行立法，以使中国在未来的海洋权益维护中占据主动地位。

第二，立法程序有待完善。目前，中国尚未有一部专门的法律法规来规范立法的程序，1999 年颁布的《中华人民共和国立法法》虽然首次从法律的角度作出了规定，但仅仅是针对个别条款和程序，并由于规定的内容过于抽象，缺乏可操作性和实际应用价值。可以说中国目前海洋立法程序的法治化仍然处于初级阶段，有关立法程序的法律法规亟待完善，立法标准和专门立法程序有待创制。①

　　第三，海洋法律法规缺乏可操作性，法律层级较低。一是很多涉海法律层级较低，难以实现立法的目的。譬如，《外籍船舶管理规则》《海洋自然保护区管理办法》《全国海洋功能区划》，前者涉外性很强，后两者则在海洋环境保护中起到举足轻重的作用，倘若仍仅停留在目前较低法律层次上，在未来的执行中势必会发生很多问题。二是涉海法律在海洋行政执法方面没有明确规定执法主体，多头执法的现象严重，各部门之间的职责虽有分工，但从总体来看职能交叉、责任不清，而且海洋主管部门综合管理的权威与机制又尚未形成，各涉海部门各行其是，执法局面复杂。三是一些法律条款内容本身模糊不清，缺乏可操作性，如《海洋环境保护法》第91条规定，对造成重大海洋环境污染事故，致使公私财产遭受重大损失或者人身伤亡严重后果的，可依法追究刑事责任。《海洋工程条例》第50条、第52条也分别规定，对围填海工程中使用非环保填充材料和海洋油气矿产资源勘探开发中违法排放从而造成海洋环境污染事故，对直接负责的主管人员和其他直接责任人员可追究刑事责任。② 但是在实践中，何为"重大事故""重大损失""严重后果"？这些模糊的、不具有现实操作性的犯罪构成量化标准，主观性强，在目前海洋环境保护法律法规中都缺乏切实明确的内容，使得中国执法者在实际办案中无法参照。

第三节　精神与文化层面（深层资源）

一　国民海洋意识亟须培育

海洋与人类社会发展的关系极其密切，凡是大力向海洋发展的国

---

　　① 王琪、王刚等：《海洋行政管理学》，人民出版社2013年版，第129—130页。
　　② 蔡岩红：《专家：我国海洋环境保护法律制度亟需完善》，http：//www.doc88.com/p – 736752358558.html。

家，皆可强国富民。纵观世界强国的发展战略与历史轨迹，无一不是海洋立国、海洋强国。一个国家、民族对海洋的开发、利用和对海洋权益的争取和维护，在很大程度上取决于他们的海洋意识状况。海洋意识是确立海洋强国战略目标的思想基石。海洋意识既是决定一个国家和民族向海洋发展的内在动力，也是构成国家和民族海洋政策、海洋战略的内在支撑。不管从何种角度对海洋意识做出界定，海洋意识的核心内涵不会变，海洋意识本质上是个体、公众和各类社会组织在长期的海洋实践活动过程中，所形成的对于海洋的自然规律、战略价值和作用的反映和认识，是特定历史时期人海关系观念的综合表现。[①] 海洋意识作为人们对海洋在人类社会发展中的作用、地位和价值的认识，不仅是海洋软实力的重要内容、海上力量发展的助推剂，更是实施海洋强国战略、实现中华民族伟大复兴的思想基础，对国家和民族发展有着持久而深远的影响。但遗憾的是，中华民族的海洋意识产生与发展过程坎坷，总体水平还比较低。

从海洋国土意识看，共青团中央曾对上海大学生做过一次抽样调查，90%以上的大学生认为中国的版图只有960多万平方千米的陆域国土。对部分的中学生进行了海洋知识的调查显示：有12%的学生说不出我国的四大岛屿其中的一个（我们的四大岛屿是台湾、海南、舟山、崇明岛）。2000年修建的中华世纪坛，它的地砖有960块，标志着中国960万平方千米的国土面积，但海洋国土没有显示出来，从一个侧面反映了中国国土总体意识的一个缺失。长期从事海洋研究的康建成教授在上海师范大学开设"全球环境问题"公选课。他说，目前选课大学生中只有不到10%能够说出中国主张海域面积为300多万平方千米，许多大学生不清楚领海、大陆架、专属经济区等海洋国土的基本概念。反观中国的邻国，韩国从幼儿园一直到大学都有系统的海洋观教育，其曾花9年时间、耗资1800万美元，在距离济州岛81海里，中国领海基点苏岩礁上建造了名为海洋科学观测平台，实为领海基点的人工建筑物，韩国为谋取海洋国土灌输给前来参观实习的中小学生。

---

① 赵宗金：《海洋环境意识研究纲要》，《中国海洋大学学报》（社会科学版）2011年第5期。

从海洋环境意识上看，情况也并不乐观多少。王力荔调查研究了大连市沿海公众的海洋环境意识，发现如下几个特点：（1）公众的海洋环境意识水平整体不高，对简单的海洋环境知识掌握较好，已经接受比较浅层次的有利于海洋环境保护的海洋环境观，但参与海洋环境保护的行动意愿较低，海洋知识、海洋环境观、保护海洋行动意愿的水平依次递减。（2）公众的海洋环境意识与性别、年龄、收入、职业等因素不存在相关性，但与文化程度存在正相关性，文化程度越高的人，海洋环境意识水平越高，但不同文化程度间海洋环境意识水平的差距不甚明显。（3）公众认为政府应该对海洋环境问题承担更多的责任，表现出强烈的政府依赖性。公众意识到解决海洋环境问题的根本途径在于提高人们的海洋环境意识，但对科学技术在解决海洋环境问题上的地位评价尚未达成共识。[1] 庚婧调查研究了青岛市大学生的海洋环境意识，总的研究发现是：青岛市大学生群体的海洋环境意识水平整体不高，海洋环境经验掌握情况一般；对海洋环境感知有基本的关注度和敏锐度，海洋环境感知情况较好；海洋环境情感中积极情感表现较强烈，向往美好的海洋环境；参与海洋环境保护经历较少且行动意向带有明显的偏向性[2]。

从以上的现实情况看，目前海洋意识的培育迫在眉睫。造成中国国民海洋意识淡薄的原因是多方面的。第一，相对富饶的陆地资源以及海洋开发与利用的高机会成本。地理环境和生存空间是海洋意识形成的舞台和背景。中华民族海洋意识产生与发展的坎坷与地理环境有直接的影响。中华民族发源于黄、淮、江三大水系的中下游流域，即古代的中原地区。这里地理形势独特，三面环山，一面临海，总体上构成了一个被高山大海所隔绝的封闭地理环境。它属于平原丘陵地域，地处暖温带，气候湿润温暖，土地肥沃，黄河和长江两条大河贯通东西，对农业和畜牧业发展极为有利，自给自足的自然经济得天独厚。资源可以说是影响一个国家或民族发展进程的重要因素，也是塑造一个民族文化的重要基

---

① 王力荔：《大连沿海公众海洋环境意识调查分析》，硕士学位论文，大连理工大学，2008年。

② 庚婧：《青岛市大学生海洋环境意识研究》，硕士学位论文，中国海洋大学，2013年。

础。斯塔夫里阿诺斯在其所著的享誉全球的《全球通史：从史前史到21世纪》中，就是遵循了一条"资源决定历史发展"的思路。中东地区之所以成为西方文明的发源地之一，一个显著的原因在于中东富含铁矿石，从而使得铁器的使用首先在中东遍及。① 中国古代汉民族居住的中原及长江中下游地带，气候温和，地势平坦，拥有华北平原和长江中下游平原两大平原，从而使得供养大量人口的粮食生产有了保障。这是中国能够实现自给自足的小农经济最为重要的基础因素，它使得历代的国家管理者在避免与海外交流的状况下，可以做到"丰衣足食"。长而久之，形成一种"重农、抑商"的文化氛围也就不足为奇。相反，欧洲"支离破碎"的版图，很难形成中国这样广袤肥沃的耕地，小块的耕地不足以支撑大量人口的粮食需求。② 在这种状况下，寻求对外贸易，尤其是海外贸易就成为欧洲国家生存和发展的重要策略，其形成海洋意识也是顺理成章的事情。

第二，某些历史时期的政府海洋行为障碍了海洋意识的形成和发展。政府海洋行为主要表现为执政者对于海洋战略地位的认识水准，以及能否做出正确的战略决策，并一以贯之地执行。政府海洋行为决定了民族海洋意识形成及发展趋势。历史上的海上强国之所以强大，都是政府（主要是最高统治者）高度重视海洋事业，并在其发展过程中都制定了合乎时代潮流且符合本国国情的海洋战略和海洋发展战略的结果。③ 封建政府对于海洋问题以及海洋邻国的"泛政治化"压抑了国民开发与利用海洋的热情。作为一个濒临海洋且有着相当长的时期处于世界文明前列的大国，中国封建政府长期把海洋问题以及与临海国家关系问题泛政治化，引以为豪的"郑和七下西洋"不为海洋经济发展、不为海洋科技进步，不为合作开发共赢，而是统治者为了彰显帝国的强大与繁荣，追求政治虚誉，朝贡式、施舍式、耀武扬威式的政治安排，缺

---

① ［美］L. S. 斯塔夫里阿诺斯：《全球通史：从史前史到21世纪》，吴象婴、梁赤民译，北京大学出版社2006年版。

② 娄成武、王刚：《论当代中国海洋文化价值观》，《上海行政学院学报》2013年第6期。

③ 张德华、冯梁：《中华民族海洋意识影响因素探析》，《世界经济与政治论坛》2009年第3期。

乏经济开发的、长远的经略海洋的战略意识。特别是明清统治者以"海禁"政策为指导，实行一系列极为严厉的法令，如规定片板不许下海，汉人不许出洋，已经造好的船都要封存，永禁华侨回国，出国的留学生都要全部召回等。这就等于封闭了人们走向海洋、进一步认识海洋的途径，进一步加固了守土观念，淡化了海洋意识和海权意识。

二　海洋价值取向需清晰界定

毫无疑问，中国是历史悠久、文化灿烂的文明古国之一，历史上所取得的辉煌成就令当代的中国引以为豪。但是回顾几千年的朝代变迁，却鲜有令中国引以为豪的海洋文明期。在各个历史朝代重视农业的文化传统中，我们的先人创造了灿烂的农业文明，并围绕着农业发展出了"三教九流"，却丝毫不见海洋工作者的影子。伟大的郑和七下西洋，留下了祖先海洋活动的"昙花一现"式的壮举，很快被后期的明朝统治者"海禁"的政策，切断了后续者海洋探索的欲望。究其原因，在中国传统的陆域发展中，中国并没有发展出体系完善、取向明确的海洋价值观。

海洋价值观是一种观念资源，海洋价值观念的重要性不言而喻，它是中国认识海洋的思想基础，其产生和发展反映了一个民族对海洋利益的依赖和对海上威胁的防范，是其对海洋的政治、经济、军事等战略价值的认识，以及对海洋与国家发展、国家利益和国家安全关系的考察。尽管海洋广袤丰饶，但是不可否认的是，人们长期过度开发、不合理利用，导致海洋环境不断恶化、海洋环境问题日益突出。海洋生态环境破坏的影响不仅直接危及当代人的利益，更对后代人生存与发展产生严重影响。面对持续恶化的海洋环境问题，我们需要审视并反思在海洋开发与利用中的得失，如果不善待自然、不敬畏自然，必然会受到自然的惩罚。人类只是包括海洋在内的地表生态系统中的一员，不在自然界之外，也不在自然界之上，而在自然界之中，鉴于人类社会发展过程的实践和未来发展的无限可能，人类目前所获取的信息和知识仅仅是自然界的沧海一粟。人们在信息不完全和追求个人理性最大化的原则下，难以平衡海洋开发与利用中的长期利益和短期利益。"人定胜天"只不过是在人类自己陷于困顿和无奈之际，让人们重拾挑战和征服自然的勇气、希望和信心的激励手段而已。工业化后的实践证明人类违背自然规律，破坏自然环境，终将会招致大自然的报复。在追求眼前利益、罔顾长远利益，忽视违背自然规律，对生态环境的肆意破坏已然威胁到人类更好地生存和发展的时候，是否应当收起对自然的狂妄，放弃对大自然进行掠夺式、破坏性征服，与自然和谐相处呢？

海洋价值观就是针对上述问题的哲学思考，它是指导人们建设海洋生态文明的思想基础。海洋价值观的选择和确认对于政策制定而言，起着基础与指导的作用。然而这些问题的答案我们无法从先人那里得到哪怕是一丁点的启示。塞缪尔·亨廷顿在其所著的《文明的冲突与世界秩序的重建》一书中，将世界文明划分为三大体系：其中一大体系就是以儒教和佛教为代表的东方文明。这一脉重要的东方文明中，却没有海洋文明的位置。追溯先秦诸子百家思想争鸣的成果，也未见关于人类与海洋关系的思想成果。即便是大明时期拥有世界上最大的船只和能够航行的最远的舰队，那也只是明朝统治者基于政治和国家强大实力的炫耀，那个时期，有关人们对于海洋的认识以及人与海洋关系的思考并未见值得关注的成果。缺乏统一的海洋价值观是造成中华人民共和国成立之后在各个海洋管理时期海洋核心利益取向飘忽不定的历史前提。进入 20 世纪 90 年代，中国政府海洋管理集中在两个目的上，其一在于可持续的开发与利用海洋。其二，在开发与利用的过程中，保护海洋环境。1999 年之后，国家海洋发展战略着重关注点集中在海洋权益维护上。从海洋开发与利益到海洋环境保护，再到海洋权益维护，中国不仅仅是缺乏国家海洋战略，更重要的是缺乏一致的海洋价值观念，没有一致的海洋价值观，则无法形成统一的海洋行动。虽然学者们提出"和谐海洋""和谐海洋社会"等概念，但其内涵并未清晰，也未获得一致的认同。在新的历史时期，有必要构建中国特色的海洋观，它可能是对中国传统文化中有关海洋思想的重新发掘和选择继承，也是对当代人关于海洋资源和环境开发利用行为的规范。

三 海洋文化理论体系有待建立

海洋文化存在于与海洋有关的哲学、政治、经济、宗教、艺术等社会生活的各个方面，表现为语言、思维习惯、文本符号、实体存在等诸要素。在海洋文化中批判性反思、构建和合文化的海洋哲学，有助于增强中国的文化软实力。① 从以上的定义看，海洋文化的本质就是人类与海洋的互动关系及其产物，如海洋民俗、海洋考古、海洋信仰与海洋有关的人文景观等都属于海洋文化的范畴。海洋软实力的影响力、渗透力和同化力主要是通过海洋文化来展现的。

从历史而言，海洋文化一直处于事实上的非主流地位。尽管部分研究已经表明，中国的传统文化中并不缺乏对海洋探知的精神，在某些海洋技术方面甚至领先于世界，但是海洋文化从来没有占据主流。② 如果从大陆性与海洋性二元结构的视野看待中国古代文明的多元体系，海洋文化无疑是中国古代文明不能缺少的半壁江山。但是，事实上中国古代文明的核心价值是建立在农耕文化基础上的大陆性文化，从商周秦汉到唐宋元明清，历代中央王朝政治之本都是大陆性文化，虽然海洋文化有过"市通则寇转而为商"的阶段性、局域性繁荣，③ 但其在整个中国古代文明（政治经济文化架构）中大多被不合理（显性或隐性）地置于附庸、边缘与地方性的位置。海洋文化在中国古代文明体系中事实上的"非主流"地位，反映在以王朝正史为核心的历史论述话语中。无论历数历朝正史，还是诸子百家，关于海洋的专著极为稀有，海洋文化历史发展中熠熠闪耀的贝壳和珍珠都隐藏于其他著作的字里行间。

从创造主体而言，总量缺乏。自古以来中国拥有幅员辽阔的海洋，但由于农业地位的挤兑、海洋捕捞的风险和变数以及以农耕文化为主体的传统文化的制约等原因，海洋产业被边缘化，直到 20 世纪 70 年代，中国没有纯粹的渔业，也没有健全的渔业体系。同时也没有纯粹的渔民，沿海地区的生产方式亦渔亦农，沿海居民既是渔民，也是农民，包括海岛上的居民，只要岛上有土，就有耕种。从渤海、黄海、东海直到南海的整个沿海地区，渔村和渔民分布带宽度平均不超过 5000 米。④ 群众是文化的重要创造主体，但就数量而言，已呈越来越少之势。

---

① 王宏海：《海洋文化的哲学批判——一种话语权的解读》，《新东方》2011 年第 2 期。
② 娄成武、王刚：《论当代中国海洋文化价值观》，《上海行政学院学报》2013 年第 6 期。
③ 吴春明：《"环中国海"海洋文化史的两个问题》，《闽商文化研究》2012 年第 1 期。
④ 傅广典：《海洋文化研究与海洋战略构建》，《民间文化论坛杂志》2013 年第 5 期。

就当前的研究主体而言，1995 年之后一些学者大力倡导并身体力行，一些高校和学术单位乃至政府部门和社会组织不断成立诸如"海洋文化研究""海洋历史文化研究""海洋经济文化研究"等综合性和诸如"徐福研究""妈祖研究""郑和研究""航海研究""海上丝绸之路研究""海商文化研究"等某一重要海洋人物事件或某一海洋文化区域、海洋文化遗产景观研究专门性的研究机构和研究团体，理论性研究和应用性研究成果众多，近年来更呈越来越热、遍地开花之势。但是，由于长期以来中国学术研究受制于过于细化的学科分野的局限，面对"海洋文化"的"海洋"（包括自然的海洋和人文的海洋）、"文化"（包括因缘于海洋而产生的特殊的文化和因缘于海洋与内陆的互动与融合而产生的一般的文化）的多学科内涵属性所必须"贯通"的庞大"百科"知识系统，学者们对"海洋文化"的整体、系统的"通观"性理论思考与研究阐述，大多浅尝辄止，望而却步；学者们"力所能及"的，大多是基于自己"所属"传统学科有限视域的拓展，对"海洋文化"方方面面的不同层面、不同"部门"性相关问题，做了大量诸如海洋意识、海洋观念、海洋历史（含海洋经济社会文化等广泛内涵）、海洋考古与遗产、海洋信仰、海洋民俗、海洋社会、海洋景观、海洋文学艺术、海洋节会旅游等较具体、微观、案例性理论分析或实证考察，尽管已有少量"通观"性"概论""基础理论"研究成果问世，显然尚是初步探索，距离全面、深入、系统的理论建构需求尚远。也就是说，截至目前，学界对于中国海洋文化系统理论的整体研究和认知把握，至今尚是空白。王宏海研究了二十年来发表在中国知网上的海洋文化研究成果，包括了 2011 年之前 20 年所有有关海洋文化的报道，结论是：关于海洋文化的研究论文主要集中在 2005 年之后，中国目前海洋文化的研究还没有形成核心话语以及成熟的理论体系。①

从区域性而言，海洋文化的地域性差异难以形成强大的影响合力。中国南北方海洋文化相去甚远。在祭海仪式上，南北差异更大，如山东海阳农历正月十三，在港口码头举办传统民俗——祭海仪式，现场杀猪祭拜海神，祈祷在新的一年里海产丰富，人船平安。在广州一些地市是

---

① 王宏海：《海洋文化的哲学批判———一种话语权的解读》，《新东方》2011 年第 2 期。

每年 7 月举办开渔节祭海，主要有祭海仪式、开船仪式、妈祖巡安仪式等。祭海的理念已经从原来的核心——祈福变身为"保护海洋、感恩海洋"，一些开渔节商业气息浓烈，已经成为商品博览会、企业招商会。即使中国形成完整的海洋文化内容以及文化传播体系，接受者也仅仅是东部沿海区域的人群，随着沿海渔业资源的急剧减少以及东部沿海区域的开发，这部分的人群数量逐渐在减少。中西部人群远离海洋生活，即使海洋文化再具有吸引力，也难以改变陆域生活的痕迹。因此从海洋文化的参与和创造主体上来说，人数越来越少。随着出海从事渔业、运输业人数的减少，人们在某些时节，如开海、春节等重要日子依然会举办祭海仪式，但是祭海仪式越来越像仪式，而不是一种信仰，缺乏信仰的祭海仪式随着社会的变迁会很快变异或者消亡。

从海洋文化的建设而言，在一些著名互联网厂商的视频库里，如优酷、百度视频等以海洋关键字为题材的电影与电视剧为数极少，《走进海洋》是 2011 年 12 月公开发行的唯一论及海洋文化的国产电视剧，英文版本也未曾发现。截至 2020 年 8 月，中国海洋大学建设的"海洋文库"收藏了 20 世纪 90 年代以后中国出版的几乎全部的海洋类图书，共 7400 余册，其中几乎没有英文版本。自 2001 年厦门大学王荣国博士发表了第一篇以"海洋文化"为主题的博士论文以来，知网的数据显示只有 502 篇博硕论文，被引用的次数全部加起来不过区区数百次，其影响力微乎其微。仅有的海洋文化网站——"中国海洋文化在线"，对中国沿海地区的海防文化、祭祀文化、开渔节、航海日等与海洋文化相关的关键字进行了一些介绍，从以上不完全统计的资料看，中国海洋文化的建设与传播依然任重道远。

如何在已有的基础上建构中国海洋文化理论体系，以中国话语、本土理论、本位立场建构中国海洋文化的整体谱系，通过多学科交叉的整体化、立体化揭示中国海洋文化的"中国特色""中国模式"及其系统功能价值，系统阐明在当代国际海洋发展的激烈竞争和国家海洋强国战略中应该如何促进海洋文化的健康繁荣，发挥中国海洋文化在海洋和谐社会、海洋和平世界秩序中的作用，已成为中国作为世界海洋大国无论是国家层面提升海洋软实力还是社会层面提升国民素质的迫切需要。

第 五 章

典型沿海国家提升海洋软实力的
经验与启示

　　海洋在历史上大国的崛起中，都起着重要的作用。三面环海的美国、四面环海的日本以及北欧强国挪威，在其发展、崛起的进程中，海洋的作用尤为重要。海洋在大国崛起中所起的作用，不仅体现在海上军事力量、通商贸易能力、海洋科技力量等硬实力的强大上，同时也表现在海洋发展规划、海洋智库培养、社会的海洋发展模式建设、海洋科技人才培育等软实力的积累上。全球化时代的到来，使得海洋对国家的重要性，比以往任何时候都更为突出。研究中国海洋软实力的发展路径，需要关注美国、日本、挪威等依靠海洋崛起并仍在不断致力于海洋事业建设的海洋大国所进行的海洋软实力建设。

第一节　美国海洋软实力的实践及其经验

　　美国作为当今世界上的头号强国，三面环海的地缘优势决定了海洋在美国发展历程中必然拥有重要的地位。美国的海洋发展经历了从陆权大国到海权大国、海权强国以及综合性海洋强国的变迁。当今美国的海洋强国地位表明美国的海洋发展是全方位的，其中包括美国海洋"硬实力"和"软实力"的全面发展与综合运用，具体而言政治层面包括国家海洋发展战略和发展规划的颁布与实施以及各级政府的海洋管理体制的建立；经济层面包括海洋经济的发展以及海洋经济与海洋环境保护的协调；军事层面包括美国海军和海岸警卫队在内的海上力量建设；以及海洋科技、海洋教育、海洋文化和海洋意识等方面的重视与投入，这些

都为美国作为世界上的海洋强国奠定了基础。对美国海洋发展进程中的
"海洋软实力"建设及其对美国海洋发展的作用进行考察,对于中国建
设海洋强国、实现和平崛起有重要的参考意义。

一　美国海权的发展历程

美国是目前全世界首屈一指的海洋强国,这是因为其在海权发展的
过程中占尽"地利、天时、人和"。

(一)地利:美国天生就是一个海洋大国

古希腊哲学家亚里士多德认为,人类与其所处的环境密不可分,既
要受到地理环境的影响,也要受到政治制度的影响。靠近海洋会激发商
业活动,而希腊城邦国家的基础就是商业活动。温和的气候会对国民性
格的形成、人的智力与活动精力的发展产生积极的影响。美国海权论的
创始人马汉在其名著《海权对历史的影响 1660—1783》一书中,对于
自然地理环境对海权的影响有非常深入的描述。他认为影响一个国家海
上实力的要素有六项,其中前三项地理位置、形态构成和领土范围所涉
及的都是一个国家所处的海洋自然地理环境。[①] 马汉认为,美国人关于
自身与外部世界关系的想法与政策正逐渐发生变化,尽管美国的丰富资
源使其出口额能维持在一个较高的水平,但这种局面存在的原因更多地
在于大自然对美国极为丰富的馈赠而不是其他国家对美国制造业的特别
需求。美国与外部世界关系的态度变化中,值得注意的是美国把目光转
向外部而不仅仅投向内部,以谋求国家的福利。

马汉在某种程度上是地利决定论者。的确,从地缘政治的角度来
看,美国注定是一个海洋大国。美国所处的地理位置决定了美国必须承
担起对于外部世界的使命。美国的海洋地理环境在此与海权论相融合,
马汉对于美国海权发展步骤的思考虽然从一开始就超越了美国本土,从
地缘战略出发要求美国在夏威夷群岛、中美洲地峡和加勒比海三个地区
实行扩张,然而这都是基于美国所处的海洋地理环境。

首先,从地理位置来看,美国东部辽阔的大西洋和西部浩瀚的太平

---

① ［美］马汉:《海权论》,萧伟中、梅然译,中国言实出版社 1997 年版,第 29—
58 页。

洋将其与欧洲诸强和人口稠密、动荡不安的亚洲东部地区有效地分隔开来，进而使其得以长期远离错综复杂的矛盾与斗争，抵消了其他地区的不确定影响。美国不仅地处大西洋和太平洋之间，而且面临墨西哥湾和加勒比海。因此美国实际上是一个三面环海的国家。美国优越的海洋地理环境为美国由传统的海洋国家发展成为当今称霸全球的海洋强国创造了条件。海洋在美国的发展过程中具有很重要的地位，美国的政治、经济和社会发展，都离不开海洋。海岸线长达 12283 法定海里的美国，有近75%的人口居住在邻接海洋与大湖的各州，而且几乎一半的都市都与大海相邻。

其次，从周边环境来看，美国的陆地边界只与加拿大和墨西哥两个邻国相接壤。其中，北部边界的加拿大受限于地理位置的较高纬度，国土大面积处于封冻状态，人口则多集中在与美国紧邻的南部狭长地区，其无论是在国家规模方面还是在发展速度与潜力方面显然都无法与美国相提并论，甚至在一定程度上，加拿大的生存进步是以美国的强健与否为直接前提的。而南部边界的墨西哥虽然有着密集的人口，但该国社会发展程度极为落后、长期动荡不安且自顾不暇，其无意也无力与美国发生任何形式的对抗。因而，与美国相邻的两支陆上力量显然对美国的安全构不成任何威胁，美国的陆上利益也一般不会对这两国产生兴趣。此种南北近邻皆弱旅的特点意味着西进运动后的美国既用不着被迫在陆地上奋起自卫，也不会被引诱通过陆地进行领土扩张，故而其国家战略的海洋方向性就显得十分突出，其海上力量的优先发展也便具备了良好的先天条件。总而言之，美国独特的地理位置使得美国呈现出与英国等国极其相似的"海洋岛国"属性，而类似"海岛性"的自然或政治地理状况对于一个海权国家来说无疑有着极为重要的意义。

最后，从国土结构来看，美国是世界上领土面积最为广袤的国家之一，拥有着远超一般陆地国家的国土覆盖面，其境内广布宽大的平原、纵横的河道以及一望无际的山地，这样的国土构成状况，不仅为美国提供了用于发展工业、制造业的丰富自然资源，而且也为美国提供了宽阔的战略纵深和繁殖强大劳动力的潜在可能。如此一来，美国"海洋岛国"的地理特征便有了"陆域国家"的另一重属性，这种陆域国属性是一般的海岛国家所永远不可能具备的，它大大加强了美国发展海权的可持续性与抗挫力。可以说，美国是全球少有的具备"陆域岛国"特性的国家，而这一内在特性则是美国海权长期发展且得以持续不败的自然基石。①

尽管地理上的临近和丰富的资源赋予了美国某些固有的巨大优势，但这些优势来自美国天然的禀赋而不是睿智的准备，无论就事实还是意图而言，美国还是无法在加勒比海和中美洲发挥与其在该地区的利益规模相匹配的影响。但幸运的是，上帝给了美国如此有利的地理环境的同时，还给了美国几次难得的时机，让美国得以逐渐成长壮大，最后称霸世界。

（二）天时：美国抓住了任何一个成长的机会

美国作为一个移民国家，最早的欧洲移民也是通过海洋抵达美洲大陆，随后的独立、发展与崛起，也与其海洋管理及其海上力量的发展密不可分。美国的海洋发展历程大致经历了三个阶段。

1. 海上崛起的准备期：建国之初至第一次世界大战前

尽管在美国建国之后相当长的一段时期内，海洋在美国的未来发展中并未显示出其海上强国的特征，但利用海洋以及发展海军进行本土防卫的理念却在独立战争时期早已有之。最初，美国对海洋的利用是基于"海防"的理念，基于当时外敌从海上对美国构成的威胁，美国在独立之后的主要任务就是加强美国本土的建设和增强国力，同时抵御来自海上的威胁。其中最为明显的体现就是美国首任总统华盛顿在卸任之际发表的国情咨文中明确提到"不要把美国的命运与欧洲纠缠在一起"，因此，海洋在美国建国初期的主要任务就是防止其他海上强国的入侵、保护美国的海上贸易等，其海洋战略就是守土保交和袭击商船。

为加强海防，在1794年，美国国会通过法案，成立了一个包括炮手和工程师在内的委员会，研究美国海岸的防卫体系。经过考察，选取了21个地点建立炮台，这一时期所建立的炮台即构成了美国海防的"第一代海防系统"。由于资金和技术的匮乏，美国的第一代防御系统建造过程相当缓慢，至1812年第二次英美战争之际也未能完成。1802

①　李云鹏：《美国海权形成的要素禀赋分析》，《佳木斯大学社会科学学报》2013年第2期。

年，由美国国会选派的炮手和工程师组成的委员会中的工程师们，指令他们在纽约州的西点地区创办军事学校，即西点军校，以摆脱对欧洲工程师的依赖。1807—1808 年，在杰斐逊总统的号召下，美国又开始建造第二代海防系统。尽管在第二次英美战争之际，这些海防系统还在建设之中，但它们在有效抵御英军入侵方面起到了很大的作用。①

1812 年进行的第二次英美战争之后，为打破英国海军对美国沿海的封锁、保卫美国的海疆、袭击英国海军及其海上贸易，美国建立了常备海军，这对美国的获胜有重要贡献。时任美国众议院议长的海恩认为："加强海军不但是对美国最安全的防卫手段，而且是最便宜的防卫手段。"② 这样一种基于海洋防卫的战略在此后的美国总统政策中得以延续。1824 年，门罗总统与海军部长就海军舰队的状况和学说向国会递交报告，提出了"战时的伟大目标是将敌人阻止于海岸上"的论断，从而将美国海上安全定格在"最好的防御就是防御"。这标志着美国"守土保交"思想的诞生。③ 甚至到 1861—1865 年的美国南北战争期间，美国还奉行"守土保交"的思想，即把海洋看成是美国的"护城河"，通过海洋将美国与海外列强隔开，从而实现美国的国家安全。

至 19 世纪末，随着美国经济实力的增长以及美国与世界其他海上强国力量对比优势的显现，美国逐渐放弃"孤立主义"的政策，开始向海外扩张。在海外进行扩张和对海外利益的保护，首先必须拥有强大的海军。在海军方面，19 世纪 90 年代担任美国海军部长的本杰明·特雷西特别重视海洋对于美国未来发展的作用，他曾经这样说道："海洋将是未来霸主的宝座，像太阳必然要升起那样，我们一定要确确实实地统治海洋。"④ 他在 1889—1890 年度报告中也详细阐述了关于"控制海洋的主动性"和"战列舰建造"的观点。他说："美国的防御绝对需要一支作战武装，我们必须有一支战列舰队伍，这样的话才能击退敌人舰

---

① Mark A. Berhow, *American Seacoast Defense*: *A Reference Guide*, Coast Defense Study Group Press, 2004.

② 杨金森：《中国海洋战略研究文集》，海洋出版社 2006 年版，第 208 页。

③ 张炜、冯梁：《国家海上安全》，海潮出版社 2008 年版，第 174 页。

④ ［美］阿伦·米利特、彼得·马斯洛斯金：《美国军事史》，张淑静等译，军事科学出版社 1989 年版，第 255—256 页。

队的攻击。"① 当时美国的参议员马西克也对美国的海军建设进行鼓吹，他反问道："世界上哪有作为一等强国而无海军之理。"参议员巴特勒主张美国应当放弃传统的贸易掠夺的海上战略，采取建立远洋舰队作战的现代海上战略。② 1890 年，美国国会也通过了《海军法案》，授权建立一支具有远洋深海作战能力的海军。

　　几乎就在同一时代，美国著名的海军理论家和历史学家、美国海权之父阿尔弗雷德·马汉提出了海权论，这为美国加强海洋力量建设提供了理论基础。马汉通过对英国与欧洲其他列强海战历史的研究，认为海权是战争中的决定性因素，控制海洋、掌握海权是海岛国家强盛和经济繁荣的关键所在。他认为，海洋的机动性是国家权力的重要组成部分，由于海洋的自由通达特性，控制了海洋就意味着国家在国际政治斗争中获得了重要的权力。海权的争夺突出地表现在海军的较量上，而对海上贸易航线的控制，则成为实现国家利益至关重要的因素。③ "合理地使用和控制海洋，只是用以积累财富的商品交换环节中的一环，但是它却是中心的环节，谁掌握了海权，就可以强迫其他国家向其缴纳特别税，并且历史似乎已经证明，它是使国家致富的最行之有效的办法。"④ 马汉曾经担任美国总统西奥多·罗斯福的海军顾问，马汉关于海权以及海军战略的思想深得罗斯福总统的赞赏。马汉的思想为美国建设海上强国、实施海洋战略打下了理论基础。

　　2. 海洋强国的崛起：第一次世界大战至 20 世纪 40 年代

　　第一次世界大战是美国海洋发展的重要契机，在第一次世界大战之前，美国已经确立了其经济领域的世界领先地位，而在这一时期，美国海上力量的发展也经过了初步的储备期，在理论上以及实践中都已经为美国建设海上强国、实施海洋发展战略提供了良好的基础。在马汉思想的影响下，1890 年，美国国会通过了《海军法案》大规模发展海军，美国的海军实力很快由世界第 12 位上升到世界第 3 位，仅次于英、法

---

　　① 刘娟：《从陆权大国向海权大国的转变——试论美国海权战略的确立与强国地位的初步形成》，《武汉大学学报》（人文科学版）2010 年第 1 期。

　　② 陈海宏：《美国军事史纲》，长征出版社 1991 年版，第 173 页。

　　③ 曹云华、李昌新：《美国崛起中的海权因素初探》，《当代亚太》2006 年第 5 期。

　　④ ［美］马汉：《海军战略》，商务印书馆 2003 年版，第 7 页。

两国。由于对海洋发展以及海军力量的重视，美国凭借第一次世界大战的契机，大力发展与扩充海军，实施海洋扩张战略。1916 年，美国通过《大海军法案》，在这一时期美国各界包括工农业界、学术界、金融界等大都支持海军扩建和备战，美国的海洋扩展战略得到了从政府到国会、从总统到民众上上下下的支持，[①] 这些都为美国建设海洋强国在军事上奠定了坚实的基础。

美国是第一次世界大战的"大赢家"，这不仅体现在美国与传统欧洲强国在经济方面的力量对比中占绝对优势，单就海上力量增长方面，英国的海上力量在第一次世界大战受到重创并开始衰落，美国在第一次世界大战期间其海军的活动遍及世界各个大洋和重要水域，至第一次世界大战结束时，美国海军部长甚至宣布"美国海洋战略家们所期待的两洋舰队的梦想——即在大西洋和太平洋各拥有一支强大舰队——已经成为现实"。美国在第一次世界大战之后，已经拥有 16 艘"无畏"级一线战列舰，装备的都是当时最先进的设备和武器，并且服役年龄均不超过 8 年，当时的另一海洋强国英国的舰只尽管在数量上比美国多，但大多是老式的，缺少现代火炮控制系统等。依据 1916 年美国制订的造舰计划，美国的新型主力舰的数量将达到 35 艘。[②] 因此，依据舰队这一重要海上力量的指标考察，美国已经可以与英国平起平坐，并拉大了同其他国家海上力量的距离。

如果说第一次世界大战是美国追赶一流海上强国的机会，那么第二次世界大战则是美国超越其他海上强国的机会。第二次世界大战之际，美国利用太平洋战争的机会，将本国在海上的势力范围扩展到了西太平洋；通过与英国的租借法案，将力量深入大英帝国传统的势力范围之中；通过参与惨烈的欧洲战争，为掌握战后欧洲的命运打下了基础。[③]至第二次世界大战结束之后，美国不仅在经济上成为世界的一流强国，其海上力量也远远超过了英国，成为世界上最强大的海上强国。

① 胡德坤、刘娟：《从海权大国向海权强国的转变——浅析第一次世界大战时期的美国海洋战略》，《武汉大学学报》（哲学社会科学版）2010 年第 4 期。

② E. B. Potter, *Sea Power: A Naval History*, Englewood Cliffs, N. J. Prentice Hall, Inc. 1960, p.479.

③ 冯梁：《中国的和平发展与海上安全环境》，世界知识出版社 2010 年版，第 20 页。

3. 综合性海洋强国地位的确立：20 世纪 50 年代至今

至 20 世纪 50 年代，美国海洋的发展不仅仅体现在海上军事力量建设方面，也体现在海洋管理、海洋经济、海洋科技、海洋文化、海洋教育等多个方面的立体化、全方位发展，因而更具有综合性。由于在这一时期美国对海洋的认识发生的变化，传统认为海洋作为海上交通的公共通道、隐蔽战略武器的基地等作用，仅仅是海洋的间接性作用；而海洋作为可持续发展资源宝贵财富的作用，则更为重要。这体现在 1969 年美国海洋科学、能源和资源委员会发布并由总统签署的题为《我们的国家与海洋：国家行动计划》(*Our Nation and the Sea：A Plan for National Action*) 的报告中。[①] 报告对海洋在国家安全中的作用、海洋资源对经济发展的贡献、保护海洋环境和资源的重要性等方面，都进行了深入的探讨，并提出了几个重要的主题：首先，它号召要全面实现国家海洋和海岸带资源的效益，需要集中联邦政府的海洋工作，倡导建立民用海洋和大气机构来承担实现海洋有效利用所需要的所有活动；其次，报告认为亟须协调一致地来计划和管理国家的沿海地区，建议加大研究力量，成立海岸带管理的联邦—州层面的项目；最后，报告进一步强调，在联邦和州级政府层面都需要扩展海洋科学、技术和工程的课程设置，以促进美国海洋教育的发展。[②]

进入 21 世纪以来，美国的海洋发展政策具有一定的连续性与变革性。21 世纪美国海洋政策的主要变革就是在海洋发展战略方面加强了对海洋安全的重视，并且对战略性海洋资源的争夺、海上通道的维护方面的能力也采取了进一步加强的措施。2005 年美国发布了《国家海上安全战略》白皮书，这是美国在国家安全层面上提出的第一个海上安全战略。[③] 该白皮书认为，美国海上安全战略的基本目标包括阻止恐怖主义袭击、犯罪和敌对行动，保护滨海人口中心和与海洋有关的重要基础设施，把海洋领域因袭击导致的损害减少到最低限度并迅速恢复，保护

---

① US Commission on Marine Science, *Engineering and Resources：Our Nation and the Sea：A Plan for National Action*, Washington D. C. : US Government Printing Office, 1969.

② Biliana Cicin – Sain and Robert W. Knecht, *The Future of U. S. Ocean Policy：Choices for the New Century*, Island Press, 2000, pp. 46 – 47.

③ 冯梁：《中国的和平发展与海上安全环境》，世界知识出版社 2010 年版，第 22 页。

海洋及资源免遭非法开采和蓄意破坏。从白皮书中可以看出，在21世纪美国海洋安全方面关注的重点在反对恐怖主义袭击，并且提出"21世纪海军力量转型图"，以强势的海军力量来维持美国的霸权。另外，在21世纪，美国还相继提出包括海洋在内的"全球公域"理论。依照美国《国家安全战略报告》，全球公域是"不为任何一个国家所支配而所有国家的安全与繁荣所依赖的领域或区域"，① 是美国国家安全战略的重要目标。海上安全也是美国"全球公域安全问题"的主要内容之一，其中巴拿马运河、苏伊士运河等6个海上通道是全球海上公域安全的核心。全球公域理论的提出，意在让新兴国家分担责任的同时，继续承认美国领导其所建立的国际制度和维护美国的全球领导者地位。②

（三）人和：国民特性与得力的政府政策

毫不夸张地说，上帝给了美国一副好牌，而美国人民和政府也将这手牌打得非常精彩。在马汉的理论中，除了地理因素之外，人口数量、国民品性和政府政策也是一国海权发展的要素，美国在发展海权的过程中也无疑兼具了这三点。

首先，从人口数量上来说，截至2018年美国人口已经达到3.27亿人。美国人口普查局2008年8月预测，美国人口在2039年将超过4亿人，2050年达到4.39亿人。美国人口增长主要来自移民及移民的出生率，占增加人口的82%。据联合国统计，美国拥有全球20%的移民。在1990—2005年，美国吸引了全球新移民的75%，即1500万人。③ 美国是发达国家中唯一一个人口正在增长的国家。

其次，从国民品性上来说，美国是一个移民国家，99%以上的美国人都是移民和移民后裔，全球各地的移民团体共同塑造了美国社会复杂多元的族群特性。进一步说，来自世界各地具有不同文化背景、种族地域属性的人们，纷纷抛开了旧有出生地社会的传统束缚来到美国，并将

---

① The White House, National Security Strategy of the United States (2010), available at: http://www.whitehouse.gov/sites/default/files/rss_viewer/national_security_strategy.pdf, Accessed on January 10, 2013.

② 王义桅：《美国宣扬"全球公域"有何用心?》，《文汇报》2011年12月27日第5版。

③ 楚树龙、方力维：《美国人口状况的发展变化及其影响》，《美国研究》2009年第4期。

这一片崭新且神奇的土地作为追梦之地,重新规划着自己的人生理想和人生追求,因而,美国的广大移民总体显现出了一种不可阻挡的朝气活力、勃勃生气和不断探索未知领域无畏的冒险主义精神。美国新兴移民社会及其多元文化聚合、族群交融的自然属性也使其对新生事物的探索少有禁忌且对这种情况的出现饶有兴趣,在最深层推动着美国不断迈出探索海洋、发展海权的有力步伐。

再次,美国历史上源源不断地涌现出来一批又一批杰出人物,他们带领美国这艘巨轮向前出发,在每次出现危险的时候,又奋力把它拉回正确的航道上来。高超的教育水平和开放的移民政策给美国供应了许多政治、军事、思想、战略大师,如海权理论的创始人马汉、新自由主义者威尔逊、现实主义大师摩根索以及当代新自由制度主义的代表者约瑟夫·奈等。这些杰出人物的持续涌现为美国带来了巨大的精神智慧财富,而这些财富则成为美国持续有力推进海洋战略进而实现跨越式发展的重要珍贵资源。

最后,美国政府善于运用这些巨大的资源宝库,将这些大师的理论成果转化为实践中的国家战略。美国人民也具备了团结一致的精神状态和进取性十足的信心,此种景象的出现为美国接下来最大限度地凝聚力量、发展跨洋海权继而施展全球抱负提供了坚实的基础。美国人民和政府开始向海洋垦殖,逐渐走向海洋,将美国的经济利益扩展到全世界,同时也将美国的政治利益扩展到全世界。而经济利益延伸到哪里,美国的海军就开到哪里。这使得美国成为一个利益覆盖全球四大洋的超级海上强国。

二 美国海洋软实力发展的"硬实力资源"基础

美国的海洋发展过程是在结合其自身固有的地理位置等得天独厚的优势基础上,综合运用海洋软实力与海洋硬实力的结果。美国海洋软实力的发展,同样也要以硬实力为基础,硬实力资源为美国海洋软实力提供了十分强大的保障力量,这主要体现在以下几个方面。

(一)综合国力的增长是美国海洋软实力发展的物质基础

当1776年7月4日英属13个殖民地联合宣布脱离大英帝国而独立

的时候，美国不过是一个由 13 个独立小邦组成的松散联合体。1789 年联邦政府成立时，美国还是一个处于世界边缘、对国际局势没有什么影响的弱小农业国。彼时美国人口只有 400 万人，领土面积 90 万平方英里，而且刚刚开始"共和试验"。南北战争之后，美国的工业发展进入了迅猛发展的时期。到 1890 年，美国人口增至 6300 万人，领土面积增至 360 万平方英里，已经完成工业化，由农业国变成了工业国，其国内生产总值的总量远远超出英国，成为名副其实的世界第一大经济体。在这一时期，工业成为美国国民经济的主要产业，重工业在工业中占主导地位，基本上能够满足国民经济各部门技术装备的需要。至第一次世界大战前夕，美国工业生产的优势地位更为显著，在整个世界工业产值中占 38%，超过了英国（14%）、德国（16%）、法国（6%）和日本（1%）四个国家工业产值之和。到 1905 年，美国的人均收入也超过了英国，并把德国和法国远远甩在后面。如表 5 - 1 所示：

表 5 - 1　　　1872—1918 年欧美主要国家的人均国内生产总值

（按 1990 年美元币值计算，单位：美元）

	国家			
	美国	英国	德国	法国
1872	2254	3319	1931	2078
1890	3392	4009	2428	2376
1898	3780	4428	2848	2760
1905	4642	4520	3104	2894
1913	5301	4921	3648	3485
1918	5659	5459	2983	2396

资料来源：Augus Maddison, The World Economy, Vol. 2, Historical Statistics（Paris: Development Center of The Organization for Economic Cooperation and Development, 2006）, pp. 438 - 439, 465 - 466。

在第一次世界大战期间，美国远离欧洲战场，通过战争期间与交战国的军火生意，获取了 380 亿美元的巨额利润，美国的经济实力进一步增强。到 1918 年也就是第一次世界大战结束之时，美国国内生产总值的总量比英、德、法三国的国内生产总值总和还要多。第一次世界大战不仅削弱了曾经主导世界事务长达几个世纪的欧洲列强的实力，也沉重地打击了欧洲的自信心。而美国在战争中展现的巨大实力，特别是横跨大西洋投放军队的能力和战时工业生产能力震骇了欧洲。战争结束时，西欧大陆废墟成片，特别是法国和比利时遭到巨大破坏，整个欧洲都在等待美国的救助。①

第二次世界大战的爆发给美国带来了更大的发展契机。战后，欧洲大部分国家受到战争的蹂躏而精疲力竭，美国则一枝独秀。美国在太平洋上彻底打败了日本，在大西洋上彻底超过了英国，成为可以横行两洋的海上霸主。美国在战场上的优良表现与其国内巨大的经济能量相辅相成。以太平洋战场为例，太平洋战争第一年双方损失都很大，美国丧失了约40%的主力舰，日本丧失了约30%。美国大规模的舰船建造项目很快弥补了损失，并建造了更多的战舰，但日本连丧失的部分都无力弥补。1943年日本建造了3艘航母，而美国却建造了22艘。同年日本的飞机产量也只有美国的20%。日本由于资源短缺，极度依赖外来战略物资。因此，商船被击沉就意味着这些战略物资的丧失。罗斯福曾说，"日本输掉太平洋战争的时间是它的商船队的损失大于其所能替代的能力的时候"。按此说法，这个时间应该是1944年春，从新加坡到日本的航线被切断的时候。从那以后，"日本帝国及其战争机器走向土崩瓦解"。② 至1945年，美国控制了资本主义世界石油资源的46.3%，占据了铜矿资源的50%—60%。美国不仅从供应军火和战略物资中获取了1500亿美元的利润，而且在全球建立了近500个军事基地。美国经济的发展以及与其他国家之间的比较优势，使美国拥有了巨大的经济实力，从而为第二次世界大战之后美国跨越海洋、建立和推行全球性的经济和军事政策，打下了坚实的基础。

经过第二次世界大战，战败国德国、意大利、日本的经济完全被破坏；英、法等战胜国经济实力大大被削弱；苏联在战争中做出了巨大贡献，也付出了巨大代价；唯独美国经济在战争中不仅未受到破坏，反而

---

① 王立新：《踌躇的霸权：美国获得世界领导地位的曲折历程》，《美国研究》2015年第1期。

② 卜秀瑜：《二战期间美国世界海权霸主地位的确立》，《山西大学学报》（哲学社会科学版）2013年第4期。

大大地膨胀起来。美国经济在战后初期具有绝对优势。1948 年在资本主义世界中，美国的工业生产总值占 56.6%，出口贸易占 32.5%，黄金储备占 74.6%，是世界最大的资本输出国，纽约成为世界唯一的金融中心。到 70 年代，世界经济向多极化方向发展，但美国仍然是资本主义世界的头把交椅。冷战结束后，逐渐形成了"一超多强"的国际局面，美国除个别年份被日本赶超外一直是世界第一大经济体。2015 年，美国的 GDP 约为 16 万亿美元，是中国的 1.6 倍。

美国不仅在 20 世纪初期就具备了傲人的经济实力，而且这种实力随着时间发展依然保持着旺盛的生命力，其巨大的经济总量和经济活力，为海洋软实力的发展提供了最基本的物质基础。

（二）强大海军及海军外交活动的开展为海洋软实力提供保障

美国海洋事业的发展，尤其是美国具有全球影响力的海洋力量的发展，与美国强大的海军力量的发展是密不可分的。在 2007 年美国海军和美国海岸警卫队联合发布的《面向 21 世纪海上合作战略》的报告中明确指出："美国武装力量无与匹敌的实力，在任何时候可以向世界上任何地方投送兵力的能力，维护着世界上最为重要战略要地的和平。"[1] 美国拥有目前世界上最为庞大的海军舰只，其海军舰只的吨位比排在其后的 17 国海军舰只吨位之和还要大。[2] 美国舰只不仅数量庞大，武器装备也是世界一流，这使美国的海上力量保持了较之其他国家的压倒性的优势。

从上文所述的美国海洋发展历程中我们知道，美国海军的大发展是在 20 世纪之后，尤其是第二次世界大战期间。在战时的欧洲战场以及太平洋战场，都可以见到美国的舰只，这对美国赢得第二次世界大战的胜利起到了决定性的作用。在随后的冷战中，美国海军也成为美国对抗苏联进行核威慑和全球对抗的重要力量。冷战结束之后，美国为维持其遍布全球的海外利益，继续加强海军力量的建设，在 2005 年提出了未

---

[1] US Navy and US Coast Guard, *A Cooperative Strategy for the 21st Century Seapower*, October 2007, available at: http://www.navy.mil/maritime/maritimestrategy.pdf, accessed on January 2, 2013.

[2] Robert O. Work, *Winning the Race: A Naval Fleet Platform Architecture for Enduring Maritime Supremacy*, Center for Strategic and Budgetary Assessments, 2005.

来 30 年海军造舰计划，据此计划，至 2010 年，每年建造一艘驱逐舰；至 2020 年，每年建造 1.4 艘驱逐舰；到 2035 年，美国海军舰队规模达到 260—325 艘。[①]

　　美国强大的海军以及遍布世界重要地区的海外军事基地，使美国有能力将力量投射到全球各大海域之中，参与和平维护和区域战争，这在美国外交和防御政策中起到了重要的作用。美国强大的海军也保障了美国拥有良好的海上安全环境，推动了美国国内商品的出口，保护了美国的海外经济利益，而且扩大了美国政治影响力。[②] 海军外交也是海军发挥影响力的重要方式，海军外交一般的方式包括军舰访问、海军援助、任务访问和特定友好访问等。军舰访问是一种常见的海军外交形式，可以拉近两个国家军人的距离，使两个国家的军人进行互动，有利于相互了解，促进两国的友好关系。

　　海军的力量不仅仅体现在其硬实力的方面，在软实力方面的"海军外交"对于国家的发展也拥有重要的作用。马汉在《海军战略》一书中认为，外交政策和（海军）战略是一对，两者密不可分，指出海军是国家对外政策的实力支柱，海军战略为国家的外交政策服务；强大的海军舰队是国家外交政策的现实基石。在马汉看来，在国际事务中海军舰队是"一种较为常用的起威慑作用的因素"。[③] 美国强大的海军在为维护美国国家利益提供基础保障的同时，在维护与提升美国海洋软实力方面也发挥了很大的作用。近年来，美国海军经常参与国际人道主义援助行动，其中包括派出航空母舰，参加海地地震的救援以及赴菲律宾、印度尼西亚等国家进行救援行动，美国凭借雄厚的海军力量快速反应，派遣灾难救助评估小组到灾区进行抢险救灾、维护秩序、运送物资、参与灾后重建等，体现了美军较高的军事素养和动员能力。在参与国际人道主义援助的时候，积极主动地进行军事外交，推广美国的价值观并进行军事文化渗透，"全天候"地散播美国的海洋软实力。

---

　　① Ronald O'Rourke, Potential Navy Force Structure and Shipbuilding Plans: Background and Issues for Congress, 2005, available at: http://www.ndu.edu/library/docs/crs/crs_ rl32665_ 25may05.pdf, Accessed on January 8, 2013.

　　② 曹云华、李昌新：《美国崛起中的海权因素初探》，《当代亚太》2006 年第 5 期。

　　③ 张启良：《海军外交论》，军事科学出版社 2011 年版，第 23—24 页。

（三）领先的海洋科技与教育是美国海洋软实力发展的动力之源

美国作为一个海洋大国，其海洋科技发展与海洋管理一直处于世界领先地位。"科学技术是第一生产力"，美国领先的海洋科技为其海洋发展提供了力量支撑与不竭的动力之源。美国拥有众多一流的海洋科学研究机构，如位于马萨诸塞州的伍兹霍尔海洋研究所，位于加利福尼亚州的斯克里普斯海洋研究所、特拉蒙—多哈蒂地质研究所以及国家海洋大气局所属的水下研究中心等。美国联邦政府除了对这些研究机构进行支持外，还在国家层面颁布推动海洋科技发展的各种规划，如自 20 世纪 50 年代先后出台的《全球海洋科学规划》《90 年代海洋学：确定科技界与联邦政府新型伙伴关系》《1995—2005 年海洋战略发展规划》《21 世纪海洋蓝图》等。[①] 在《21 世纪海洋蓝图》中特别指出："海洋科学技术是美国整个科研事业的不可分割的部分，对社会做出巨大贡献。认识地球环境如何随时间而变化，改进气候预报，明智地管理海洋资源，开拓海洋资源有益的新利用，维护国家安全，揭示地球上生命的基本奥秘，海洋科技不可或缺。"[②] 这些规划方案的颁布，为美国的海洋科技迅猛发展提供了强力政策支撑，从而确保了美国在海洋科学基础研究和技术开发方面的显著优势和领先地位，为美国海洋事业的发展提供了保障。在 21 世纪初，美国政府在海洋科学技术研究、大洋考察与测绘、海洋生态环境管理与海洋资源持续开发利用、国际合作等方面相继开展了一系列重大的海洋活动，以促进海洋经济、海洋生态环境和人类社会的和谐可持续发展。在优先研究领域方面，美国在 2007 年颁布了《美国未来十年海洋科学优先研究计划与实施战略》，认为海洋管理对于美国长期发展至关重要，美国将重新定义社会与海洋的关系，将未来十年的重点研究领域围绕六个主题进行：自然和文化的海洋资源管理、提高自然灾害的恢复能力、实施海洋作业、气候系统中海洋的作用、提高生态系统健康水平、提高人类的健康水平等，并就每个主题设定了优先研究内容。这些规划的颁布，就确定了未来美国在海洋领域中

---

① 倪国江、文艳：《美国海洋科技发展的推进因素及对我国的启示》，《海洋开发与管理》2009 年第 6 期。

② 石莉：《美国海洋问题研究》，海洋出版社 2011 年版，第 69 页。

的优先研究方向，进而确保美国在这些领域中的领先地位。

美国是当今的世界强国，海洋是其立国、强国的基础，致力于建立多层次、形式多样的海洋教育体系。

首先，在高等教育方面，美国的许多大学开设海洋学专业，涉海高等院校已超过140所，主要集中分布在美国东海岸，在东北部地区院校数量尤其密集。现在海洋学科较大规模的院校正在加速与地球科学、大气科学、空间、地质、渔业和环境等多学科交叉融合。另外，美国制订了一系列涉海计划，包括国家海洋学伙伴计划，国家海洋教育者协会和卓越海洋科学教育中心等60多个国有学校、研究所等机构可以授予海洋专业博士学位。美国海洋教育的大趋势是集中科研力量——物理、化学、生物、地质和工程等方面师资力量，设置一个庞大并且包含多学科的海洋学院或研究单位，这充分反映出海洋科学学科与其他学科的交叉性特点和发展趋势。各学院教授的研究方向则各自呈现出不同的特点，各有侧重，在大方向下出现许多较细的分支。

其次，在全民教育方面，美国在条件较好的沿海港口，兴建海洋博物馆、参观基地，供游人参观，使国民熟悉、了解海洋。例如，位于科罗拉多州的美国太平洋海军基地，游客可以近距离观看各种大中型水面舰艇，甚至可以走上退役的中途岛号航空母舰。在航空母舰上，游客可游览参观其内部设施，同时可以乘坐大型游艇，在美国太平洋舰队所在地的海面，近距离一览陆上海军设施和各种各样的导弹驱逐舰、护卫艇、登陆舰等。在网络技术逐渐普及的今天，将网络与海洋教育联系起来，如全民海洋教育网，以普及教育性质为主，每年推出一系列新颖的海洋教育活动。美国海洋科学教育这一系列卓有成效的活动，为其海洋科学、国民经济发展起到了重大作用。

最重要的是，美国政府给予海洋教育大量的资金支持。在高校设立教育补助资金，各基金会对美国的高等教育和全民教育都有比较大的投资，使得资金支持和教育形成健康的循环。

这样，领先的海洋科技和教育吸引了越来越多的国民从事海洋相关职业，并对国外的涉海人员产生了巨大的吸引力。这种吸引力使得他们远赴美国学习先进的技术和经验，这又反过来为美国的科技进步注入了新鲜血液，促使其科技和教育取得更大发展。而在这个轮换过程中，美国的海洋科研实力所展现出来的巨大吸引力就是其海洋软实力的重要体现和动力之源。

三 美国海洋软实力的主要表现形态

（一）前瞻性、战略性的顶层设计布局美国的海洋发展

具有前瞻性的、长远的战略性行动纲领，是美国在海洋发展领域中保持高速发展以及政策连续性的基石。美国是世界上制定海洋规划最早也是最多的国家，其中大部分的海洋法规规划制定于 20 世纪 50 年代之后。早在 1945 年 9 月，杜鲁门就发布公告，宣布美国对邻接美国海岸的大陆架拥有管辖权，由此引发了世界性的"蓝色圈地"运动。在 1959 年，美国就制定了世界上第一个军事海洋学规划《海军海洋学十年规划》。自 20 世纪 60 年代以来，美国政府制定了一系列海洋发展规划，如 1963 年美国联邦科学技术委员会海洋学协调委员会制定的《美国海洋学长期规划（1963—1972 年）》、1969 年的《我们的国家与海洋：国家行动计划》、1987 年的《全球海洋科学规划》、1989 年的《沿岸海洋规划》、1990 年的《90 年代海洋科技发展报告》、1995 年的"海洋行星意识计划"以及《海洋战略发展规划（1995—2005 年）》《海洋地质规划（1997—2002 年）》《沿岸海洋监测规划（1998—2007 年）》《美国 21 世纪海洋工作议程》（1998 年）和《制定扩大海洋勘探的国家战略》等，明确提出要保持和增强美国在海洋科技方面的领导地位。[①]美国还于 1999 年进一步完善了国家海洋战略，并成立了相关的国家咨询委员会，从法律上明确了海岸带经济和海洋经济的定义，确立了海洋经济的管理和评估制度。

1961 年，肯尼迪总统宣布"海洋与宇宙同等重要"，"为了生存"，美国必须把海洋作为国家长期发展的战略目标。此后，美国一直把称霸海洋作为国家战略的重要组成部分。除上文提到的美国所颁布的系列海洋发展规划之外，对美国海洋发展进行规划的重要文件还有美国皮尤海洋委员会在 2003 年发布的题为《规划美国海洋事业的航程》的研究报

[①] 钭晓东：《美国海洋发展战略起步最早，领先全球》，《中国海洋报》2011 年 9 月 9 日第 4 版。

告，报告对美国海洋政策的演化从不同的历史时期进行了详尽的考察，认为解决目前海洋危机的可行方案是存在的，但是要使这样的方案在现实中获得成功，必须对美国的海洋事业发展进行精细的创新性规划，并建议美国制定新的海洋政策。[①]

进入 21 世纪之后，美国更是随着对海洋认识的不断深化，加速了海洋发展规划的顶层设计。2000 年 8 月，美国国会通过了《海洋法令》，规定总统每两年必须向国会提交一份相关内容的报告。2004 年，美国出台了新的海洋政策，即《21 世纪海洋蓝图》，对海洋管理政策进行了迄今为止最为彻底的评估，并对 21 世纪的美国海洋事业与发展描绘出了新的蓝图。[②]《21 世纪海洋蓝图》共分为 9 个部分，其中包括我们的海洋：国家的资产；变革的蓝图：新的国家海洋政策框架；海洋管理：教育和提高公众意识的重要性；生活在边缘区域：沿海经济增长和资源保护；清洁的水域：沿岸和海洋的水质；海洋的价值和重要性：加强对海洋资源的利用和保护；在科学基础上的决策：促进我们对海洋的认识；全球海洋：美国在国际政策中的参与；前进：实施新的国家海洋政策。[③] 随后，小布什总统发布了《美国海洋行动计划》，以落实实施《21 世纪海洋蓝图》。[④] 奥巴马上台以来，继续传承了对海洋发展事业的关注，在 2009 年 6 月 12 日发表的总统公告中说道："本届政府将继往开来，采取更加全面和综合的方法来制定国家海洋政策。"并于 2010 年 7 月 19 日，签署总统行政令，宣布出台管理海洋、海岸带和大湖区的国家政策，政策主要包括以下内容：（1）保护和保持海洋与海岸带生物的多样性，以及大湖区的生态系统和资源；（2）提高海洋、海岸与大湖区的生态系统和社会与经济的恢复力；（3）采用有利于增进海洋、

---

① Pew Ocean Commission：America's Living Oceans：Charting a Course for a Sea Change, 2003, available at：http：//www. pewtrusts. org/uploadedFiles/wwwpewtrustsorg/Reports/Protecting_ ocean_ life/env_ pew_ oceans_ final_ report. pdf. Accessed on January 10, 2013.

② 刘中民：《世界海洋政治与中国海洋发展战略》，时事出版社 2009 年版，第 303 页。

③ US Commission on Ocean Policy：An Ocean Blueprint for the 21st Century, http：// govinfo. library. unt. edu/oceancommission/documents/full_ color_ rpt/welcome. html.

④ US Ocean Action Plan：The Bush Administration's Response to the US Commission on Ocean Policy, available at：http：//data. nodc. noaa. gov/coris/library/NOAA/other/us_ ocean_ action_ plan_ 2004. pdf. Accessed on January 10, 2013.

海岸与大湖区环境清洁的方式，加强对陆地的保护，以及在陆地开展活动时坚持可持续利用原则；（4）以最佳的科学知识作为海洋决策工作的基础，加深对全球环境变化的认识，提高应对全球环境变化的能力；（5）支持对海洋、海岸与大湖区进行可持续、安全和高生产力的开发与利用；（6）珍惜和保护美国的海洋遗产，包括珍惜和保护它们的社会文化、娱乐与历史价值；（7）根据适用的国际法行使权力与管辖权并履行各种义务，包括尊重和维护对全球经济发展和安全至关重要的自由航行权利；（8）海洋、海岸与大湖区生态系统，是由大气、陆地、冰和水等组成并相互联系的全球系统的组成部分，不断增进对这些生态系统的科学认识，包括对它们与人类活动之间的关系的认识；（9）增进对不断变化的环境条件及其趋势与根源的认识，加深对人类在海洋、海岸和大湖区水域进行的各类活动的了解；（10）提高公众对海洋、海岸和大湖区价值的认识，为更好地开展管理工作奠定基础。[①] 这一系列海洋战略和海洋政策的颁布和调整，有力地保障了海洋发展议题能够进入到决策层的议程之中，并成为决策层关注的核心议题之一，进而保障了美国的海洋发展事业的进展。

（二）制度化的涉海机构建设为美国海洋软实力的发展提供制度保障

美国在第二次世界大战以后，加强了国内海洋制度的建设。美国在国内首先建立健全了全国性的海洋领导机构，以对其海洋发展进行顶层设计。这一时期建立的主要海洋领导机构包括海军研究署（1946 年）、国家科学基金会（1950 年）、隶属于美国科学院的海洋学委员会（1957 年）、国家航空航天局（1958 年）、机构间海洋学委员会和国家海洋资料中心（1960 年）、海军海洋局（1962 年）、环境科学服务局（1965 年）、海洋科学工程和资源专门委员会（1966 年）、交通运输部和海岸警卫队（1967 年）、国家海洋和大气管理局（1970 年）。这些机构的建立与有效运作，奠定了美国海洋管理机制的总体架构，并极大地推动了美国海洋事业的发展。

---

① 刘佳、李双建：《新世纪以来美国海洋战略调整及其对中国的影响评述》，《国际展望》2012 年第 4 期。

在 20 世纪 60 年代，美国也加强了对海洋科技以及海洋教育的投入。作为 19 世纪一项创新性的、有效的学术研究项目——土地基金大学系统的对应物，1966 年由美国国家海洋与大气局与美国商务部联合发起了"国家海洋基金大学"项目，建立了一批"海洋基金大学"，首批加入"海洋基金大学"的包括俄勒冈州立大学、华盛顿大学、加州大学圣迭戈分校、南加州大学等 33 所在海洋研究和教育方面比较突出的大学。[①] 通过这一项目的引导，进一步加强了这些科研机构对海洋的研究与海洋人才的培养，这些以资源为导向的、集中的海洋研究项目已经初见成效，专注于海洋研究计划的第一步成果正在变得明显。

为进一步完善政策法规，加强海洋综合管理，2000 年 7 月，美国国会通过了《2000 年海洋法案》（《关于设立海洋政策委员会及其他目的的法案》），为制定美国在 21 世纪的海洋政策提供了法律保障。依据该法案，由总统任命组成的海洋政策委员会（Commission on Ocean Policy）于 2004 年 9 月 20 日正式向总统和国会提交了名为《21 世纪海洋蓝图》的政策报告，报告特别提出了"加强沿岸规划和管理，将沿岸管理和流域管理相结合"以及"基于生态系统的管理"的新理念，极大地丰富了海洋综合管理的内涵。同年 12 月 17 日，布什总统向国会提交了《美国海洋行动计划》，对落实《21 世纪海洋蓝图》提出了具体措施。《21 世纪海洋蓝图》和《美国海洋行动计划》的制定，是 1969 年自总统委员会发布"斯特拉特顿报告"35 年来美国首次在海洋政策领域采取的一项重大措施，为 21 世纪美国海洋战略奠定了基础。[②]

奥巴马总统上任不到半年，于 2009 年 6 月 12 日发表总统公告称："本届政府将继往开来，采取更加全面和综合的方法来制定国家海洋政策。"2010 年 7 月 19 日，奥巴马总统签署行政令，宣布出台管理海洋、海岸带和大湖区的国家政策。该项政策旨在有效保护、管理和养护美国的海洋、海岸带和大湖区的生态系统与资源，并采用综合方法，对气候变化和海洋酸化作出反应，同时使国家海洋政策与国家安全、外交利益

① National Sea Grant College and Program Act of 1966, available at: http://www. house. gov/legcoun/Comps/nsgpc. pdf, accessed on January 20, 2013.

② 刘佳：《美国海洋战略及对中国的影响》，《云南行政学院学报》2012 年第 2 期。

保持一致。行政令还提出在全国范围内开展海岸带和海洋空间规划，并将其作为推进基于生态系统的海洋管理的重要途径加以落实。这是美国第一项国家海洋政策，为美国现阶段及今后一个时期关于海洋、海岸带和大湖区的管理决策提供了必要的依据和保障。

（三）美国顶级智库的海洋问题研究助力海洋软实力的发展

在美国的决策体制中，智库（思想库）在政策理念创新、人才储备、打造政策辩论平台以及教育和引导公众等方面具有非凡的作用。[1]智库的研究渗透美国政治和政策的各个领域。智库影响美国政策主要有以下途径：一是通过研究和发表研究成果来影响政府决策，智库通过出版著作、期刊、研究报告和简报等方式来阐述观点和提出政策建议，来影响美国决策者的外交政策理念，有时候则可以影响政府在具体政策上的选择；二是在国会听证会上作证，智库中的研究者经常应邀在国会听证会上作证，进而对国会议员直接进行影响；三是举办各种会议，智库就国内外热点和重点问题举办对公众开放的论坛、研讨会、新书发布会等，同政府官员、媒体、公众等进行交流；四是对政府官员进行培训等项目，以及通过"旋转门"机制，打通智库中的研究者和决策者的流通机制。[2]通过以上途径，美国智库对政府决策产生重要的影响。

在最有影响力的顶级智库中，很多智库都将海洋政策和海洋问题的研究作为极其重要的研究领域。美国顶级的外交政策智库战略与国际研究中心、美国新安全中心、亚洲学会都将海洋问题的研究作为其研究的一个重点。其中战略与国际研究中心在2011—2013年，连续召开年度南海问题探讨会，邀请南海周边各国以及美国的学者、决策者就南海问题的相关法律、外交政策进行研讨，并将研讨会的录像、论文和讲演稿全部在网上发布。组织这样的研讨会，一方面为学者、决策者就这些问题进行深入的探讨提供一个平台，另一方面也极大地提高了该智库本身的影响力。

美国新安全中心则将海洋安全、极地问题作为其研究的重点领域之

---

[1] James McGann, *Think Tanks and Policy Advice in the United States*: *Academics*, Advisors and Advocated, London: Routledge Press, 2007, pp. 5 – 6.

[2] 周琪：《美国智库的组织结构及其运作》，《人民论坛》2013 年第 35 期。

一，其宗旨是"为美国提供有力的、务实的、原则性强的国家安全和防务政策"。① 美国新安全中心主任罗伯特·沃克在 2014 年初也被奥巴马政府任命为国防部副部长，直接进入美国决策层。近年来美国新安全中心发布了一系列围绕南海、太平洋、东海、北极的研究报告等，以及由该智库提出的美国应该加强在全球公共空间领域的部署等，都对美国政府的决策产生了重要的影响。另外，美国的战略与国际研究中心、威尔逊国际学者中心、美国进步中心也都加强了极地、海洋问题的研究，通过听证会、发布研究报告等方式参与政府决策。②

第二节　日本海洋软实力的实践及其经验

党的十八大提出"海洋强国"的国家发展目标，日本也于 21 世纪初提出了"海洋立国"国策，意味着中日两国政府不约而同地做出了"以海洋事务为国家事业、以海洋权益为国家利益"的抉择。海上相邻的两个经济大国开始同时向海洋全力"进军"，必然性地致使海洋事务与海洋权益成为中日两国博弈的焦点。海洋实力的比拼不仅表现在两国海上军事实力、商贸经济力、海底资源开采力等海洋硬实力的较量上，也表现在海洋法的国内立法建设、海洋产业的人力资源培养、海洋文化的传承与繁荣、国民海洋意识的培养等海洋软实力的长期博弈中。海洋利益的角逐是海洋软、硬实力的综合较量。日本的海洋软实力建设经历了较长的发展历程，更因海洋利益逐步上升为国家利益而逐渐成为日本政府处理国际事务中的热门话题。"海洋强国"是中国 21 世纪最重要的国家事业之一，因此更应对日本这一与中国存在众多海洋权益纷争的邻国在海洋软、硬实力上的发展给予更多的关注，并应尤其关注日本在海洋软实力这一不如军事、经济、科技般受人瞩目的领域的建设与发展动向。

---

① 参见美国新安全中心网站（www. cnas. org）。
② 杨松霖：《美国对"冰上丝绸之路"倡议的认知及启示》，《情报杂志》2019 年第 7 期。

一 日本海洋软实力的三种理解

海洋软实力的实质是国与国之间借助海洋开发、利用和保护的各种能力所实现的一国的吸引力，其实质是与硬实力并列的另一种手段，是实现国家间利益博弈的一种途径，其概念应概括为一国在国际国内海洋事务中通过非强制的方式实现和维护海洋权益的一种能力和影响力。[①]日本社会对本国海洋软实力建设至少存在以下三种不同的理解。

（一）理解一：日本社会的海洋发展模式

第一种关于日本海洋软实力的理解可以从日本海洋开发、利用和保护的相关实践活动的发展历史中概括出来。从这一发展史中可获知，日本在国内外海洋事务中非强制式维护海洋权益的能力意味着日本海民群体的海洋开发实践已通过长期的制度设计形成了富有成效的海洋发展模式。日本列岛社会有着悠久的海民社会基础，早在平安时代末期，濑户内海就已经成为日本首都近畿地区与东亚各国经济、文化交流的海上生命通道，是濑户内海上从事海盐、运输、海商、捕鱼、捕鲸和海上掠夺的海民群体[②]推动了日本的社会经济发展；到了江户时期，海民所从事的这些海洋事业已成为日本重要的经济基础，日本的国内航运业、水产业、造船业、物流体系和资本市场在这一时期初步形成，为此后维新改革的"富国强兵"奠定了基础；正因此，在进入明治时期后，一大批集海运、造船、物流、仓储、银行、商社的财阀得以应运而生，日本社会的海洋发展模式由于获得了系统、全面的社会支持而迅速完善；第二次世界大战后，这些财阀虽然被拆散，但社会的海洋发展模式本身却依然在运作，并在战后不久应着日本政府"贸易立国"的国策再次全面复兴。时至今日，日本的航运业、造船业依然在国际上拥有不可忽视的竞争力，海洋领域的高等教育机构与研究机构依然处于世界同类教育、科研领域的前沿；日本的海洋科考船在不断刷新自己保持的世界纪录，

---

① 王琪、刘建山：《海洋软实力：概念界定与阐释》，《济南大学学报》（社会科学版）2013 年第 2 期。

② 宋宁而：《日本海民群体研究初探》，《中国海洋大学学报》（社会科学版）2011 年第 1 期。

显示出日本在海洋勘探领域的世界领先地位；海水淡化等新型海洋产业的发展同样位列世界前茅。日本涉海各领域的社会群体正在用强大的制度设计和由此形成的海洋发展模式宣示着本国的海洋软实力。

（二）理解二：综合性海洋政策对社会海洋发展模式的统筹能力

第二种理解主要来自日本政界在第二次世界大战后逐步形成的"海洋国家观"以及近期在这一理论基础上形成的"海洋立国"发展战略中所指涉的海洋软实力。"海洋国家观"始于日本国际政治学者高坂正尧于 1964 年发表在《中央公论》杂志上的《海洋国家日本的构想》，这一著述开启了日本学界及政界建构日本海洋国家身份的进程；这一进程发展到 20 世纪末有了新的突破，在以伊藤宪一为首的"财团法人日本国际论坛"所启动的为期四年的"海洋国家研讨小组"系列研究项目中，他们秉承高坂正尧的"海洋国家观"，① 在 1999—2001 年连续推出三部集体著作，② 在日本社会各界反响极大，也对日本重要国家智库——海洋政策研究财团所提出的"海洋立国"国策产生了重要影响。

关于伊藤宪一等人的"海洋国家观"与海洋政策研究财团的"海洋立国"国策之间关系，东京大学教授奥胁直也的阐释十分到位。奥胁教授指出：40 年前，高坂正尧在《海洋国家日本的构想》中所提出的"综合安全保障"至今仍未在以海洋为基础的海洋国家日本的未来蓝图中展现出来。所谓"海洋立国"，不仅是指坚固海防以确保日本的安全保障。虽说守卫海洋和国民的生命、身体和财产确实是国家的重要任务，但仅仅说为了确保日本利益的安全保障，是无法成为向世界宣称"海洋立国"的依据的。日本如果不能以自己的利益为基础，向世界提供某种贡献，那么"海洋立国"的理念就不成立。国家应明确做出在海洋环境保护、生物资源保护、海洋科学调查等领域提供长期资金援助的表示，并让国外沿海地带国民普遍感受到日本所擅长的尖端科技给当

---

① 伊藤宪一等所著专著中明确指出，这些系列著作是在高坂正尧的"海洋国家日本的构想"之启发下完成的（参见［日］伊藤宪一监修《日本的国家身份》，森林出版社 1999 年版，序第 1 页）。

② 这三部著作分别是 1999 年的《日本的身份：既不是西方也不是东方的日本》、2000 年的《21 世纪日本的大战略：从岛国到海洋国家》、2001 年的《21 世纪海洋国家日本的构想：世界秩序与地区秩序》。

地带来的利益。这些国际贡献的不断积累能提升日本的安全保障机制。① 换言之，"海洋立国"战略确实就是为了海洋国家日本的综合安全保障，但在当今时代中，要想使这样的战略产生效果，还需要日本政府对本国海洋开发的能力进行综合性提升，并将之运用到国际社会中去，这样才能从根本上确保海洋国家日本的安全。

"海洋立国"战略的启动标志就是海洋政策研究财团于2006年向日本政府提交的咨询报告——《海洋与日本：21世纪海洋政策建议》，这份报告提交的第二年，《海洋基本法》即获得通过并实施，日本政府的《海洋基本计划》也在此后出台，并于5年后的2013年再次获得调整。"海洋立国"俨然已成日本国家发展的目标。在这份报告中，开篇就对日本政府的海洋政策在当今时代中的滞后性提出了警告。该报告在序言中指出，世界各国都在《联合国海洋法公约》等新型海洋秩序之下，为实现海洋管理与可持续开发进行着综合性海洋政策的推行，与之相比，中国在这方面做得非常不够。中国是海洋国家，应与关注海洋、重视海洋的国际社会相协调，尽快确立海洋政策并付诸实施。② 这篇报告的总方针已经明确：为了建设"海洋国家"，必须致力于综合性海洋政策的建构与实施。

在"海洋立国"付诸实践之后不久，海洋政策研究财团又对"海洋立国"发展战略中的一项重要任务——"海洋外交"做出了具体阐释。该研究机构在其提交的2008年度《海洋白皮书》中指出："我国由海洋中的众多海岛组成，是拥有这些岛屿周边广阔管辖海域的海洋国家。中国不应忽视《联合国海洋法公约》为中国提供的在海洋上进行和平活动所需法律、经济和技术的基础。中国要在今后的国际社会中拥有举足轻重的分量，就应积极利用本国在海域开发、利用、保护和管理过程中培养起来的科学知识、法律、经济、技术知识，成为建设海洋秩序的先驱，并以《联合国海洋法公约》为准则，推进海洋的可持续开发利用、海洋环境的保护、海洋科学调查、海洋技术的发展与转移等方

---

① ［日］奥胁直也：《海洋立国与海洋综合管理》，*OPRF Newsletter* 第179号，2008年第2期，见海洋政策研究财团主页，https：//www. sof. or. jp/jp/news/151–200/179_1. php。

② 海洋政策研究财团：《海洋与日本21世纪海洋政策的提议——以真正的海洋立国为目标》，政府咨询报告，2006年，序第2页。

面的国际协力，积极开展全新的'海洋外交'。'海洋外交'是'海洋立国'的重要一环。"① 这段阐释道出了《海洋白皮书》对"海洋外交"的内涵认识——当今时代，日本要想成为受国际社会重视的海洋国家，有两个关键点：一是要充分利用本国在海洋开发、利用、保护和管理等实践活动中积累起来的各领域知识中的优势力量，成为国际海洋秩序建设中的倡议者和领导者；二是迎合国际社会的需要，用以上优势去为其他国家提供海洋事业上的帮助。显然，这里所说的利用"海洋开发、利用、保护和管理等实践活动中积累起来的各领域知识中的优势力量"与前文提到的"海洋立国"的总报告密不可分，日本社会强大的海洋发展模式只有通过跨领域的、综合性的内外海洋政策的制定与实施，才能对国际社会发挥影响力。因此，在海洋政策研究财团及其所代表的"日本海洋国家论"者看来，综合性海洋政策框架下的海洋发展模式就是日本的海洋软实力。

（三）理解三："国家—社会"的系统化海洋权益维护能力

第三种理解来自日本外务省及其下属智库团队对全球化时代中的国家海洋软实力的理解。外务省在2012年度的《外交绿皮书》中对全球化时代与国家海洋利益之间的关系做了如下陈述："随着国际经济相互依存的不断深化，世界规模的经济活动日趋活跃，与之相伴而来的是全球规模的资源获取竞争的激化以及技术革新所带来的海洋资源开发技术的发展。在这一背景之下，近年来造成区域关系紧张的要因之中，围绕海洋所产生的问题越发明显。"② 在2013年度的《外交绿皮书》中，外务省又进一步指出："日本能源资源的进口几乎全靠海上运输，基于国际法构筑安定的海洋秩序是与国家利益直接关联的重要课题。"从这些认识中，可以清楚解读出以下信息：第一，正是由于全球化时代的到来，使得海洋无论作为资源贮藏地还是技术开发的新阵地，都成为世界各国争夺的焦点；第二，日本的国家利益中，对海洋的依赖程度相比其他国家又显得尤其之高，这就更需要日本政府提升获取海洋利益的外交

---

① 海洋政策研究财团：《2008年度海洋白皮书》，政府白皮书，2008年。

② 日本外务省：《2012年度外交绿皮书》，http：//www.mofa.go.jp/mofaj/gaiko/blue-book/2012/html/index.html。

能力。换言之，不是因为日本是个特殊的海洋国家而需要重视海洋外交，而是因为全球化时代的到来，使得海洋外交成了大势所趋，日本又因其岛国国情而显得海洋外交格外重要。

关于如何在这个全球化时代的"海洋世纪"建设并加强为国家海洋利益服务的外交能力，外务省发行的官方期刊《外交》中有着十分明确的阐释。2012 年，外务省专门刊发了一期名为《海洋新时代的外交构想力》的《外交》特辑。在这期特辑中，该刊编辑委员会会长铃木美胜先生专门执笔，撰写了该特辑的总论《面对海洋前沿的新挑战——如何修补构想的缺陷》。他指出："日本应将四面环海的优势进行最大限度的利用，竭尽可能扩展视野，发挥灵活适应能力，这才是重点。这一点的成功与否是关系到日本能否掌握丰富、充实的外交构想力的关键所在。"很显然，铃木先生所提到的"重点"就是如何在当今时代中，尽可能在外交实践中利用海洋给日本带来的优势，为日本国家利益服务。在谈及如何发挥这项优势时，铃木强调指出："日本今后无论由哪个政党执政，脱离了以下几个关键点都无法制定出健全、强韧的国家战略。"这些关键点包括："第一，日本如何在宣布回归亚太的'太平洋国家'美国所实施的安保战略，以及崛起的中国所实施海洋战略这两者之间，同时将东南亚、俄罗斯、印度和澳洲及太平洋群岛纳入视野，来开展主动型外交。"这是在敦促日本政府逐渐改变第二次世界大战后建立起来的以日美安保同盟为基轴的外交体系，制定更为灵活多元、视野更广阔的外交政策。"第二，海洋不仅是丰饶的渔场，也是经济繁荣所需要的各种矿物资源的宝库，我们应该如何避免滥捕乱开发，有计划地利用海洋。"这是在强调海洋开发领域的政策综合协调能力，用全面、综合、系统的政策体系来确保海洋的可持续开发利用。"第三，与海洋这一自然环境的共生。海洋养育了日本人。日本人应思考如何与海洋持续共生共存。"① 这是在强调应加强对日本国民海洋可持续开发等海洋意识的培养。铃木美胜关于"海洋新时代的外交构想力"给我

① ［日］铃木美胜：《面对海洋前沿的新挑战——如何修补构想的缺陷》，载"外交"编辑委员会编《外交第13卷海洋新时代的外交构想力特辑》，日本外务省2012年版，第18—19页。

们做出了又一个关于日本海洋软实力的内涵界定，即海洋软实力应包括灵活的外交政策、综合性海洋政策以及海洋意识及海洋文化的社会基础。换言之，为适应全球化的"海洋新时代"，上至法律法规、政策规划、行政体系等"国家上层设计"，下到国民意识、生活民俗、文化事业的"社会基础"，都应融入"海洋思维"来进行软实力建设。海洋软实力在这里被理解为"国家—社会"互动机制下的非强制性的海洋权益维护能力。

以上三种海洋软实力的理解虽然外延大小不同，但却显然有着内在的联系。在第一种概念中，海洋软实力是从事海洋开发实践活动的日本社会各类组织所具备的海洋开发、利用和保护的能力；第二种概念不仅包括了第一种，在此基础上还加上了对这些海洋开发实践能力加以"管理"的能力，也就是说，只有在对以上海洋软实力加以综合协调政策的管理基础上，才能更好地发挥海洋软实力；第三种概念除了对综合性海洋政策的制定与实施的能力加以建设外，还提到了外交政策和海洋意识，外交政策制定和实施能力实际上也是海洋政策制定实施能力的一部分，海洋政策对他国产生影响力也离不开各种形式的外交努力，因此，第三种关于海洋软实力的观点相比第一、第二种的区别主要在于对国民海洋意识等社会层面的海洋文化素养的强调，以及"国家—社会"这一互动机制的重视。

二 日本海洋软实力的发展历程

我们从日本国家、社会的海洋事业发展的实践与认识中对海洋软实力做了解读，并归纳出以上三种外延内涵相互关联却又各不相同的对海洋软实力的理解。事实上，日本海洋软实力的发展正是一个内涵不断丰富、外延不断扩大的过程。但必须指出的是，日本政府从未对海洋软实力做出过专门的建设，对海洋软实力的建设与发展是在日本国家软实力的发展过程中完成的。因此，为了更准确地把握海洋软实力的建设情况，我们有必要对日本国家软实力的发展，以及作为其中一个组成部分的海洋软实力发展的过程进行综合性梳理，从而更准确地洞悉海洋软实力在日本的发展历程。

日本国家软实力建设的发展过程实质上就是该国自我定位的过程，

是本国的内在需要迎合了国际社会的需求而刻意打造本国"国家魅力"① 的过程。这一过程共分五个阶段,主要部分集中在第二次世界大战后直至现在。海洋软实力的建设正是随着国家软实力的这五个阶段的发展逐步变化而来的。

在漫长的古代到中世时期之中,日本只是孤悬于东海一隅的岛国,留给世界的印象十分淡薄。这一时期,日本不为世界所熟悉,却有着了解世界的渴望,只是苦于海上交通能力所限,在这段漫长的岁月里,只能通过断续地派遣使者前往中华大陆学习各种文明成果。海洋为日本带去了中华文明及其他文明的成果,也阻隔了日本与中国及其他国家的深入、持续的交流,使日本得以在保持一定距离的前提下,将吸收来的文明舶来品较为从容地改造成自己的文明,社会制度也没有受到儒家文化过多的影响,因而相比中国,社会结构更为多元、灵活。直到近代,来自东南亚、南亚甚至西洋的文化交流虽然日益繁荣,但江户幕府稳定、封闭的治理国策还是没能使日本在对外国家形象打造上产生任何实质性的进展。海洋,既保护了日本,也阻隔了日本的海外交流。

(一)第一阶段:"脱亚入欧"的国家形象与海洋软实力的无意识建设

日本国家软实力建设的第一阶段从幕末时期到第二次世界大战前,这一时期日本国家形象打造,亦即国家软实力的建设可用"脱亚入欧"来概括。1853 年,美国海军准将马休·佩里率舰队驶入江户湾浦贺海面,西方列强兵临城下的恐慌,加上此前不久,一直被日本视为学习榜样的中国在鸦片战争中轻易败北,造成了日本举国上下空前的危机感,并迅速转向学习西方列强。明治政府的"富国强兵"国策让日本在短时间内迅速成长为亚洲最西化的国家,不仅在军事制度与军备制造上全面向西方看齐,也包括经济体制和政治体制上的全面西化。日本这段时期的国家形象打造可以用福泽谕吉的"脱亚入欧"四字来概括,这个远东岛国成了亚洲最早近代化的国家。原本应该成为引领亚洲近代化先驱的日本,却因明治政府的"富国强兵"国策对"强兵"这一硬实力

---

① [日]星山隆:《日本外交与公共外交——软实力的活用与对外发信的强化》,世界和平研究所咨询报告,2008 年,第 5 页。

的过度强调，以及甲午战争和日俄海战中的日方获胜而逐渐走上了军国主义道路，当日本政府被战争胜利的喜悦冲昏了头脑开始发动全面侵略战争之际，日本的国家软实力建设也就基本停止了。

在日本国家软实力建设进入第一阶段的明治维新时期之际，随着日本从东海岛国向"脱亚入欧"的国家形象转变，在海运、造船及其他海事产业方面的海洋软实力建设已经悄然开始，但这一时期的国家海洋软实力建设并非是有意识的，是国家在对海军军备建设、通商财富积累等海洋硬实力建设的过程中顺带完成的。明治时期，三菱公司受日本政府委托，在东京设立船员教育学校，开启了商船人才的培养。此后，川崎公司也在神户地区设立船员教育学校，这两所学校后来成了日本海事高等院校——东京商船大学和神户商船大学，为日本航运业培养了大量高素质的航运人才。但在建校之初，两家公司之所以会创办船员学校，唯一的原因就是在明治维新时期的"殖产兴业"政策下，迅速崛起的各项出口产业的商品需要日本商船运往海外，因此这一时期的教育带有强烈的实用主义色彩，是对商船船员的应急培养。到了第二次世界大战期间，这些船员所驾驶的商船更是成了战争物资的运输船，商船业的人力资源软实力建设就此停止。造船业的技术人才培养更是从一开始就紧紧围绕建造战斗力精良的舰队展开，虽说当时的三井、三菱和川崎等公司所造轮船也包括货轮和客轮，但军舰无疑是其中的重点。社会各领域的海洋发展情况都说明，这一阶段日本的海洋软实力建设是在无意识下完成的。

（二）第二阶段："低调收敛"的国家形象与海洋发展模式的初步形成

第二阶段的国家软实力建设主要指第二次世界大战结束后的经济重建时期，这一时期国家形象可概括为"政经分离的低调、和平国家"。第二次世界大战以日本的战败及法西斯军国主义的彻底覆灭而告终，也把日本带进了战后经济的重建时期。日本政府没有对侵略所犯下的罪行做出足够的反省，却对战争给本国带来的损害进行了必要的反思，并确立了"轻军备、重经济"的战后重建指导方针。为了摆脱战争中给世界各国造成的军国主义形象，日本在这段时期彻底变身为民主、和平、低调的国际规则的顺从者。正如日本战后著名首相吉田茂所说"日本是一个海洋国，显然必须通过海外贸易来养活九千万国民"，通过贸易往来与经济发展服务来恢复国力的"贸易立国"复兴政策促使日本与世界各国结成了各种形式的通商贸易关系。这一阶段的国家软实力建设主要是在打造一个与战前迥然不同的、于世界无害反而有益的、低调收敛的国家形象。

日本真正意义上的海洋软实力建设始于第二阶段的战后重建期。第二次世界大战的战败让日本贯彻施行了"轻军备、重经济"的国策，也使海洋产业获得了精心的设计与安排。承担着为国际贸易和国内产业发展制定产业政策任务的通商产业省，以及实际控制整个国家金融命脉的大藏省成了战后日本社会"经济优先"价值取向的缔造者。① 出于国家产业走向的长期性、整体性战略需要，在它们的影响下，日本实行了有步骤的、富有计划性的、牺牲局部保全整体的产业政策。产业政策的效果显而易见，日本出口产业在经济重建期内被迅速激活，航运业与造船业依靠由大藏省决定的银行低贷款利率，在短时间内复兴，海事保险业、航运服务业等海事产业与造船技术相关重工业及其相关产业的族群（cluster）、出口商品的制造业及其相关产业的族群在东京、名古屋和阪神三大都市圈及其他地区逐渐形成区域性产业族群，逐步构建起日本极为细致、精确的产业制度设计，日本社会的海洋发展模式也由此初步形成。正是这一精心设计的海洋发展模式推动了日本出口贸易，形成了长期的经济高速增长。

（三）第三阶段："经济外交"的国家形象与海洋发展模式的逐步成熟

第三阶段主要是日本经济高速增长期的 20 世纪六七十年代，这一时期的国家软实力建设主要是打造"经济外交"的国家形象。"轻军备、重经济"的"贸易立国"国策有效地确保了日本在日美同盟的保护伞下得以迅速发展产业经济，战后一片废墟的日本只用了十多年的时间便进入了经济高速增长期，并在 20 世纪 60 年代一跃成为继美国之后的世界第二经济大国。成为经济大国后的日本开始改变本国自战后以

---

① 徐祥民、宋宁而：《时空压缩：日本环境权说形成的条件》，《中国政法大学学报》2010 年第 4 期。

来保持的低调国家形象，正如那一时期的日本对外宣传画册上所描绘的"白雪皑皑的富士山下新干线高速驶过"的情景一般，日本政府开始打造"富裕、高科技的西方国家形象"。① 这一时期的国家软实力建设强调与经济力这一硬实力建设的双管齐下，期待通过软、硬实力的配合来收获更大的利益。日本的海外投资开始急剧上升，日本企业开始了大规模的海外兼并，日本仿佛在一夜之间成了世界各国特别是发展中国家的"施舍者"。因此，这一时期的国家软实力建设可称为"经济外交国家"形象的打造。不过"施舍者"的国家形象显然并不受人欢迎，1974 年 1 月，日本首相田中角荣访问东南亚各国之际在印度尼西亚和泰国爆发的反日暴动就是证明。② 日本不得不再次对本国国家形象进行反思。

日本的海洋软实力建设成熟于第三阶段的经济外交时期。这一时期产业社会在进入 20 世纪 80 年代之后的第三阶段，虽然遭遇了《广场协议》引发的日元升值，导致出口贸易利润缩水的危机，但也因为海事产业更趋成熟，大型航运公司之间、航运公司与船舶管理公司之间、各相关海事产业组织之间形成了越来越多的协作机制及相关组织，这样的共同协作使针对日本海洋发展模式的制度设计获得了前所未有的提升。总之，正是执政者对战败给日本国家利益带来的损失进行了反思，并因此坚持实施的"贸易立国"政策，才使得海事、造船、通商贸易海洋事业的各个领域形成了功能齐全、结构均衡的族群，使得日本社会的海洋发展模式日臻完善，国家海洋软实力得到了有目的、有计划的建设。

（四）第四阶段："富有的文化大国"国家形象与综合性海洋政策统筹规划

第四阶段主要集中在"泡沫经济"崩溃的 20 世纪八九十年代直至世纪末。经历了 20 世纪 70 年代的形象危机之后，日本政府开始逐渐改变，这段时期的日本比以往任何时候都更重视"国家魅力"的软实力

---

① ［日］小仓和夫：《日本的"自我定位"与逆向思维——广报文化外交的转换》，载"外交"编辑委员会编《外交第 3 卷》，日本外务省 2010 年版，第 55 页。

② ［日］小谷俊介：《我国公共外交变迁及今后课题——以印度尼西亚事例为中心》，载国立国会图书馆调查及立法考查局《技术与文化的日本再生综合调查报告》，国立国会图书馆 2012 年版，第 159 页。

建设。日本外交开始从"经济外交"走向"广报外交",全力打造一个"不仅富有,而且文化丰富的日本"形象。① 这一时期同时也是日本"泡沫经济"从繁荣走向崩溃的时期,一开始,"泡沫经济"带来的繁荣现象令日本上下一片乐观,即使到了80年代中后期,日本仍然在为打造"富有基础上的文化大国"形象而努力,但"泡沫经济"崩溃的危机早已潜在,日本国家经济在80年代末、90年代初不可避免地迎来了全面衰退。这一阶段,日本为弥补经济硬实力不足及前一阶段软实力不足所带来的负面影响,开始频繁介入国际事务,通过向海外派遣自卫队、申请成为联合国常任理事国等方法来增强本国在国际社会中的存在感,维持其大国地位。② 1988年5月,时任日本首相的竹下登在伦敦发表演讲,强调"国际协力是强化国际文化交流的支柱之一",并在此后不久对国际交流基金的运作机能进行了强化。③ 自此,国际交流基金就成了日本与世界各国交流现代文化的重要路径。这一阶段的日本软实力建设主要围绕"弥补经济硬实力的不足"展开,无论是前期的"用经济硬实力基础上的软实力建设来进一步提升国际地位",还是后期的"用软实力来维持经济硬实力变弱后的大国地位",都是因为当政者意识到仅凭经济硬实力来参与国际事务是不够的,需要用软实力建设来加以弥补。

　　日本国家软实力建设发展到第四阶段时,海洋软实力建设也随之发生了很大的变化。"泡沫经济"崩溃所带来的经济萧条首先影响到的就是航运业及其相关海事产业。日元升值带来的出口利润大幅缩水使得战后如雨后春笋般崛起的航运公司都面临存亡的考验,并最终在20世纪90年代后期全面进入兼并重组的痛苦转型之中。为了降低成本,航运公司纷纷弃用劳动保障费用高昂的本国船员,转而雇佣东南亚、南亚、

① 〔日〕小仓和夫:《日本的"自我定位"与逆向思维——广报文化外交的转换》,载"外交"编辑委员会编《外交第3卷》,日本外务省2010年版,第55页。
② 〔日〕小仓和夫:《日本的"自我定位"与逆向思维——广报文化外交的转换》,载"外交"编辑委员会编《外交第3卷》,日本外务省2010年版,第55页。
③ 〔日〕小谷俊介:《我国公共外交变迁及今后课题——以印度尼西亚事例为中心》,载国立国会图书馆调查及立法考查局《技术与文化的日本再生综合调查报告》,国立国会图书馆2012年版,第161页。

南美以及非洲的船员来驾驶巨型商船，海事产业界因本国籍船员的枯竭而面临人力资源匮乏、产业界活力衰退的令人担忧局面。海事产业界进入了僵化时期，海洋软实力建设遭遇了前所未有的挑战。① 与此同时，在 20 世纪 70 年代开始实施改革开放政策的中国也在 90 年代后期逐渐显现出这一政策所带来的红利，并且国内生产总值也开始了长期持续性高速增长，上升势头如此迅猛，与日本的经济萧条形成鲜明对比。就在这本国经济发展后劲乏力与邻国的崛起使得日本的大国地位难以为继的时刻，以伊藤宪一为首的"财团法人日本国际论坛"启动了为期四年的"海洋国家研讨小组"系列研究项目，对这一时期的日本软、硬实力衰退问题进行了思考，在这一研究项目的成果著书中，他们指出："战败后的日本在外交和防卫上依靠美国，只采取经济合理主义的国策，但时至今日，这一处方的有效期限已经为期不远了。象征着冷战终结的世界政治秩序的根本性重组及信息革命，带动了世界沟通渠道的巨大变化，日本在这一历史性转折点上面临着抉择。目前，日本国内政治围绕日本的国家与社会结构的改变必要性进行热烈讨论，这在某种意义上是理所当然的。但这里我们必须清醒意识到，即使日本国家社会结构因国内改革获得改善，但如果国民对国家对外交流方式的变革仍然缺乏目标上的自觉，那么日本就仍不过是飘荡在世界海洋之上的漂流船，这样的漂流船恐怕要在 21 世纪海洋的巨浪中搁浅沉船。"② 这段话充分概括了该研究组倡导"海洋国家论"的理由——摆脱经济衰退、维持大国地位的正确路径是配合社会结构的转型来实施对外交往中的"自我定位"。关于这个国家形象的"自我定位"就是"在日本从属于东洋的中国，还是从属于西洋的美国之间寻找本国独立的定位"。③ "海洋国家论"为"海洋立国"战略提供了必要的理论基础，如海洋政策研究财团所说，既然日本是个海洋国家，那就自然需要围绕"海洋"来完成日本法律、行政管理及其他社会制度上的国家顶层设计。综合性海洋政策框架下海洋发展模式的软实力建设正是在这样的动机下开展的。

---

① ［日］富久尾义孝：《不变的海事社会的改革提议》，海文堂 2006 年版，第 37—39 页。

② ［日］伊藤宪一监修：《日本的国家身份》，森林出版社 1999 年版，序第 2—3 页。

③ ［日］伊藤宪一监修：《日本的国家身份》，森林出版社 1999 年版，序第 2 页。

（五）第五阶段："大众文化外交"的国家形象与全民海洋文化建设

第五阶段是进入21世纪之后，日本国家形象的软实力建设又一次进入全新的"大众文化外交国家"形象建设时期。首先，这一时期日本经济已经历"十年衰退"，经济实力及其对世界的影响力已今非昔比，即使是"用文化外交来弥补经济影响力的不足"也已显得力不从心；其次，中国的崛起已成为不可否认的事实，日本的大国地位受到了"威胁"，这些事实促使日本不得不另辟蹊径，重新寻找令其立足于国际社会的"武器"，他们找到的"武器"就是"大众文化"。事实上，通过战后半个世纪的积累，日本的大众文化显然已形成"品牌效应"。2007年日本外务省针对欧盟四国——英、法、德、意所做的"关于日本国家形象"的调查结果显示，日本因其"拥有丰富的传统文化"这一国家形象而获得了极高的评价，其中尤以"日本艺术"和"现代日本文化"最受关注；另一份2010年面向美国的调查结果也显示了相似的结果，"丰富的传统文化拥有国"和"漫画、时尚、料理等新文化发源国"的形象显然已在美国国民心中确立。[1] 对于大力发展"大众文化"，日本有着自己的战略考虑。1999年，时任日本首相的小渊惠三成立的咨询机构"21世纪日本构想恳谈会"向首相提交了题为《21世纪日本构想》的报告，报告中指出："战后日本所建立的政治、社会、经济的成功模型已不再适用于日本，但世界上又没有现存的模型供日本学习，要建立这一模型，必须回到日本社会中去寻找构建这一模型的'钥匙'"。[2] 这一成功的钥匙，不是明治维新时期的全盘西化，不是战后的经济外交，也不是此后文化与经济的并行外交，而是扎根于日本社会的"大众文化外交"。打造"大众文化国家"形象就此成为日本国家软实力建设的新任务。

日本国家软实力建设进行到第五阶段时，在亚洲，中日两国的整体经济国力发生了逆转，中国的崛起已成为不争的事实，日本又一次进入

---

① ［日］渡边启贵：《承载日本外交未来的文化外交》，载"外交"编辑委员会编《外交第3卷》，日本外务省2010年版，第70页。

② 21世纪日本构想恳谈会：《21世纪日本构想》，政府咨询报告，2000年，第10页。

了对国家软实力建设的重新思考之中，外务省对"海洋时代的外交能力"所进行的反思正是这一重新思考中的一个环节。从上文对外务省文献的解读中可以获知，海洋利益对日本之所以重要，并非因为日本是有别于中国的所谓"海洋国家"，而是因为日本岛国的国情决定了海洋利益对日本国家利益的格外重要性。因此，这一时期，日本在国家对外层面上，开始思考应具备海洋性的广阔视野，对美国和中国以及其他周边国家采取灵活、多元、平衡的交往策略；在国内行政管理层面上，则应进一步加强综合性的海洋政策建设，促进海洋开发、利用和保护的相关制度设计和发展模式进一步提升；在作为社会基础的国民层面上，则应着力培养海洋意识，发挥本土智慧，培养海洋文化。这一点，与《21世纪日本构想》报告中从事文化政策研究的众多日本专家的观点不谋而合，这份报告的最后部分明确指出，全球化时代的日本应追求的是"开放的国家利益"，[①] 并且这种"开放的国家利益"的答案应从本土国民的智慧中去寻找。[②] 战后日本逐渐发展起来并在进入21世纪后日趋繁荣的"大众文化"，从狭义上说，是世代居于海滨的庶民群体在海洋开发实践的生产与生活中形成的物质与非物质海洋文化；从广义上说，是指日本国民世代居于列岛之上、进行生产与生活实践所形成的列岛社会生存发展的传统文化；从主体上说，应包括各类社会组织、社会群体与个人，其中，尤其重要的是各类海洋领域的 NPO、NGO 等社会组织所实施的公共外交，这些社会组织涉及的领域包括海洋环境保护、海洋渔业发展、港湾地区自治等，以及目前正在致力于将已有环境技术等运用到海洋开发、利用和保护的各类实践活动中去的社会组织。如何充分发挥这些海洋文化，如何唤醒国民的海洋意识，到了这一阶段也成了外交专家眼中日本软实力建设的重要内容。以上基于全球化时代及海洋世纪所做出的外交处理方式的判断显然比上一阶段"海洋立国"更趋完整，日本的国家海洋软实力建设也由此进入了全新的阶段。

　　从对日本国家软实力建设及其中的海洋软实力建设的发展历程的梳理可知，从一开始的单纯致力于海洋开发能力提升的建设理念，到此后

---

① 21世纪日本构想恳谈会：《21世纪日本构想》，政府咨询报告，2000 年，第 274 页。
② 21世纪日本构想恳谈会：《21世纪日本构想》，政府咨询报告，2000 年，第 10 页。

对海洋开发能力的管理能力进行建设的理念，再到近期集海洋开发能力及其管理能力和国民海洋文化社会基础建设为一体的建设理念，日本海洋软实力的这三种不同概念正是随着国家软实力建设的步伐不断完善、丰满起来的。从这一发展历程来看，海洋软实力的每一次发展都是顺应国家硬实力的变化所引发的软实力建设的方针变化而产生的。经济高速增长时期，海洋软实力建设是配合出口导向型国家经济建设而施行的；在经济发展后劲乏力的时期，海洋软实力被用来当作日本积极介入国际事务、维持大国形象、遏制和围堵中国的外交武器；在本国与周边国家间经济格局发生重大转变时，海洋软实力成了日本全面反思国家发展战略的突破口。海洋软实力建设与国家硬实力建设、国家软实力整体建设都密不可分。

三 日本海洋软实力建设的阶段性成果和目标

梳理日本海洋软实力的建设历程，目的在于明确建设过程中取得的实质性成果及其所产生的效应。日本在海洋软实力的建设过程中已经取得了两项主要的阶段性成果，第三项正在建设中的海洋软实力也已目标明确，这些不断积攒形成的海洋软实力已经并正在为日本与他国的海洋权益博弈发挥相应的影响。

（一）第一项成果：海事社会发展模式

自明治维新以来直至战后经济高速增长期为止，日本政府的海洋软实力建设主要都是围绕一项任务：通过制度设计构建海洋事业的社会发展模式，因此这三个阶段可统称为积累期。日本的海事社会发展模式由于拥有深厚的海民社会基础和逐步形成的海上运输、商贸、物流系统的支持，因此一旦明治维新的政府改革启动，便很快孕育诞生。虽然经历了战争的摧残，但根基依然坚挺，因而能在战后随着"贸易立国"的国策实施而迅速发展壮大，并持续性推动日本海洋事业走在世界前列。海事社会发展模式的精髓就在于产业社会之间系统、有效的协力机制的建立。海事产业族群不仅拥有各种的产业协会，以致力于各产业间的资源配置、在职培训、信息共享等工作；还拥有大量从事海洋相关科研、环保、市民教育、海岸带管理、滨海旅游等领域的公益性组织。即使在进入经济萧条的时期之后，这种协力机制依然在不遗余力地努力调整日本海洋事业的发展方针，最大限度保证其可持续发展。目前，这一社会发展模式的效应已经全面显现。日本是世界公认的海运业与造船业大国，海洋类的高等教育机构与研究机构长期处于世界同类教育、科研领域的前沿，海洋科考船在不断刷新自己保持的世界纪录，海水淡化等海洋新兴产业的发展同样走在世界各国前列。日本各领域从事海洋开发活动的社会群体用强大的制度设计和由此形成的社会发展模式宣示了本国的海洋软实力。

（二）第二项成果：综合性海洋政策下的海洋事业统筹发展模式

进入第四阶段，日本海事社会的发展模式面临危机，海洋软实力建设也由此进入转型与反思，并确立全新的阶段性任务：进行综合性海洋政策对海洋事业发展的统筹能力建设。

关于如何将"海洋立国"的总战略具体转化为本国的影响力，日本政府也给出了具体的路径，也就是 2008 年度《海洋白皮书》中提到的凭借"海洋开发、利用、保护和管理等实践活动中积累起来的各领域知识上的优势"发挥本国影响力的"海洋外交"思维。换言之，日本强大的海洋开发实践能力只有通过跨领域的、综合性的内外海洋政策的制定与实施，才能对国际社会发挥影响力。在海洋政策研究财团及其所代表的"日本海洋国家论"者看来，构建综合性内外海洋政策框架下的海洋事业发展模式就是日本海洋软实力的建设目标。

第二项成果的效应也已逐渐显现。日本将"海洋立国"作为国策，致力于海洋软实力建设的顶层设计无疑是正确与明智的。《海洋基本法》为日本各项海洋事业的发展提供了基本的法律依据，也为各领域的海洋事业相关立法提供了准绳与框架；《海洋基本计划》的实施，明确了政府在海洋事业发展中的职责，也为国会和民众监督、评估政府发展海洋事业的业绩提供了清晰的依据；海事社会发展模式也因此得到了更具长期性与规划性的制度支持，日本获取海洋权益的能力得到了全面的整合与提升。

但同样必须指出，以"海洋国家论"为理论指导的"海洋立国"战略，从产生之初便带有浓厚的意识形态色彩，日本部分政治利益集团对这一点大加利用，将"海洋立国"战略解释为"日本应该远离中国等'大陆国家'，靠近英美等西方'民主'国家"。这一论调产生的效果颇为显著，对内，它误导了日本国民，错把中国当成了日本"海洋立国"的妨碍者，鼓动了国民的反华情绪；对外，它变成了日本围堵、遏制中国的"价值观外交"的理论工具，以至于对中日关系造成了极大损害，对日本国民同样有害无益。

（三）下一个目标："国家—社会"的全民海洋事业发展模式

进入第五阶段，日本政府对海洋软实力的建设又一次进入重新定位时期，所设定的主要任务是日本外务省及其下属智库团队基于对全球化时代中的国家海洋软实力的判断所提出的"国家—社会"框架下的全民海洋事业发展模式建设。外务省这个以"洞察世界格局动向及日本应有之定位"为本职工作的政府机构显然已意识到，海洋世纪中的日本在外交政策上必须改变以往"非东即西"的思维模式，以海洋性的广阔视野，对美国和中国以及其他周边国家采取灵活、多元、平衡的交往策略；在国内行政管理层面上，则应进一步加强综合性的海洋政策建设，促进海洋开发、利用和保护能力的进一步提升；在社会基础层面上，应着力培养国民海洋意识，发挥本土智慧，繁荣海洋文化。

战后日本逐渐发展起来并在进入21世纪后日趋繁荣的"大众文化"，从狭义上说，是世代居于海滨的庶民群体在海洋开发实践的生产与生活中形成的物质与非物质海洋文化；从广义上说，是指日本国民世代居于列岛之上、进行生产与生活实践所形成的列岛社会生存发展的传统文化。"大众文化"的传承主体应包括各类社会组织、社会群体与个人。日本NPO组织近年来的发展充分显示了蕴藏在大众文化中的日本海洋软实力。立足于社会的大众海洋文化与立足政府的顶层设计相结合的海洋软实力建设显然比上一阶段的"海洋立国"更趋完整。尽管这一构想还未全面落实到国家行动中，但日本的海洋软实力建设无疑已出现新的动向。这一目标如能实现，不仅是对日本以往海洋软实力建设所积累成果的成功延续，无疑也会为这一建设中的失误起到一定程度的纠偏作用。

四　日本海洋软实力建设的经验

对日本海洋软实力的实践过程加以梳理，可据此探析其发展中的必然性所在，从而把握日本海洋软实力建设的经验，这些经验可概括如下。

（一）海洋软实力建设是一个有规划的发展过程

海洋软实力建设的实践过程是由表层到深层，由具体到综合，由局部到整体的发展过程。对日本海洋软实力的三种不同理解实际上正体现了海洋软实力这一发展过程。首先，从海洋软实力建设所涉主体范围来看，是由从事海洋开发实践的各类海洋产业组织，扩展到对以上产业组织进行统筹管理的相关组织，再到全体国民及所有社会组织，主体所在社会领域的范围呈不断扩大趋势；其次，从海洋软实力建设的内容来看，是由具体海洋开发实践能力的提升向着将这些能力加以统筹规划的方向发展，并最终将这一实践发展为列岛社会海洋文化培养的全国性、综合性国家事业。最后，从海洋软实力建设所指向的国家利益来看，对海洋产业组织的能力加以建设，是着眼于直接从事海洋开发、利用和保护的实践活动所能获取的利益，涉及最狭义的、最直接的海洋利益，是表层的海洋软实力建设；从政策、法规、制度上对海洋开发能力加以统筹、规范、规划及其他安排，是着眼于国家范围内的整体性海洋开发能力的所能获取的利益，是将海洋利益上升为国家利益的设计，是中层的海洋软实力建设；在国家各制度设置中引入"海洋"思维，要在国家事业的各个领域、规范国民生产生活的各种社会设置的建设中融入海洋因素，是着眼于海洋世纪的全球化时代中的国家长期性利益，是最深层的海洋软实力建设。

目前，客观而言，中国产业结构仍然有待大幅度调整，产业升级面临的压力与日俱增，制造业的主干部分仍然处于产业链的较低端，制造成本却在不断上涨，出口产品国际竞争力正面临严峻挑战，泡沫经济已经显露端倪。我们不能因整体经济形势的利好而忽视经济发展的潜藏危机，为产业结构调整和产业技术创新提供必要的平台和支持是中国当前亟须解决的攻坚课题，海洋软实力建设的第一课需要尽快补上。与此同时，我们更应以邻国日本已有经验为鉴，敢于从现在起就立足海洋强国发展的前沿，对综合性海洋软实力的建设和国家海洋文化的建设做好规划并从现在起着手稳步推行。

（二）海洋软实力建设的发展与海洋硬实力建设密不可分

海洋软实力本质上是国与国间为争取和维护海洋权益所进行的博弈，从这一意义上说，海洋软实力建设与海洋硬实力建设的目的指向是一致的。从日本的实践经验来看，海洋软实力的实践发展正是应国家海洋硬实力的变化而发生相应的改变。在日本明治维新及第二次世界大战后的重建时期，国家经济百废待兴，经济基础十分薄弱，国家海洋开发能力的培养也因此处于韬光养晦、默默积累的过程中，呈现出内敛、低调的特点；随着经济逐步进入持续增长阶段，日本逐渐确立世界经济大国的地位，海洋硬实力中的经济力获得了国际社会的公认，海洋软实力的建设也开始呈现出对外扩张、介入国际海洋事务的外向型态势，日本开始致力于从国家层面上全面开启海洋软实力的建设；在经济盛极而衰，进入低迷状态之后，经济硬实力明显后劲乏力，此时，日本政府开始抛出"海洋国家论"，意图用海洋软实力的建设来弥补国家硬实力不足可能带来的国际地位的下降；等到国家经济实力与中国之间的逆转之际，日本的海洋软实力建设更进一步发展成为上至中央政府、下至普通国民的全国性事业，力争通过将列岛社会文化事业的强大来挽回颓势，加强本国在这个对海洋利益激烈竞争中的胜算砝码。国家软实力与硬实力并驾齐驱，都是国家在国际事务交往中获取本国利益的手段，硬实力由弱变强，软实力也相应积累；硬实力强大，软实力可以将硬实力"包装"得更有魅力；硬实力变弱，软实力就要替代硬实力，去继续维护国际交往中的国家利益。在这个海洋利益成为世界各国国家重大利益的全球化时代里，日本海洋软实力的建设正是以这样的方式与国家硬实力、国家海洋硬实力一起维护着本国的海洋权益及其所代表的国家利益。

中国海洋强国的事业还处于起步阶段，海洋软、硬实力都仍处于积累、蓄势时期。全球化时代里，围绕海洋能源资源、海洋空间、海洋领土主权的争夺必然呈现日趋激烈的态势。中国不能回避海洋硬实力领域与世界各国的正面比拼，同时也不能放弃在海洋软实力领域的逐步积累，以及对长线利益的争取。海洋软、硬实力建设的优化配置是实现中国海洋权益最大化的必由之路。

（三）海洋软实力建设中对顶层设计的重视

当海洋利益上升为国家利益时，对海洋软实力的建设应重视顶层设计。当今时代之所以被称为"海洋世纪"，是因为海洋利益对国家战略利益的重要性相比以往任何时期都要大得多，海底所储藏的大量能源矿藏对国家发展的重要性不言而喻；海上航道特别是特殊地区的航道对国家利益同样殊为重要，马六甲海峡是中东石油运往东亚地区的生命航线，北极航道则是决定国家在未来极地地区利益的战略通道。从这一意义上说，日本将"海洋立国"作为国策，致力于海洋软实力建设的顶层设计是正确与明智的。2007 年通过的《海洋基本法》成功描绘了"海洋立国"的顶层设计蓝图。第一，横向的所涉领域涵盖了"海洋开发利用与海洋环境保全""海洋安全确保""海洋科学知识的充实""海洋产业的健全发展""海洋资源、环境、交通、安全的综合管理""海洋事务的国际协调"等各方面，涉及国内及国际政治、军事、经济、文化等各系统，堪称齐全。第二，纵向的行政管理体制建设上，建立海洋综合政策本部，首相任本部长，内阁官房长官和海洋政策担当大臣任副本部长，除以上大臣外的所有国务大臣任本部成员。第三，时间上，规定了政府五年一度的《海洋基本计划》制定责任，继 2008 年第一期之后，2013 年的第二期已出炉，日本政府需要依据海洋领域相关情况的变化及时制定和调整相应国家规划。以上各项充分体现了日本政府为实现"海洋立国"所进行的系统化、层次化、统筹化设计。日本对海洋软实力亟须顶层设计的危机感也是中国在全球化时代中应有的清醒意识。虽然目前中国海洋综合治理的改革已经启动并有所进展，但远不能被称为系统化的顶层设计，中国的海洋开发领域的制度性安排需要站在国家高度进行统筹安排。

（四）民间层面的海洋公共外交与国家海洋外交的有效结合

日本的经验证明，"大众文化"可以成为打造国家形象的有效武器。日本已通过"大众文化"的品牌建设，在世界各国确立了良好的国家形象，并正在思考如何把塑造了这一良好形象的"大众文化"与

"海洋新时代"相对接，通过传承、发扬和培养大众海洋文化这一社会基础，来灵活、有效地开展国家层面所难以开展的海洋公共外交。正如《海洋白皮书》中所说："要在今后的国际社会中拥有举足轻重的分量，就应积极利用本国在海域开发、利用、保护和管理过程中培养起来的科学知识、法律、经济、技术知识，成为建设海洋秩序的先驱。"① 而这些在海洋开发、利用、保护和管理中培养起来的知识体系并不仅掌握在国家政府及其智囊团队手中，有很多则是来自实际从事海洋开发实践的民众及其组织的民间智慧。从日本政府的计划以及所付诸的实践来看，要推进海洋的可持续开发利用、海洋环境的保护、海洋科学调查、海洋技术的发展与转移等方面的国际协力的"海洋外交"，不仅需要政府在官方层面上的努力，也离不开基金会、协力会、两国友好交流会等社会组织在民间层面上的努力，并且后者显然具有更多元化的途径，更灵活的手段，同时也可以在很大程度上避免官方活动不得不考虑"国家行为所产生后果"的种种顾虑，而"公共外交"的效果却同样显著。

（五）海洋软实力建设与本国社会的内在需求联系密切

海洋软实力是国家为获取海洋权益而在国内外海洋事务处理中的能力体现，因此在很大程度上涉及国与国关系的外交问题和国际政治问题，但这并不意味着海洋软实力建设与国内需求的关系不大，事实正相反，日本海洋软实力实践的经验表明，海洋软实力建设必须建立在国内社会需求出现的基础上，与国际社会对本国的所需"扮演角色"的期待相结合，才能更好地打造本国国家形象，从而提升在国际事务中维护本国利益，尤其是海洋权益的能力。明治时期，日本通过维新变革，一举成为世界各国心目中最早实现近代化的亚洲国家，充当了当时的亚洲领头羊角色，但这一近代化的革新之所以会成功，终究是因为本国底层社会对幕府统治下封建割据、闭关锁国的落后、贫穷状态的不满，是底层武士和庶民阶层的力量推动了近代化革命，以及此后相应开展的与国家软实力建设息息相关的产业革命。第二次世界大战后，日本原本是美国占领下的战败国，重建事业任重而道远，但却因此后冷战格局的确立、美国对远东军事基地的需求，以及朝鲜战争的军需，凭借"轻军

---

① 海洋政策研究财团：《2008 年度海洋白皮书》，政府白皮书，2008 年，第 5 页。

备、重经济"的低调、和平国家形象成功赢得了经济重建的空间和动力,海事及相关各产业领域实现了国家软、硬实力建设的齐头并进。从表面上看,是美国的默许和需要使日本海洋软实力得以逐渐繁荣,但事实上,"贸易立国"国策的根本动力不在于取悦美国和西方世界,而是社会各界特别是产业界在蓄势待发,找准这一难得的有利时机,大力发展本国经济,誓言把战争中的失败通过经济的胜利重新赢回来。经济外交时期及此后的文化经济外交时期,日本海洋软实力建设显现出更积极作为的姿态,日本政府对外常常宣称,海外派兵和更多参与国际事务是"应国际社会对日本发挥更大作用的期待"① 所采取的措施,但事实已经证明,海外派兵最明显的效果就是赋予了日本自卫队更多扩充军备、扩大规模的借口;更多介入国际事务的结果则更为明显,日本政府在商业捕鲸问题上违背国际社会大趋势的"倒行逆施"显然是为了捕鲸背后的商业利益,而在海岛主权问题上之所以与周边海域纷纷交恶,动力也是来自本国对海底能源矿藏的强烈需求。

但是也应看到,日本一些政客和政治利益集团,正是抓住了本国社会的这些强烈的、明显的需求,对此大加渲染,用"海洋国家论"来误导外交,把"在海岛主权问题上搁置所带来的本国海洋权益损失"扭曲夸大,对所谓"海洋国家"日本与被称为"大陆国家"的中国之间对立关系极力鼓吹,才会导致北方四岛、竹岛和钓鱼岛问题屡屡成为日本与周边国家摩擦的"导火索",结果不仅使得日本与周边邻国纷纷交恶,而且从钓鱼岛的所谓"国有化风波"等近期争端产生的结果来看,更是让日本产业社会因此承受了巨大的经济损失,使得原本就在经济不景气、金融危机和地震海啸下艰难行进的日本产业社会雪上加霜,而这些争端中最大的获益者仅仅是那些政治利益集团以及与之关联密切的预算经费日益增多、军备规模日益扩张的日本海上自卫队与海上保安厅。"海洋国家论"的根本目的在于围堵中国、遏制中国,是典型的冷战思维方式,不仅完全不符合现阶段日本社会尽快摆脱经济低迷的强烈需求,显然也不符合美国及国际社会的亚太地区战略利益及对日本所起

---

① 日本外务省:《1992 年度外交绿皮书》,http://www.mofa.go.jp/mofaj/gaiko/blue-book/1992/h04 – contents – 1. htm。

作用的期望，美国政府近期对安倍政权行径所持的批判性态度立场就可以充分证明这一点。尽管近期以来，日本政界、学界一些人士开始认识到应将"海洋新时代"与"国家利益"直接对接，以更广泛意义上的文化软实力来赢得新时期的海洋利益、国家利益，但这样的呼声还很弱，日本的海洋软实力建设正处在十字路口，如果依然听凭一些政治利益集团左右国家事业的方向和步伐，无视国家及社会的真正需求，那么历史的发展终将证明，这样的海洋软实力建设必然无法为日本赢得更多的国家利益。日本发展的经验已经并将继续证明，只有以国家利益的最大化为目标，以国民与社会的需求为准绳，加上准确掌握国际秩序格局的发展时机，才能有效进行海洋软实力的建设。

第三节　挪威海洋软实力的实践及其经验

随着全球化浪潮的席卷与《联合国海洋法公约》的正式生效，通过话语权维护自身海洋权益与主导国际海洋事务渐成主流。尽管中国近年来在海洋经济、海洋科技以及海洋军事等领域取得了举世瞩目的成就，但是，对于如何将在经济、科技等方面取得的成就有效地转化为话语权还缺乏充分的认识。而西方海洋国家则在这一方面起步较早，并形成了许多可供我们研究与借鉴的案例。其中，挪威在欧盟综合海洋政策制定过程中的话语权获取便是典型案例之一。挪威作为一个北欧的海洋国家，无论从人口数量、国土面积，还是从经济总量、军事实力来看，都是一个不折不扣的小国，这一类国家在各类国际事务面前通常被认为只有参与权而没有话语权。但是，事实却与设想的并不一致，以时间为轴线，挪威对欧盟综合海洋政策制定过程的参与可分为前绿皮书阶段、咨询阶段、蓝皮书出台阶段三个时期。在这三个时期内，"小国"挪威表现得异常活跃，凭借独特的地理位置与在某些领域的先进经验，通过采取有效手段，实现了自身在政策制定过程中的话语权由小变大，由弱到强的转变，最终成功地将与自身利益密切相关的议题添加至蓝皮书议题框架之中。

一　挪威海洋软实力的发展历程

（一）海洋软实力提升的准备阶段：前绿皮书阶段

2005 年巴罗佐当选欧盟委员会主席后，海洋问题便在欧盟的议事日程中占据了突出位置，其中出台一份包罗万象的综合性海洋政策更是成为重中之重。为了更好地实现这一目标，整个政策制定过程期间安排了一次大范围的咨询活动，并先后发布了绿皮书与蓝皮书作为这项政策的主要文件。作为近海石油与天然气的主要生产者以及航运与渔业大国，这一政策势必将对挪威的海洋权益产生影响。因此，密切关注政策进程的发展，并抓住机会推动政策向自己有利的方向发展是挪威的必然选择。2005 年 3 月 2 日，新一届欧盟委员会发布了将要制定《面向一个未来的欧盟海事政策——欧洲海洋愿景》政策的通知，正式拉开了欧盟综合海洋政策制定的大幕。负责领导海洋政策制定进程的任务委派给了马耳他籍委员乔·博格。与此同时，还设立了一个由相关委员组成的高级别领导小组以及一个直属于博格委员的行政工作小组。这个由各国专家与委员组成的小组被授予了广泛的权力，作为整个政策制定过程的发动机，其尤为要注重"分析不同涉海部门之间的政策能否实现收益协同，并确保这些政策未来能以经济的、社会的和环保的方式提升竞争力、鼓励增长并促进就业"。[1]

1. 挪威的利益

欧盟准备制定海洋综合政策的消息从布鲁塞尔传到挪威后，立刻引起了政府与海洋产业利益相关者的高度关注。一方面，挪威政府积极与欧盟展开沟通，对欧盟向其发出的参加成员国专家小组的邀请做出积极响应；另一方面，在挪威国内，通过一个部际工作小组和一个咨询小组的定期沟通与协调，明确了自身在这一政策过程中的核心利益所在。[2]其中最重要的任务有以下三个。

第一，明确在专属经济区中，沿海国家的主权权利与义务，并力主

---

① European Commission，"Towards a Future Maritime Policy for the Union"，2005.

② Norwegian Government，"Norwegian Contribution to the Green Paper on a European Maritime Policy"，2005，pp. 53 – 54.

这一问题应受联合国海洋法的管理。

第二，鼓励沿海国家与相关国际组织之间继续加强合作，针对全球性海洋产业，如航运业，寻求全球性的而不是区域性的管理条例。

第三，提高欧盟对巴伦支海与北极地区存在的自然资源可持续开发与管理问题的关注，并督促其制定相应的合作指南。①

2. 欧盟的利益

2006年6月7日，博格委员公布了绿皮书，这份文件完整地体现了欧盟的利益所在。从这份只是简单拼凑起来的文件中我们不难发现，挪威与欧盟在许多方面都存有分歧。如绿皮书主张对"共同海域"进行一定程度的扩张，而构建欧洲共同海域不但被视为是对沿海国家主权的侵害，也被看作为区域规则的推广奠定了先机，而这与挪威所希望的推动形成全球性规则体系相违背。② 绿皮书中提出的"针对船旗国对其船只的专属管辖权这一概念做出例外裁决的方式"，③ 也被挪威视作对自身利益的损害。对于挪威所关注的北极问题，文件中虽然没有明确提出反对意见，但是也没有对这一区域表现出实质性的兴趣，这同样使挪威感到非常不满。

（二）海洋软实力提升的发展阶段：全面咨询阶段

绿皮书发布后，进入了为期一年的咨询讨论阶段（2006年6月7日—2007年6月30日）。在这一时期，欧盟收到了500余份建议书，并召集相关参与者举办了230多场活动。通过这些活动，挪威了解到绿皮书中部分损害自身海洋权益的内容，也同时引起了其他海洋国家的不满。如针对"共同海域"问题，英国与瑞典都给出了消极回应，英国指出："我们不认为有充分的理由来对'共同海域'的概念加以扩展，对于这一概念的扩充无疑会侵犯沿海国家与联合国海洋法管辖下船只的

① Norwegian Government, "Norwegian Contribution to the Green Paper on a European Maritime Policy", 2005, pp. 61 – 62.

② European Commission, "Towards a Future Maritime Policy for the Union: a European Vision for the Oceans and Seas", *Green Paper*, 2006, pp. 40 – 42.

③ European Commission, "Towards a Future Maritime Policy for the Union: a European Vision for the Oceans and Seas", *Green Paper*, 2006, p. 40

权利。"① 瑞典则表示："若这一概念意味着对联合国海洋法公约及其基本准则的重新审视，那么其对'共同海域'的概念将持怀疑态度。"② 了解到其他西北欧的海洋国家与自身持有相同观点，而欧盟的主要成员国能够在欧洲理事会中否决委员会的提议，这使得挪威更加确信与自己前两项主张相悖的观点最终不会被纳入政策框架之中。

然而，在北极问题上形势则没有那么乐观。除挪威外，仅有芬兰在提案中涉及北极问题，但是，由于地理位置的原因，芬兰在这一区域的利益较少，关注的问题也较为单一，难以对挪威产生实质性的帮助。这使得挪威要想将这一问题纳入政策框架，必须采取更为积极主动的手段。通过对挪威与欧盟之间的协商进程进行观察，我们能够清楚发现挪威政府明显增强了自身对欧盟综合海洋政策进程的接触。欧盟中的挪威代表，一方面主动向欧盟其他成员国推广挪威的建议，并就许多共同面临的问题与它们分享自身经验；另一方面也积极同委员会、工作组以及欧洲议会中的重要代表们建立良好关系。

在整个咨询期间，挪威政府两度邀请工作组的负责人约翰·理查德森对其进行访问。第一次访问是在 2006 年 1 月，在访问中，他参观了位于卑尔根、奥斯陆、特罗姆瑟以及特隆赫姆等地方的重要海洋设备与研究机构。那些同他见面的海洋事业参与者展现出的热情给理查德森留下了深刻印象，而那些由不同规模的企业以及政府研究机构组成的海洋产业集群所展示出的超强能力与高度复杂性，也给作为游客的理查德森带来了极大震撼。在这次与挪威海洋产业集群的接触过程中，理查德森一行还了解了挪威海洋石油业正在进行的二氧化碳捕获与海底储存技术的研究发展情况，这使他们更为真切地感受到海洋领域的创新与管理结构改革之间的鱼水关系。

在 2006 年夏天进行的第二次访问中，约翰·理查德森一行人被邀请乘坐挪威极地研究所的兰斯号科考船，对萨瓦尔巴特群岛进行了一次

---

① United Kingdom, Government, "Towards a Future Maritime Policy for the Union: A European Vision for the Oceans and Seas", *Contribution from the United Kingdom of Great Britain and Northern Ireland on the European Commission Green Paper*, 2006, p. 25.

② Swedish Government, "Commission Consultation on a Maritime Policy for the EU", Sweden's reply, 2007, p. 27.

科研航行，这次航行使得理查德森及其随行人员对北极地区的感性认识与理性认识都上升到了一个新高度。例如，他们对海冰面积缩小对北极地区造成的威胁有了更为直观的感受。理查德森后来表示，正是这次北极之旅，让他开始重新审视该区域的地缘意义，以及未来欧盟应在这一区域所扮演的角色。理查德森指出，该区域"未来几年中冲突与合作的状况必然会出现一种"。①

挪威经过一系列努力使自身在欧盟综合海洋政策中的话语权得到了显著提升。挪威渔业顾问保罗·欧玛先生在一次采访中解释说，挪威相较于以前"更引人关注了"。具体来说，工作组与委员会的工作人员现在"对于挪威提出的观点与关心的问题变得更加敏感"。他特别提到了一个新趋势，即委员会中的行政官员现在会更加主动地与他进行联系，而不像过去只有在迫不得已的情况下才去找他。挪威话语权的提升也表现在对重要组织的参与上，挪威曾向欧盟表示希望能在综合海洋政策进程中扮演更为重要的角色，作为回应欧盟邀请其加入自身的高级联络员小组。这个小组的成员皆为部长级别的官员，由欧盟主席负责统筹，是海洋政策的协调机构。这次邀请挪威参与的高级联络员小组比起之前挪威加入的成员国专家小组，其级别更高也更为重要，这次邀请兼具了政治上的象征意义与实际价值。

话语权的提升，使得挪威对本国在综合海洋政策进程中的前景感到乐观。在蓝皮书发布前期，综合海洋政策的主要协调人员汤姆·托玛斯兰德强调，"挪威现在已经同欧盟委员会构建起良好的对话沟通机制，在欧盟的政策议程制定方面也变得更有经验，并且现在已经能够与欧盟委员会开展相应合作"。② 工作组的领导层也更加重视来自挪威的意见。在欧盟轮值主席国德国于2007年5月举办的欧洲海洋政策大会上，约翰·理查德森有所预示地指出，"他现在已经真切地了解了挪威的利益

---

① Wegge N. , "Small State, Maritime Great Power? Norway's Strategies for Influencing the Maritime Policy of the European Union", *Marine Policy*, Vol. 35, No. 3, 2011, p. 340.

② Wegge N. , "Small State, Maritime Great Power? Norway's Strategies for Influencing the Maritime Policy of the European Union", *Marine Policy*, Vol. 35, No. 3, 2011, p. 340.

所在"。①

（三）海洋软实力提升的完善阶段：蓝皮书的出台

2007 年 10 月 10 日，博格委员发布了《欧盟综合海洋政策蓝皮书》与附带的行动方案，其中共包含了 65 项行动建议。这份文件顾及了大部分参与者的利益，内容的争议性较小，整体的协调性更强。

蓝皮书的内容很好地体现了"挪威元素"。据约翰·理查德森透露，行动方案中至少有 3 项内容是因为挪威才被添入。之前对那些会侵犯国家在沿海水域主权提议的担忧得到了消除。国际海洋法公约作为全球性的海洋法律体系，其地位得到了巩固。此外，所有关于海洋产业的区域性解决方案也都被撤销，这些方案曾被认为会对航运企业所倡导的全球原则产生威胁。蓝皮书甚至没有探讨有关"共同海域"的问题："共同海域"的概念被一个更为实际的目标所取代，即"提高海洋空间的规划与海岸带的综合管理"。② 对于挪威的第三条主张，即加强欧盟对北极地区的关注力度，蓝皮书也做出了巨大调整。由于欧盟委员会现在已经意识到深化自身与北极地区关系的重要性，因此，政策中指出，"欧盟委员会将会就自身在北冰洋地区所存在的战略问题发布一份报告……这一举动的目的在于为下一步更准确的界定欧盟在该区域的利益与角色奠定基础"。③ 从某种意义上说"更好地理解欧洲内部各国对于北冰洋的不同利益所在"已被视作"未来综合海洋政策的重要基础"。④ 蓝皮书中对于北极地区的关注是前所未有并且是实实在在的。2008 年 12 月 20 日一份由欧盟与挪威密切合作完成的报告《欧盟与北极地区》最终得以发布。

① Wegge N., "Small State, Maritime Great Power? Norway's Strategies for Influencing the Maritime Policy of the European Union", *Marine Policy*, Vol. 35, No. 3, 2011, p. 340.

② European Commission, "An Integrated Maritime Policy for the European Union", *Blue Book*, 2007, p. 6.

③ European Commission, "An Integrated Maritime Policy for the European Union", *Blue Book*, 2007, p. 3.

④ European Commission, "An Integrated Maritime Policy for the European Union", *Blue Book*, 2007, p. 3.

二 挪威海洋软实力建设的经验

美国学者约瑟夫·奈提出软实力的概念，在当时有着冷战结束之际继续保持美国世界霸权地位的用意，具有较强的现实指向性与国际背景。但此概念的实际运用并不局限于所谓大国、强国。就宏观的国际局势而言，以美国为代表的少数世界大国起着主导作用，这并不意味着在某些领域乃至微观国际问题的解决上，其他相对较小的国家就会失去相应的话语权。相反，所谓小国更应该找准国际事务的微观发力点，通过有效运用自身的某些相对优势，力求在特定领域发挥作用，体现自身的话语权。挪威在海洋事务中的具体做法及其成效，就是小国成功获取特定领域话语权的典范。通过上文对欧盟综合海洋政策制定过程的回顾，我们不难发现"小国"挪威在整个过程中的表现可谓异常活跃，同时也极为成功。通过不懈努力加之对自身优势资源的合理运用，挪威成功影响了政策议程的设定，实现了自身偏好，同时展现出自身在国际海洋事务中的强大话语权。这对于正力图在海洋事务中有所突破的中国来说有着重要的启示意义。具体来说，挪威的成功经验可以归结为以下几点。

（一）话语主体的清晰自我认知

话语主体的自我认知，主要包括对自身实力的准确评估以及展示话语权议题领域的精确选择。当今世界涉及领域多样化特征明显，对于大多数国家而言，谋取全球事务的整体话语权显得力不从心。因而，话语主体需要清醒的自我认知与自我定位。挪威只是北欧众多国家中的普通一员，无论综合国力还是海洋整体实力，在欧盟诸国家中均不处于优势地位，因而很难谋取欧盟海洋整体事务全面的话语强势。挪威对于自身在欧盟中的认知与定位还是相对准确，从挪威尽量避免与其他海洋大国的直接政治冲突，以柔和的方式争取话语权的具体做法可以得到印证。由此出发，挪威充分认识到自身在欧盟海洋事务中，特别是在渔业、海洋非政府组织等具体方面的相对优势。作为北欧临海国，拥有北极海域海岸线的地理特质。更为重要的是，挪威将自身海洋国家的先天优势与当今世界对于海洋高度重视的大趋势相结合。基于此种认识，挪威积极寻求加强在欧盟海洋事务中获取话语权的具体着力点。通过挪威细致精到的分析，发掘出北极事务作为谋求话语权的拓荒地，而北极事务在当时尚不纳入欧盟海洋事务主流议题，但是其本身有着重大战略潜力价值。由此，挪威再通过后面一系列措施，最终占得欧盟北极海洋事务的先机，从而有效谋取了海洋事务的话语权。

（二）话语主体的积极主动精神

在明确自身定位以及谋取话语权的具体领域之后，如果不能审时度势，采取积极措施，很有可能会丧失应有的发展机会。在全球化时代，信息传递更新速度极快，很多国家都在拓展自身发展的空间，海洋更是成为近些年来诸多国家增强国家实力的新领域，有些大国可能会凭借自身强大的综合实力，一旦实现对某一全新领域的事实介入，容易会在新的领域继续占据主导地位，这样就极大地挤占小国谋取话语权的空间。因而，话语主体尤其是所谓小国的积极主动性就显得格外重要。挪威在认准北极事务的重大战略意义之后，迅速采取行动，主动与欧盟相关机构展开联系，商谈合作交流项目，扮演起北极事务组织者与主导者的角色，保证将较为先进的战略认识在较短时间内付诸实践。

（三）多元话语主体的积极参与

现代社会的一大特征就是事务的复杂性与不确定性。即便成功选定某一领域作为话语权的着力点，此领域也会发生很多实际的变化。比如，北极地区特殊的地理环境特征以及多个国家并存等现实状况，单靠政府很难有效应对操作层面的所有难题。况且话语权的获取与维持，仅仅依靠政府的外交等活动，容易存在反应迟缓等弊端。因而，很有必要吸纳政府之外的其他主体，参与话语权的谋求与有效维持的全过程。纵观挪威参与欧洲综合海洋政策制定的全过程，我们不难发现企业、研究机构、非政府组织等来自不同领域的话语主体，并不是仅仅依靠挪威政府本身的努力。而这些多元话语主体的积极参与，对挪威在综合海洋政策过程中提升自身话语权起到了重要的作用。首先，多元话语主体的参与增强了话语的综合性、一致性。由于挪威在这份综合海洋政策中的核心利益是在政府组织与非政府组织多次协商的基础上形成的，因而其具有协调性、统一性，这也使得基于国家利益形成的提案具有较强的逻辑性、关联性，从而进一步提升了话语的质量。其次，非政府组织通常具有专业性、客观性、可信度较高的特点。因此，由其传播的话语更易于得到其他国家的认可，在理查德森对挪威的访问中，正是通过与从事海洋产业的人员进行沟通交流，才使得其更为深刻地了解到制度框架对海洋产业创新的作用，进而从侧面认识到挪威所拥有的海洋管理制度的优势，从而增强了挪威话语的影响力。

（四）话语内容的质量要高

话语权的获取归根到底还是讲求其他方的有效认可，这就需要话语主体对于话语内容的精心设计。毋庸讳言，有关话语方的最终指向都是自身利益的实现，而维护话语传播主体本身的利益是话语的前提与基础。因此，话语是否具备利他性与前瞻性成为考察话语质量高低更为重要的标准。挪威在综合海洋政策进程中所持的话语无疑符合了上述两个标准。就利他性而言，其一方面体现在挪威所提出的前两项主张因契合了英国、瑞典等西北欧海洋强国的利益而得到其拥护与支持；另一方面，这又体现在挪威对于北极地区的关注。从某种意义上讲，北极地区是对全球都具有重要意义的公共物品，若北极地区生态环境遭到破坏，受到威胁的不仅是挪威，更是全世界。因此，对于北极地区的关注也体现出了挪威话语不但是从自身利益出发，更是从全球利益出发。就话语的前瞻性而言，这也可以从挪威对北极地区的关注上窥探一二。在欧洲各海洋国家中，挪威率先意识到北极地区的重要性，并向欧盟积极提交相关议案，以期获得欧盟对这一区域的关注。这种话语的前瞻性，使得挪威在综合政策中有关北极问题的议程设置中占得先机，并最终成功地使北极问题纳入综合海洋政策框架之中。

（五）话语平台持续参与的能力要强

挪威之所以能在综合海洋政策制定过程中展现出强大的话语权，除去多元的话语主体与高质量的话语内容，与其自身较强的话语平台参与能力也密切相关。这一方面表现在对既有话语平台的参与，另一方面又表现在对新话语平台的创设。实际上，既有平台更多的是相关话语主体参与综合海洋政策制定过程的初级阶段，是话语主体融入其他主体的第一步。建设由自己主导的话语平台，进而主导相关领域的总体事务，才是真正实现其话语权的关键。挪威自政策制定伊始，就对参与既有话语讨论平台展现出极大的热情，积极委派相应的专家与官员参与其中，确保在既有话语平台中能够发出挪威的声音。例如，针对欧盟的邀请，相继委派海洋领域的专家参与行政领导小组与成员国专家小组。通过持续发声，成功促使欧盟委员会加强了对挪威观点的重视。但是，挪威并不满足于既有话语平台，为了确保北极事务中挪威话语权的持续获得，搭建以挪威为主导的新平台就显得势在必行。于是，当实践中既有话语平台难以满足挪威利益时，挪威积极构建新的话语平台，展示自身在该领域的强大实力，以确保其话语能够被欧盟委员会及其他国家接受。例如，挪威政府于 2006 年两次邀请欧盟委员会相关人员赴挪威进行参观，向其介绍海洋科技创新与政策环境的关系以及北极地区的相关问题。通过这两次参观活动，使得欧盟委员会的官员对挪威在综合海洋政策中所主张的观点形成了更加生动、直观的认识，从而为相关议题纳入政策框架中扫清了障碍。

第四节　典型沿海国家海洋软实力
建设对中国的启示

美国、日本、挪威三国海洋软实力发展的历史经验，既有各自独特的一面，也存在一些世界各国实现海上力量崛起和建设海洋强国可以借鉴的共性特征。在被称为海洋世纪的 21 世纪，拥有 300 万平方千米管辖海域的中国，也高度重视海洋事业的发展。胡锦涛主席在十八大报告中也明确提出建设海洋强国的国家战略："提高海洋资源开发能力，发展海洋经济，保护海洋生态环境，坚决维护国家海洋权益，建设海洋强国。"中国建设海洋强国可以从上述三国的海洋软实力发展经验中借鉴，以形成适合中国国情和世界发展潮流的海洋软实力建设方法。

一　海洋软实力的建设是一项系统工程，应有统领性的顶层设计

美国海洋软实力发展的迅速推进，与其战略性、前瞻性的海洋发展规划是密不可分的。自美国提出国家海洋政策的概念将海洋建设上升到

国家政策层面之后，世界上已有十几个沿海国家如法国、加拿大、澳大利亚等也开始在国家层面从整体上考虑海洋政策问题。日本的经验表明，海洋软实力的建设并非一朝一夕可以完成，恰恰相反，由于着眼于国家魅力、国家形象、国家品牌等影响力的建设，海洋软实力的实践相比海洋硬实力需要更长的过程。海洋强国建设是 21 世纪中国最重要的国家事业之一，海洋硬实力建设尚且需要依靠长远规划来逐步完成，海洋软实力建设就更要着眼长期，不能只看眼前利益而盲目发展，偏离海洋利益的长期战略方向。日本海洋软实力建设中的一大亮点就是以海洋政策研究财团 2006 年提交的《海洋与日本对 21 世纪海洋政策的提议——以真正的海洋立国为目标》为标志所开展的"海洋立国"战略的一系列顶层设计。尽管"海洋立国"战略的理论前提有着浓厚的国际政治及冷战思维色彩，但不可否认的是，围绕"海洋立国"所展开的《海洋基本法》建设，五年一度的《海洋基本计划》的政府规划，以及海洋综合政策本部的成立及其所代表的国家行政管理体制的全面"海洋化"是一套系列、完整、立足于国家整体的顶层设计蓝图。日本海洋政策研究财团虽然在提交的这份报告中强调"日本海洋软实力建设落后于世界各国的危机意识"是撰写本报告的基本动机，但从目前的实际情况来看，中国才更需要在这个全球化的时代中时刻保持这样的危机意识。虽然我们已经在中国政府的海洋行政管理体制改革中看到了综合治理的决心和行动，但这样的努力显然还只是开始，中国的海洋法制建设以及相应的制度性安排都需要立足国家整体加以设计。

中国建设海洋强国，建设什么样的海洋强国，通过什么样的途径建设海洋强国等，都要有全局性、总揽性的顶层设计。海洋强国建设顶层设计的颁布，不仅可以为海洋发展的未来进行谋划和布局，更为重要的是通过海洋发展顶层设计，可以整合多种力量资源，围绕海洋强国的建设形成合力，进而尽快实现海洋强国的战略目标。中国在近年来特别注重海洋发展规划的顶层设计。早在 2008 年国务院就批准了针对海洋工作的首部综合性规划《国家海洋事业发展规划纲要》，而至"十二五"建设期间，国务院又批准了《国家海洋事业发展"十二五"规划》（以下简称《规划》），由国家发展改革委员会、国土资源部、原国家海洋局联合印发实施。① 《规划》对"十二五"海洋事业发展提出了总体要求，确定了海洋发展的指导思想、基本原则和发展目标，对新时期海洋事业的发展进行了全面部署，并且确定了在 2020 年实现海洋强国战略阶段性目标。目前，客观而言，中国产业结构仍然有待大幅度调整，产业升级面临压力与日俱增，制造业的主干部分仍然处于产业链的较低端，制造成本却在不断上涨，出口产品国际竞争力正面临严峻挑战，泡沫经济已经显露端倪。我们不能因整体经济形势的利好而忽视经济发展的潜藏危机，为产业结构调整和产业技术创新提供必要的平台和支持是中国当前亟须解决的攻坚课题，海洋软实力建设的第一课需要尽快补上。与此同时，我们更应以邻国日本已有经验为鉴，敢于从现在起就立足海洋强国发展的前沿，对综合性海洋软实力的建设和国家海洋文化的建设做好规划并从现在起就着手稳步推行。

另外，建设海洋事业的发展也离不开从法律层面对海洋强国建设提供保障。对于制定《中华人民共和国海洋基本法》的呼声近年来越来越高，要求在宪法中规定海洋的战略地位，以立法形式把建设海洋强国战略固定下来。② 同时要求在国务院层面设立专门管理海洋事务的职能部门。

二　海洋软实力发展必须与海洋硬实力发展齐头并进

尽管"前面是军舰，跟随而来的是商船"的时代已经成为过去，但强大的海军与海上执法力量的建设仍然是海洋发展必不可少的有力保障。美国和日本的经验都表明，海洋软实力的实践是随着海洋硬实力的变化而相应调整的，其中，海洋硬实力是基础，是国家由弱变强的根本保障；但与此同时，海洋软实力的建设却可以在海洋硬实力不够强大时为本国争取海洋权益赢得更多的回旋余地，也可以使原本锋芒毕露的海洋硬实力交锋显得更合理、有序与理性，当海洋硬实力后劲乏力时则可以有效阻止硬实力衰退所带来的国家国际地位的下降，为东山再起赢得

---

① 孙安然：《〈国家海洋事业发展"十二五"规划〉出台》，《中国海洋报》2013 年 1 月 25 日第 1 版。

② 《专家建议尽快制定海洋基本法建立海洋警备队伍》，《法制日报》2012 年 12 月 31 日。

必不可少的缓冲时间。中国海洋强国的事业起步伊始，海洋软、硬实力都处在积累阶段，全球化时代中，国际社会对海洋权益的争夺已日趋激烈，我们一方面应加快海洋勘探技术、海洋产业技术、海上军事力量等海洋硬实力的建设，同时也应灵活使用海洋软实力，与海洋硬实力一起为国家利益保驾护航。海洋硬实力与海洋软实力的有效结合才能带来国家利益的最大化。

对于中国而言，在国家安全层面，相当一部分安全威胁仍然主要来自海上，加之中国与周边国家围绕海洋资源的纠纷和海洋主权归属等问题的存在，因此，强大的海防力量建设是必不可少的。全球化时代的中国，中国的对外贸易需要通过海洋走向世界，以石油为主的中国能源安全也有赖于海路的运输，而只有强大的海上力量的存在，才有可能保障中国的海上利益的安全。在国内层面，也需要对中国的海洋维权与执法力量进行整合，针对现在的"九龙治海"现状，应分区建立执法协作机制，各海区五个执法队伍实行协作执法，形成统一的、拥有警察职能的海洋警备队伍，平时担任行政执法任务，战时协同武装部队执行作战任务。

三 海洋软实力建设必须结合海洋科技发展，确定优先发展领域

当今时代的国际竞争，很大程度上就是科学技术水平的竞争。美国强大与先进的海洋科学技术的发展，为美国海洋事业的发展与国际领先地位提供了巨大的技术支撑与保障。中国建设海洋强国与促进海洋事业的发展，也离不开强大的海洋科技能力的支撑。中国自"十一五"期间就开始围绕国家重大战略和海洋高科技建设，加强了海洋科技自主创新与重点领域的建设，部署海洋研究的重大技术研究，推动国家海洋科技创新体系的建设，为建设海洋强国奠定基础。而在 2011 年，原国家海洋局、科技部、教育部和国家自然科学基金委又联合发布了《国家"十二五"海洋科学和技术发展规划纲要》，对中国 2011—2015 年海洋科技发展进行总体规划，并确立了海洋科技将从"十一五"时期支撑海洋经济和海洋事业发展为主，转向引领和支撑海洋经济和海洋事业科

学发展的战略目标。① 海洋科技的发展与海洋科技成果的产业转化，将有力推动海洋经济的不断发展。另外，需要加强与积极参与国际大型、多学科交叉的海洋研究计划，并要从作为一个大国应有的海洋科技研究国际地位和国家重大需求的战略高度出发，积极谋划以中国为主的大型国际合作研究计划，从而及时了解和掌握海洋科技前沿的发展趋势，尽快缩短中国与世界发达国家的差距。②

四　遵循国际法准则，妥善处理与周边国家的海洋争端

美国在海洋发展与海上崛起的过程中，妥善处理了与既有海洋霸权国家英国的关系，充分利用机遇进行了跳跃式的发展。③ 这方面日本提供给中国的是一个典型的反面教材。明治维新时期，日本曾经成功实现了海洋事业的发展，成为亚洲最早走上海洋强国道路的国家。但日本却没能在海上崛起的过程中处理好与周边国家之间的海洋关系，而是通过甲午战争、日俄战争迅速走上了扩张侵略的军国主义道路，海洋软实力建设基本停滞，本国与周边国家之间的关系也开始急剧恶化。近年来，日本依旧没能在处理与周边海域相邻国家的关系问题上有效使用海洋软实力这一"武器"，而是在与俄罗斯的北方四岛（俄罗斯称"南千岛群岛"）问题、与韩国的竹岛（韩国称"独岛"）问题以及与中国的钓鱼岛问题上普遍、频繁地挑起事端，制造摩擦。强硬的对外态度或许可以为日本安倍内阁及其相关政治利益集团在短期内获得一定的国民支持，与周边国家在海岛主权问题上的争端也会让海上保安厅、海上自卫队等获得了比往年更多的人员编制和预算经费，但缺乏稳定的周边国际环境给产业界带来的损失却是显而易见的，原本就在金融危机、海啸地震、核能污染等一轮轮打击中艰难前行的产业界还要因为所谓的"钓鱼岛国有化"问题而再次遭受出口损失，许多公司甚至因此动摇了进入中国这一巨大、利好市场的决心。一国在海洋软实力建设中的失误如果不加以

---

① 《海洋局等联合发布"十二五"海洋科技发展规划纲要》，http：//www. gov. cn/jrzg/2011－09/17/content_ 1949648. htm。

② 倪国江、文艳：《美国海洋科技发展的推进因素及对我国的启示》，《海洋开发与管理》·2009 年第 6 期。

③ 刘中民：《世界海洋政治与中国海洋发展战略》，时事出版社 2009 年版，第 171 页。

及时弥补，则必将给海洋权益带来损害。

中国建设海洋强国的目标与美国的海上霸权或者通过海洋维护其全球霸权体系的目标是不同的。中国的海洋发展所面临的问题与美国不同，中国海洋发展所面临的问题并不是同海外强国之间对海上霸权的争夺，中国建设海洋强国的目标与美国的海上霸权建设也存在着本质的区别。①中国的海洋发展与海洋强国建设倡导并践行"和谐海洋"的理念，遵循《联合国宪章》《联合国海洋法公约》等国际法准则，其目的是维护中国的国家安全与发展。基于此，针对中国在南海、黄海、东海等所面临的划界和岛屿争端等事件的处理，必须服从于中国和平、合作和发展的大战略，寻求和平解决海洋争端应该是战略首选。②建设海洋强国，并不意味着中国的追求目标是海上霸权。在当今时代不同于20世纪及以前的海上争霸时代，但对海洋权益维护的决心是坚定的。

五 积极参与国际海洋规则的制定，掌握海洋国际话语权

当今美国在世界上具有强大影响力的重要原因是美国参与和制定了世界上大部分的国际制度，在海洋领域也不例外。尽管美国并没有批准加入《联合国海洋法公约》，但美国是《联合国海洋法公约》的总设计师之一，美国总是选择性的遵守公约的一些规范和规定。中国在海洋发展的过程中，也不可避免地"受制于"国际海洋规则的约束，被动适应的做法绝对不应该是以海洋强国建设为目标国家的选择。中国应当积极参与国际海洋制度的构建，使这些制度在国际社会更具有公平性，避免成为某些国家实现霸权的工具。

另外，中国实施海洋强国战略，实现和平崛起，以往单纯依靠强大的海洋军事力量以武力实现海洋强国的发展之路在一定程度上背离了和平与发展的时代主题，而发展海洋软实力，通过提升海洋综合实力实现海洋强国的目的才是当今时代的不二选择。③而海洋软实力的提升，除

---

① 国防部：《中国建设海洋强国不是追求海上霸权》，http：//www. gov. cn/xwfb/2012 – 11/29/content_ 2278535. htm。

② 曹文振：《和平解决海洋争端是首先战略》，《学习时报》2012 年 4 月 9 日第 2 版。

③ 王琪、季晨雪：《海洋软实力的战略价值——兼论与海洋硬实力的关系》，《中国海洋大学学报》（社会科学版）2012 年第 3 期。

了提升国民的海洋意识、塑造"和谐海洋"的理念，完善国内海洋立法，公开有效地开展海洋执法，以及建设中国特色的海洋文化、推进海洋文化交流等途径之外，① 加强海洋社团②以及涉海类智库的建设刻不容缓。在涉海类智库的建设方面，尤其注重与国外相关智库之间的沟通与交流，建设以中国主导的"第二轨道外交"平台，充分发挥"第二轨道外交"的独特作用，利用这一平台提升中国的国际话语权与影响力，从而促进中国海洋事业的发展与海洋强国的建设。

六　海洋软实力建设应立足于国家与社会的真正利益需求

日本的经验表明，海洋软实力建设必须立足于社会的真正利益诉求，否则必然难以达到"不战而屈人之兵"的效果。社会需求是客观存在的，但国民对社会需求的判断却是容易被误导的。现阶段，日本社会的真正需求应该是保持良好的国际环境，利用各种国际力量的支持来摆脱经济低迷，维护和提升本国的国际竞争力与国际地位。但日本部分政治利益集团却抓住了日本社会由于中国崛起和日本相对衰退所造成的心理落差和急于重振国威的焦虑心态，把旨在遏制和围堵中国的"海洋国家论"及"价值观外交""地球仪外交"当作海洋软实力建设的重点，对钓鱼岛主权等海洋权益问题上的中日摩擦大加渲染，虽然短期内换来了一定的政治支持和部分国民的反中情绪，却偏离了维护社会发展对海洋利益诉求的正确方向，海洋软实力建设大有走上歧路的危险。中国的具体国情与日本有着很大的差别，但依然可以从日本近期海洋软实力建设的一系列错误行径中获得启示。

中国建设海洋强国和海洋强国战略的提出是历史的必然，世界上的主要强国无一不是通过海洋走上强国之路的，中国作为一个陆海兼备的大国，海洋对于中国来说具有广泛的战略利益，中国的复兴也必然需要加强海洋事业的建设。中国在海洋发展过程中，必须立足于本国的现实，以中国的长期发展战略为根本性的战略目标，借鉴世界上其他的海

---

① 王印红、王琪：《中国海洋软实力的提升路径研究》，《太平洋学报》2012 年第 4 期。

② 雷波：《海洋社团要为建设海洋强国提供科技支撑》，《中国海洋报》2013 年 1 月 8 日第 1 版。

洋强国在海洋发展历程中的经验，走具有中国特色的海洋强国之路。党的十八大提出"海洋强国"，是基于 21 世纪海洋利益对中国社会发展的重大意义所做出的明智判断，真正的社会需求在于通过强大的海洋开发能力的建设来提升国家利益，建设国力强大的国家。"海洋强国"需要强大的海军，也需要对海洋权益的寸土必争，但我们应时刻清醒意识到，不应让这些问题成为我们的核心关注点，通过海洋权益的维护，获取国家利益的最大化才是中国社会发展的真正诉求。虽然中国的海洋发展和建设海洋强国道路不可照搬美国和日本海洋发展的历史经验，"他山之石，可以攻玉"，美国和日本的海洋软实力实践历程为中国海洋软实力建设提供了重要的启示。

第 六 章

提升中国海洋软实力的实施路径

海洋软实力既是国家海洋实力的有机组成部分，也是有效维护国家海洋利益的重要手段，既可以促成国家一些具体的、短期的海洋利益目标的实现，更有助于推动国家具有全局性、长远性海洋战略目标的达成。对中国而言，新的历史发展时期海洋软实力建设和运用得如何，直接关系中国海洋事业的发展、中国海洋权益的维护以及海洋强国的和平崛起。因此，必须具有世界眼光和战略思维，从国家发展全局的高度认识海洋软实力的重要性，研究和制定科学系统的海洋软实力战略，充分重视海洋软实力建设、运用及其与海洋硬实力的良性互动，更富有成效地维护国家的稳定、发展和安全，为顺利实现和平崛起创造有利条件。

提升中国海洋软实力是一项系统工程，涉及政治、经济、文化等各个方面，既有来自政府的自上而下的顶层设计，也有来自民间的自下而上的广泛参与；既有海洋正式制度建立与健全，又有海洋非正式制度建设；既要考虑国内资源的挖掘与整合，又要克服外部因素的制约与影响。因此，在海洋软实力的建设过程中，应统筹考虑，协调发展。对于这一宏大的建设工程，本书不可能一一列举，只能根据轻重缓急，抓住主要问题进行阐述。

第一节　加强顶层设计，统筹规划
中国海洋软实力发展战略

海洋软实力作为国家软实力的重要组成，事关国家整体发展，需要国家从战略的高度，立足于整个国家、整个民族的利益要求，统筹规划，作出战略部署。

一 明确提升海洋软实力应遵循的基本原则

原则作为一种观念形态的法则或标准，因超越于特定的现实而具有普遍的适应性，是行为的先导。原则的确立是实施海洋软实力提升战略、实现海洋强国的根本。根据海洋软实力的特点以及国内外海洋软实力发展的现实状况，当前中国提升海洋软实力主要应遵循主动性、协调性、包容性的原则。

（一）主动性原则

所谓主动性是指海洋软实力的发展和运用必须坚持积极主动的原则，即主动筹划、主动运用、主动创新。因海洋软实力来自对资源的柔性运用，有资源而不去积极主动进行运用，就难以生成和积淀出资源所蕴含的潜在软实力。中国具备丰富的海洋软实力资源，但中国在国际海洋事务中的吸引力、感召力和动员力等都大大滞后于资源所应蕴含的潜在的软实力水平。其中一个重要原因就是，过去我们一直比较重视海洋资源的开发，但缺乏对资源进行积极主动运用的战略思维和战略手段，即我们的丰富资源没有转化为国际影响力。所以，现实要求转变观念，主动运用资源，积极加强与其他国家在国际海洋事务中的沟通、交流与合作，积极对外推介、宣传中国丰富的海洋文化和海洋公共产品，以此推动中国海洋软实力的不断提升。

（二）协调性原则

协调性原则要求提升海洋软实力需要重视和加强各方面的相互协调，主要包括以下三方面。

1. 生成海洋软实力的各种资源发展的协调

海洋政治、海洋经济、海洋科技、海洋外交、海洋文化、海洋军事等任何一个领域资源发展上的不足或缺失，都将会导致海洋软实力在整体上出现结构性缺陷，海洋软实力的发展需要整体推进、体系协调。

2. 当前利益与长远利益的协调

海洋软实力的发展既要考虑到当前比较紧迫的海洋利益、海洋权益的需求，也必须兼顾未来的、全局性的国家海洋发展的战略需要，应根据国家利益的轻重缓急、利弊得失综合考量海洋软实力的发展定位与目标。从中国建设海洋强国这一全局性、前瞻性视野看，中国当前需在政治、经济、科技、文化、安全等各方面广泛参与和全面融入国际体系，主动承担相应的国际责任与义务（即使这可能会有一些暂时的利益损失），为成长为真正的海洋强国进行必要的软实力准备。

3. 海洋软实力与海洋硬实力的协调

强调提升与发展海洋软实力，并不是说海洋硬实力已经不重要。当前中国与其他国家在海洋权益方面仍存在不少争端，如海疆划分不清，岛屿主权不明，东海和南海等海域划界争端，等等。如果没有强大的海洋硬实力的支撑，单靠语言上的谴责与"和平共处"等价值观的规制，中国很难确保海洋权益和海洋利益。作为海洋文明的支撑和保障，中国的海洋硬实力虽然取得了长足的进步，但是远未达到与海洋大国并驾齐驱的地步。海洋软实力的作用的确在提升，但不能过分夸大这种作用而忽视海洋硬实力，因为海洋硬实力的话语时代还未远去。[①] 海洋硬实力是海洋软实力的基础，海洋软实力是海洋硬实力的延伸，只有软硬兼施，统筹兼顾，才能最大限度地提升一个国家的海洋软实力。海洋软、硬实力建设与运用的相互促进，能够推动国家海洋实力的健康增长。两者在建设中的失调或在运用中的不和谐，不仅将导致各自的进一步发展受到限制，而且还会使国家海洋实力的发展与提升面临严重制约。正如古代兵书《军谶》所云："能柔能刚，其国弥光；能弱能强，其国弥彰。纯柔纯弱，其国必削；纯刚纯强，其国必亡"。所以必须刚柔相济，使海洋软实力与硬实力协调发展。

（三）包容性原则

包容性原则强调在国际海洋事务交往中，中国理应在坚决维护自身主权的前提下，适应文化多样性以及国际关系多样性的客观要求，在交往中尊重差异，在交流中和谐相处，不断丰富和发展本国海洋软实力的内容。同时，尊重其他国家海洋软实力的增长，吸收借鉴他国发展海洋软实力的优质经验，容许他国海洋软实力成果在国内的展示，力图在海

---

① 武铁传：《论软实力与硬实力的辩证关系及意义》，《理论导刊》2009 年第 5 期。

洋软实力的发展上形成良性竞争。美国总统奥巴马曾强调："21 世纪的实力竞争不是零和游戏，一个国家成功不应以另外一个国家的牺牲作为代价"①。至于中美两国自身软实力的发展，约瑟夫·奈也表示，如果中国的软实力在美国得以增强，美国的软实力也在中国不断增强，这对两个国家来说是相得益彰的事情。"这并不一定非得是'零和游戏'。"但从本质上，无论是海洋软实力还是海洋硬实力都是海洋治理工具，目的是全人类有序地、可持续地开发与利用海洋。如果海洋软实力的提出仅是维护本国的海洋权益和掌握更多的海洋话语权，增加本国的海洋利益同时使他国利益受损，海洋必将成为兵家必争之地，造成像全球气候变暖一样的"公地悲剧"。因此，从这个意义上讲，提升海洋软实力就是探索海洋治理工具与人海和谐相处的价值观念，显然，治理工具与价值观念对世界上任何的国家都是有益的。中国软实力的提升未必就意味着其他国家软实力的降低，也不意味着其他国家权益的减少。如果说传统中国外交主要以捍卫、增进民族国家利益为宗旨，那么，今天正在崛起的中国，应当更关注人类社会的和谐。中国贡献给人类的不只是"中国制造"，更是一种国际文明观和一种生活方式。所以，中国的海洋软实力提升战略要向世界提供的是兼收并蓄的包容性海洋文化，统筹兼顾的包容性海洋管理制度，宽松和谐的包容性海洋发展环境，最终实现价值共享、责任共担、利益共赢的发展目标。

包容性原则还体现在国家对于地方与民间发展海洋软实力的认同与扶持。海洋软实力的提升不能仅仅依靠中央政府的海洋政策，还应该使地方政府具备相应的权限去发展独具特色的地方海洋事业，尤其还要鼓励涉海民间组织发挥作用，尊重普通民众的首创精神，吸取地方与民间智慧，使海洋软实力的提升具备广泛深厚的社会与民众基础。

二 制定和实施国家海洋软实力发展战略

海洋软实力逐渐成为影响一个国家国际地位的核心要素，因此将海洋软实力建设纳入中国软实力建设的整体框架中进行思考并对其整合，

---

① 奥巴马：《"美国总统奥巴马在上海与中国青年对话"演讲全文》，http://www.china.com.cn/policy/txt/2009 – 11/17/content_ 18904144_ 3. htm。

正成为中国软实力建设应该考虑的问题。党的十七大报告中提出了中国文化软实力建设的目标，但一些学者将文化软实力等同于国家软实力，将海洋软实力等同于海洋文化软实力，这都具有一定的片面性，没有从整体上进行区分与协调，不利于实现国家软实力建设的均衡发展。海洋软实力战略也属于国家软实力战略，是国家统揽海上建设、海洋软实力资源开发和处理海洋外交事务的总策略。因此制定海洋软实力战略，应该服从国家软实力战略发展的要求。为此，要注意以下三个方面：一是要从国家战略全局出发，充分考虑国家和民族的长期利益；二是要在本国经济发展水平和技术承受水平的基础上发展本国海洋软实力；三是海洋软实力的提升应适应国际形势的发展需求，适应海洋开发与管理任务、形势的需求。从国家软实力建设的整体要求来审视海洋软实力的建设，既有利于避免研究的片面性，也有助于突破海洋软实力建设的局限性。海洋发展战略以及海洋软实力的建设都是中国和平崛起国家发展战略的重要组成部分。我们应当将海洋软实力发展列入国家海洋战略，同时要把建设海洋强国的战略纳入国家的长远发展规划，并逐步付诸实施。

　　当前，世界范围的海洋开发利用进入了前所未有的时代，海洋在全球中的战略地位日趋突出，世界各国特别是沿海各国从来没有像今天这样重视海洋。世界主要海洋国家纷纷调整本国海洋战略：美国在1999年提出了《回归海洋：美国的海洋未来》的内阁报告。2000年，美国国会通过《2000年海洋法令》，海洋政策委员会宣告成立。2004年12月，国家海洋政策委员会向国会提交了长达610页的《21世纪海洋蓝图》报告，该报告对美国的海洋政策进行了迄今为止最为彻底的评估，并为21世纪美国海洋事业与发展描绘出了新的蓝图。随后，布什政府发布命令公布了《美国海洋行动计划》，对美国政府的海洋工作做出了全面部署。日本的中心目标就是在21世纪成为海洋强国。2005年11月，日本海洋政策研究财团提交了经过两年多研究后出台的政策建议书——《海洋与日本：21世纪海洋政策建议》，主要内容包括：树立海洋立国思想；制定日本海洋基本法，完善海洋法律体系；强化和完善海洋行政管理与协调机制；加强对包括大陆架和专属经济区在内的海洋"国土"管理；积极参与和引导国际事务；加强海洋教育和海洋意识宣传。2007年7月，日本《海洋基本法》付诸实施，同时设在内阁官房的综合海洋政策本部也开始运行。加拿大1997年出台了《海洋法案》，并制定了本国21世纪海洋战略开发规划。《澳大利亚海洋政策》制定并实施的目的是"协调澳大利亚的海洋活动，建立高效而成效显著的海洋管理制度"。2012年6月21日，越南通过《越南海洋法》，以此为落实越南海洋战略提供重要工具。其他沿海国家、欧盟等也都制定了相应的海洋战略和政策，见表6-1，以求在21世纪的海洋竞争中争取主动性。

表6-1　　　　　世界主要海洋国家的海洋战略和海洋政策①

国别	海洋战略或政策文件	年份	发布机构
美国	《面向21世纪海上合作战略》	2007	美国国防部
	《美国未来十年海洋科学优先研究计划与实施战略》	2007	美国政府
	《国家海洋安全战略》	2005	美国政府
	《21世纪海洋蓝图》	2004	美国总统发布
	《2000年海洋法案》	2000	国会通过
俄罗斯	《世界海洋方针》	1997	总统批准
	《俄罗斯联邦海洋规划》	1998	俄罗斯联邦政府
	《俄罗斯联邦保护国家边界、内水、领海、专属经济区、大陆架及其资源法》	2001	总统批准
	《俄罗斯联邦内水运输发展政策》	2003	俄罗斯联邦政府
	《俄罗斯联邦至2020年间的海洋政策》	2001	总统批准
欧盟	《欧盟综合海洋政策绿皮书》	2006	欧盟委员会
	《欧盟综合海洋政策蓝皮书》	2007	欧盟委员会
	《欧盟海洋综合政策实施指南》	2008	欧盟委员会
日本	《海洋与日本：21世纪海洋政策建议》	2006	日本海洋政策研究财团
	《海洋政策大纲：寻求新的海洋立国》	2006	日本海洋政策研究财团
澳大利亚	《海洋基本法》	2008	国会通过
	《澳大利亚海洋政策》	1998	国会通过

---

① 国家海洋局海洋发展战略研究所：《2010—2020中国海洋战略研究——建设中等海洋强国》，2009年10月，第22—23页。

国别	海洋战略或政策文件	年份	发布机构
巴西	《国家海洋政策》	1994	总统签署
	《海洋资源国家政策》	2005	总统签署
新西兰	《海洋政策框架（草案）》	2006	新西兰环境部
加拿大	《加拿大海洋战略》	2002	渔业和海洋部颁发
	《海洋行动计划》	2005	国会通过
	《海洋法案》	1997	国会通过

中国正在实施海洋强国战略，把中国逐步建设成为海洋经济发达、生态环境健康、科学技术先进、综合实力雄厚的现代化海洋强国，是一项事关国家政治、经济、文化、科技等各方力量全面发展的系统工程。中国要真正实现从海洋大国到海洋强国的转变，必须高度重视海洋战略、海洋政策的顶层设计，推进海洋软实力战略的实施，借助先进的海洋行政管理理念、管理制度和管理手段为中国海洋事业的发展保驾护航。

三 加强海洋管理体制创新和组织保障

海洋软实力的提升需要有法规政策的支撑和组织机构的保障。海洋政策、海洋法规、海洋管理机构等内容既是形成和体现海洋软实力的重要资源要素，同时也是海洋软实力得以提升的制度和组织保障。春秋时期的管子就曾说过："明主内行其法度，外行其理义，故邻国亲之，与国信之。有患则邻国忧之，有难则邻国救之。乱主内失其百姓，外不信于邻国，故有患则莫之忧也，有难则莫之救也。外内皆失，孤特而无党，故国弱而主辱。"虽然那个时候并没有"软实力"这样的概括词，但从其论述中也可以看到，2000 年前的中国古人就已经意识到软实力的基础是制度和道义。因此，完善海洋管理政策法规，创新海洋管理体制，健全涉海机构职能，优化执法队伍，对于实现海洋软实力的提升和发展起着重要的支撑作用。

（一）制定科学的海洋政策，完善海洋法律法规体系

海洋政策是海洋管理部门所制定的准则，具有明确的目标指向和可

操作性。海洋管理政策变革过程并不等于简单地增加新政策，而是要坚持政策效率的原则，对海洋管理政策进行系统的改善。变革海洋管理政策，应该注意海洋管理政策、法规的可行性、可操作性及权威性。政策法规在一定程度上体现着国家的意志、价值导向，具有严肃性和权威性，一旦确立，需要保持一定的稳定性，不能朝令夕改。同时，政策法规的制定要具有科学性和严谨性，应尽量减少主观因素，以保证政策法规变革的有效落实。

中国已建立相对系统的海洋法律法规体系，法律制度主要是从海洋行业管理的角度来制定颁布的。中国海洋法律制度中的两个基本法律，即《中华人民共和国领海及毗连区法》和《中华人民共和国专属经济区和大陆架法》。中国的行业性海洋法律法规相对健全，海洋渔业管理的法律有《中华人民共和国渔业法》等；海上交通管理的法律制度有《中华人民共和国海上交通安全法》等；海洋环境保护的法律有《中华人民共和国海洋环境保护法》等。大量实践中的具体问题和实施细则分散在各种条例、办法、规章之中。但中国目前的海洋法律法规还不够健全，《宪法》第9条没有明确将"海洋"列入其中，作为上位法的海洋基本法却长久缺席。而且目前中国的涉海法律都是针对某一领域或某一行业制定的，相互之间存在着交叉和冲突，缺乏全局性和整体性，不符合现代海洋综合管理的理念，不利于海洋事业的健康和可持续发展。因此，站在全局的高度下，全面考虑国家的长远利益和整体利益，同时适当考虑各部门的需要和要求，以及中国海洋管理事务中出现的新情况新问题，制定中国《海洋基本法》有利于全面实现海洋综合管理和可持续开发利用海洋的战略目标。

完善中国的海洋管理体制，建设海洋强国，需要一部统领全局的基本法，为中国的海洋管理事业起到指导作用。为此，应参照《联合国海洋法公约》，制定中国的《海洋基本法》。首先，在立法方面，应该海洋入宪。在《宪法》第9条增加"海洋"为自然资源的组成部分，确立"海洋"在宪法中的地位。其次，出台与《海洋基本法》等涉海法律法规相配套的细则、条例等，使海洋基本法规定的各项制度具有可操作性。最后，在制定《海洋基本法》的同时，还要注重检视现行的海洋法律法规，使中国海洋法律体系能与国际公约对接。既要梳理关于海洋经济规划、海洋资源开发保护等综合性法律、法规，又要梳理与现有法律配套的法规和实施细则，对其中滞后性、缺乏可操作性问题进行修订，增加现行海洋法律法规的适用性和前瞻性，使之更好地服务于实施海洋开发的战略目标，更加符合海洋经济发展的客观要求。[①]

海洋法律、政策表明了一个国家在海洋和海洋资源开发、利用和保护方面的规定和发展方向，其调整的对象包括海洋空间和海洋资源。这些海洋法律制度体现了一个国家治理海洋和与海洋和谐共处的价值观念。如果一个国家以完善的海洋法律制度，实现依法"管海"和依法"用海"，把海洋资源的开发和管理活动纳入法制化轨道，保证海洋资源和海洋经济的可持续利用和发展，必将赢得其他国家的认同与追随。海洋软实力取决于国内海洋问题的解决程度，因此提升海洋软实力，必须完善国内海洋立法与政策，做到公正有效的海洋执法。

（二）创新海洋管理体制，提高海洋管理能力

创新海洋管理体制，首先，需要重新审视各涉海部门的职能，明确其在海洋管理过程中的权责，合理安排各涉海部门相关者的职权并对海洋管理中的各种资源进行合理配置。其次，还应建立并完善海洋管理运行机制，如协商机制、监督机制、奖惩机制等，以确保海洋管理的有效运行。海洋管理体制创新应注重协调中央与地方、海洋管理部门与其他政府部门之间的关系。

1. 中央与地方的协调

一是要明确领导的主体，尊重国家海洋行政管理部门的权威性，由国家海洋管理部门对全国的海洋行政管理工作进行有效的监督和指导；二是要理顺中央和地方各海洋管理部门的职责和权力，由国家海洋主管部门发挥领导协调的作用，对海洋行政管理工作统一负责领导。就地方的海洋管理工作而言，由当地政府进行综合管理，当地政府的海洋主管部门进行具体的协调与管理工作。

2. 进一步理顺海洋行政主管部门与协调机构之间的关系

2013 年的大部制改革中，国务院机构改革和职能转变方案的重要

---

① 王蕾：《中国制定〈海洋基本法〉的必要性和可行性研究》，硕士学位论文，中国海洋大学，2011 年。

内容之一，就是重新组建原国家海洋局。重新组建后的原国家海洋局的一个重大突破是成立了高层次的议事协调机构国家海洋委员会。国家海洋委员负责研究制定国家海洋发展战略，并统筹协调海洋重大事项。原国家海洋局负责国家海洋委员会的具体工作。国家海洋委员层级较高，它的成立意味着海洋事务可以较为迅捷地进入国家高层次的决策议程之中，同时也为相关的机构之间在海洋事务上的沟通协调提供了平台。国家海洋委员会尽管层次较高，但其机构性质是一个议事和协调机构。因此，机构决议的具体执行由海洋行政主管部门——原国家海洋局负责。在体制上，中国已经建立起了集中型的海洋行政管理体制，国家海洋委员会的成立，使得这一集中型行政管理体制更能统筹海洋事务。但是中国海洋行政管理领导与协调机构的关系还需进一步理顺，其理顺包括两个方面：一是进一步明确国家海洋委员会的组成。国家海洋委员会作为中国最高层次的海洋事务议事和协调机构，应该直接接受党中央、国务院的领导，其委员会的最高领导应由国家最高领导人兼任。由于中国的涉海行业管理部门众多，很多部门的管理职能都涉及海洋事务，因此，哪些部门领导应该是国家海洋委员会的常务会议的组成人员，是需要进一步深入思考的问题。这就需要明确中国的海洋发展战略，哪些涉海管理部门对海洋发展战略的实施具有核心作用，从而将其领导纳入国家海洋委员会的常务会议之中。二是进一步理顺海洋行政主管部门的权责关系。原国家海洋局作为中国的海洋行政主管部门，也是海洋行政管理领导与协调机构的组成部分，其权责关系还需要进一步理顺。2013 年的国务院机构改革方案中，将原国家海洋局定位为国家海洋委员会的执行机构，同时还将延续以往的惯例，将原国家海洋局定位为国土资源部下属的国家局。需要在今后的运行中，进一步明确三者的权责关系，从而避免一些管理的掣肘和权责不明。

3. 建立涉海部门间协调配合的管理机制

中国涉海机构涉及的部门较多，一般包括海洋与渔业部门、财政、科教、交通、旅游、能源以及外交等各个部门。建立协调配合的管理机制首先应该合理界定同级各机构的职责，海洋与渔业部门主管区域内的海洋事务和渔业行政工作，如贯彻执行海洋与渔业发展、海洋环境与生态保护的方针政策等。而其他涉海管理部门则应根据自身专业范围在各自所涉及的领域开展工作,如旅游部门可以配合本区域的海洋文化节来开展和协调与滨海旅游相关的活动。其次,应该健全各部门之间的有效交流机制:第一,应该建立各部门之间的常态沟通机制,通过定期或不定期地召开会议来听取政府有关部门关于海洋发展的策略与规划,分析下一步的工作计划与分工,交流以往工作中的经验与不足之处;第二,加强不同地区之间的交流与合作,以提升海洋软实力为出发点充分利用互联网建立各地区之间交流的平台,分享各地的优势及经验,为辅助决策提供平台。

目前,中国实现的是半集中的海洋管理模式,这一模式之下尽管赋予了原国家海洋局以海洋行政主管部门的地位,给予海洋综合管理、海洋权益维护等职能,但由于海洋问题的复杂性以及历史上行业管理的惯性,因而形成了海洋管理职能的交叉、重叠,使得海洋管理发生推诿和扯皮的现象屡有发生,这大大降低了中国海洋权益维护的效率和效果。因此,在深化海洋管理体制改革中,应进一步理顺涉海管理部门之间的职责,可以加大海洋主管部门的管理权限,对其他职能部门的涉海职能进行剥离,集中到海洋主管部门,以增加海洋管理的效率,从而为海洋权益维护奠定基础。

(三)优化海洋执法队伍,提高执法效力

随着中国海洋管理体制的不断演变,中国海上执法体制也在不断地发展。2013 年原国家海洋局重组之前,中国的海上执法体制属于分散执法,主要由五支海上执法力量进行海上执法管理,包括中国海监、中国渔政、中国海事、海关缉私和边防武警等,这些执法队伍分属于国家海洋局、农业部、交通部、海关和公安部等不同部门。这种"条块分割"的海洋管理体制与分散的海上执法体制,导致了中国海上执法力量分散、执法效能低、执法成本高、海洋维权能力不足等一系列的问题。为推进海上统一执法,提高执法效能,2013 年国务院机构改革提出对原国家海洋局进行重组的重大举措,将原国家海洋局及其中国海监、公安部边防海警、农业部中国渔政、海关总署海上缉私警察的队伍和职责进行整合,重新组建国家海洋局。原国家海洋局以中国海警局名义开展海上维权执法,接受公安部业务指导。中国海警局的成立和运行,标志着中国的海上执法力量开始进行合并，执法队伍由分散转向统一，执法机构和职责进行整合，中国分散型的海上执法体制开始向集中型海上执法体制转变。海上执法队伍的统一趋势，对于加强中国的海洋综合管理，进一步转变海上执法模式，提高中国海上执法的影响力，维护中国的海洋权益意义重大。

中国海警局的成立，适用了统一执法的需要，也更有利于维护海洋权益。但是成立后的海警局需要进一步加强内部的整合，否则将使得改革的效果大打折扣。如上所述，中国以前的五支海上执法队伍，历史悠久，分属不同的职能部门，形成了不同的执法风格和组织文化。对如此复杂的海上执法队伍，要实现真正的统一执法，尚需要在以下几个方面进行整合：一是进行机构的合并。机构的合并是成立统一的执法队伍的基础，五支执法队伍在合并后需要进行机构的重新设置和整合，以适应统一执法的需要。二是权力关系的重新确立。新成立的海警局，不仅仅是五支执法队伍的合并，它的执法权限和隶属关系也发生了变化。中国海警局将拥有比以往中国海监更多的执法权限，其权力隶属也更为复杂。因此，确立合理、明确的执法权限和执法性质，理顺其与原国家海洋局、公安部等职能部门的权力关系，避免权责不清，是海警局内部整合的内容之一。三是进行人员的整合和人事关系的梳理。五支执法队伍在合并后，在人员上需要重新整合，其人事任免和隶属关系也需要进一步理顺。

2013 年的原国家海洋局机构重组，适用了中国海洋事业发展对海洋管理体制改革的需要，是国家海洋行政体制改革深化的体现，预示着中国的海洋管理进入了一个新的时期。对海洋管理制度和组织机构的顶层设计，意味着海洋问题已纳入国家的战略议程，海洋战略成为国家战略的重要构成。而海洋管理制度和组织机构的整合，为中国建设海洋强国提供了强大的保障系统。高级别的综合协调性的国家海洋委员会的成立，能够对全国的海洋政治、经济、军事、运输、渔业、资源等事务进行统筹规划管理，整合海洋发展中的各种政策，整合海洋硬实力与软实力。中国海警局的成立，意味着"五龙闹海"将成为历史，中国海洋维权已经攥成一个"拳头"，怀揣"海洋强国梦"的中国正在与国际接轨。海洋领域的一系列改革，向外界宣告中国政府积极进行海洋管理创新、加强自身制度建设以担负起领导海洋强国建设的决心和能力，从而向世界展现出一个积极有为政府的良好形象，这对于提高中国的海洋软实力起到积极的推动作用。

第二节　塑造"和谐海洋"理念，增强世界认同感

中华民族是一个爱好和平的民族，追求"和谐"是优良的文化传统，历来把"和平崛起"看作国家富强、民族振兴的必由之路。面对纷繁复杂的国际局势，2005年9月胡锦涛主席在庆祝联合国成立60周年首脑峰会上，向全世界提出了强调共同安全与繁荣、以文明的多样性为基础的"和谐世界"新理念。既为国际社会确立新的秩序观、安全观、发展观和文明观做出了积极探索，又向世界宣示了与国际政治中强迫其他国家就范的"实力"外交相反的、以吸引其他国家作为自己盟友和伙伴的"软实力"外交主张。在党的十七大报告中，胡锦涛总书记进一步从政治、经济、文化、安全、环保方面阐述了我国建设"和谐世界"的具体主张，为国际关系实践提出了一种全新模式，引起了世界各国的广泛关注和国际社会的巨大反响。与之相应，在中国海军成立60周年之际，构建"和谐海洋"的倡议被正式提出，其目的在于共同维护海洋持久和平与安全。这是继2005年中国在联大提出"和谐世界"理念以来，在海洋领域的具体化。构建和谐海洋是构建和谐社会不可或缺的一部分，是和谐社会建设的题中之义，也是实现中国海洋经济可持续发展的必然要求。和谐海洋理念的提出适应了当代海洋发展的新要求，树立了海洋开发的新目标以及构建海洋和平安全的新思想。

和谐海洋是指人类在与海洋的互动过程中，遵循协调平衡的原则，从而达到海洋生态可持续、海洋管理机制有序、海洋资源利用有效的统筹协调、相融向荣的状态。其核心要素应包含人海和谐、人人和谐两个方面。人海和谐方面是指人类的社会活动尤其是经济活动，需要与海洋的自然环境相协调，可持续地利用海洋资源，保护海洋环境，旨在实现人海和谐共处、双向给予；人人和谐涉及海洋活动中人际关系、国家关

系问题，旨在实现合作共赢，公平分享海洋利益。

由此可见，和谐海洋理念的确立，既是贯彻科学发展观、实现海洋经济可持续发展、建设海洋强国的必然选择，同时也是中国实现海洋强国和平崛起的战略选择。实现海洋强国的和平崛起，需要我们和其他海洋大国求同存异，寻找甚至构建海洋大国之间的共同利益和价值认同，在共谋海洋发展、和谐利用海洋的理念下，实现中国海洋强国的和平崛起。

构建和传播"和谐海洋"的价值理念，是一个内外兼修的过程。对内需要通过培育国人的海洋意识来塑造和谐海洋价值观，对外则需要通过各种媒介向世界主动传播、输出和谐海洋理念，展示中国的良好形象，以获得国际社会的认同。

一　提高国民海洋意识，夯实海洋软实力提升的社会基础

海洋意识是"一种观念资源，其产生和发展反映了一个民族对海洋利益的依赖和对海上威胁的防范，是其对海洋的政治、经济、军事等战略价值的认识，以及对海洋与国家发展、国家利益和国家安全关系的考察"[1]。冯梁探讨了 21 世纪中华民族的海洋意识，认为它是中华民族对海洋在建设海洋强国、实现中华民族伟大复兴和推进全人类海洋事业中地位作用的心理倾向和基本认知，包括立体多面的海洋价值观、面向世界的海洋大国观、立足于可持续发展的和谐海洋观。[2] 这些对待海洋的价值观念是海洋软实力的重要来源。海洋意识既是决定一个国家和民族向海洋发展的内在动力，也是构成国家和民族海洋政策、海洋战略的内在支撑。建设海洋强国，提升海洋软实力，必须先树立正确的海洋意识。

中华民族的海洋意识是建设海洋强国的思想基础，也是维护中国海洋权益的重要保障。中国国民的海洋意识还非常薄弱，如 1998 年《中国青年报》曾进行"中国青年蓝色国土意识调查"，有 2/3 以上的被调

---

① 王勇：《浅析中国海权发展的若干问题》，《太平洋学报》2010 年第 9 期。

② 冯梁：《论 21 世纪中华民族海洋意识的深刻内涵与地位作用》，《世界经济与政治论坛》2010 年第 2 期。

查者认为中国的国土面积为 960 万平方千米，在这些被调查者的观念中根本就没有 300 万平方千米的"海洋蓝色国土"概念；上海、北京部分高校里的一些大学生对《瞭望新闻周刊》提出的"海洋问题"并没有显示出太多的兴趣："南沙群岛距离大陆那么远，产生争议也很正常"，"中国国土面积那么大，争几个小岛有意义吗"？[①] 诚然，造成今日中国海洋权益被侵犯现状的原因是多方面的，但是国民海洋意识淡薄是其中的一个重要因素。因此，培养国民的海洋意识，尤其是海洋权益维护的意识至关重要。

西方国家加快了实施本国海洋发展计划的步伐，将海洋意识提升到了战略高度，如日本为了掌握全球海洋资源，提出了海洋防卫新指针，将渔民改称为"海民"；[②] 美国在全球范围内继续它的海洋霸权并准备建立全球海洋监测网。这些国家还将海洋历史文化观灌输到年轻人的大脑中，在发展海洋战略的同时拼命鼓吹本国海洋资源的优越性，如韩国为了让学生了解海洋、亲近海洋，采取了在沿海渔村设立观光住所的策略。这些从学生时期就开始认识海洋的做法对国民海洋意识的培养起到重要作用。相比之下，虽然中国海陆兼备、海域宽阔，但国民的海洋意识还比较薄弱。虽然沿海地区开始重视航运史和渔业志的编写，但这些也都是以文字和图片的记录为主，缺乏系统的分析和归类研究。更有甚者，在绝大多数地理课堂上，老师画出的中国版图只有 960 万平方千米的陆域面积，而另外 300 多万平方千米的管辖海域就无形之中被忽略了，这种教育行为直接导致了民众海洋国土意识的匮乏。培育全民族的海洋意识应注意以下几个方面。

首先，将海洋意识的教育贯穿到学校教育之中。我们赖以生存和发展的空间，不仅有陆地国土而且还有海洋国土。沿海国家的主权和利益不仅存在于陆地国土上，而且存在于海洋国土上。[③] 因此要在中小学和大学设置海洋教育课程，对儿童进行新国土观念的教育，普及海洋科学

---

① 张宇、刘莎：《增强全民海洋意识：海洋强国必由之路》，《中共济南市委党校学报》2010 年第 4 期。

② 韩兴勇、郭飞：《发展海洋文化与培养国民海洋意识问题研究》，《太平洋学报》2007 年第 6 期。

③ 付翠莲：《关于我国实施海洋强国战略的思考》，《海洋开发与管理》2008 年第 11 期。

知识，树立海陆综合的国土观。海洋教育的内容包括：（1）培养海洋国土意识，从媒体宣传、教科书等各个方面强化中国 300 万平方千米的海洋国土，而不仅仅是 960 万平方千米的陆域国土；① （2）培养国民的海洋资源意识，让国民意识到南海的几个"很小的岛礁"却意味着巨大的海洋资源，如果不能对南海的岛礁实现海洋权益的维护，我们将流失大量的海洋资源；（3）培养国民的海洋环境意识，让国民意识到他国的海洋污染和破坏行为也将影响到中国，中国进行的北极、南极科考以及参与开发讨论，有利于维护我国的海洋权益。另外，全体国民都应树立海上交通和安全的意识、资源宝库的观念、海洋资源开发的观念、全球通道的观念和海洋可持续发展等符合当代世界发展潮流和中华民族利益的海洋意识。

其次，树立敬畏生命、崇尚海洋的理念。与陆地一样，海洋作为地球的一部分，是人类赖以栖息的家园，也是海洋文化与价值观赖以回归的故乡。与海洋有关的一切生命与非生命都是海洋循环系统的一部分，都有其存在的价值与合理性。在开发海洋的过程中，除了满怀信心和豪情之外，我们还应多一些自省和冷静。从人海统一的角度出发，必须深刻反省自身对海洋的态度，重新认同海洋、回归海洋、与海洋和解，从而给人与海洋的关系提供一种多重的生长空间。

最后，树立全球海洋发展意识。全球化是未来世界不可逆转的发展趋势，全球性的海洋发展要求世界各国应加强国际合作，并在全球性问题上采取一致行动，以保证海洋的持续、协调发展。践行和谐海洋、科学发展、和平外交的理念，将目光放到世界，加强海洋科学、文化等方面的交流与合作，消减其他国家对中国实施向海洋进军政策所产生的疑虑和不安，占据国际舆论的制高点，使中国的海洋开发事业能在兼顾国际与国内中实现人与自然协调发展。

---

① 对海洋国土的宣传显然不够，如 1998 年 5 月 29 日，国务院发表的《海洋中国工业的发展》白皮书宣布，中国 960 万平方千米领土是陆地国土，还有 300 万平方千米的海洋国土，但迄今为止中国的各种出版物在谈及中国的国土面积时，大部分仍然称 960 万平方千米，包括 1999 年末建造的"世纪之交标志性建筑"中华世纪坛，用 960 块花岗岩暗喻国土面积，300 万平方千米的"海洋国土"却没有任何体现。

二 传播"和谐海洋"理念，消解"中国海洋威胁论"

国家形象是内部公众和外部公众对其认知的总和，是国家的无形资产和力量，也是国家软实力的基础。和谐海洋价值观的构建过程也是国家形象的塑造过程。继和谐世界之后对世界传播和输出和谐海洋理念，能够使中国以一个负责任大国的身份面向世界，将良好的形象展现给国际社会，表明了中国积极参与国际海洋事务，和平利用海洋的决心和态度。

综观历史上海洋强国之路，皆是通过武力崛起。因此，面对今天中国的崛起，一些国家依此类推，认为中国的崛起将不可避免地挑战现有的国际格局，并会与现有大国发生武力冲突，从而可能引发大规模的战争。这种按照传统历史演绎的逻辑推演，自然而然地得出"中国威胁论"。西方"中国威胁论"的逻辑，在价值层面上体现为对中国独特的儒家文明、集体主义意识形态对西方基督教文明、自由主义、个人权利本位价值潜在冲击的担忧；在制度秩序层面上，担忧或者惧怕中国崛起会遵循"国强必霸"、军事扩张的道路，从而颠覆现存西方主导的国际秩序，威胁到西方的国际权力和战略利益；在工具层面上，担忧中国在工业化、现代化进程中的巨大资源需求会威胁到西方的资源需求。和谐海洋价值观的主动构建和大力传播，则表明了中国走和平崛起之路的态度，有助于打消世界各国对中国崛起的疑虑。实际上，中国在社会发展的过程中一直在强调和平崛起，之所以存在对中国表态的疑虑，其中一个重要的原因在于我们所奉行的和谐海洋价值观没有借用有效的传播媒介面向世界，与之相关的是"海洋软实力"的概念没有纳入大国崛起的战略模式。中国不仅提出了和谐海洋的理念，而且正在以实际行动向世界表明推动建设和谐海洋的决心。① 随着区域一体化、经济全球化的加快，各个国家之间的联系日益密切，争夺海洋资源和权益的战争也是此起彼伏。塑造和传播和谐海洋理念，表明了中国与各国和平共处、共同保护和利用海洋资源的愿望，从而使中国在国际社会赢得了更多的理解和认同。当然，中国强调"和"为贵，主张和谐海洋，并不是无原

---

① 刘宝村：《和谐世界理念与国家软实力建设》，《南京政治学院学报》2007年第6期。

则的一团和气，而是坚守住维护海洋方面的国家核心利益，维护国家海洋主权和领土、领海完整这个红线，在这基础上最大限度地避免战争和冲突，以非武力方式实现海洋强国的目标。

三 践行"和谐海洋"理念，展现负责任大国良好形象

中国是一个引起世界瞩目的、正在崛起中的海洋大国。大国之大，不仅在于面积之大，经济实力之强，而在于国际影响力之大。真正持久的国际影响力，不是来自强权政治，而是来自国家的国际威信，而国际威信又多源自国家的世界贡献与特殊责任。世界贡献涉及科学技术、经济、文化、政治体制众多方面，而特殊责任主要是指一个大国超出一般国家利益与责任范围之外的国际义务。大国与一般国家的根本不同之处在于它要对人类社会的生存与发展负更多的责任。中国要从地区性大国变为世界性大国，就必须承担大国应有的责任，努力扩大国际影响力，树立和平、开放、负责任的大国形象。而这正是和谐海洋理念由一种观念形态转化为一种具体行动的体现，是中国在国际海洋事务中实践和谐海洋理念的效果体现。

所谓负责任大国可以概括为两个方面：一是对自己负责；二是对世界负责。就海洋领域来讲，所谓对自己负责，就是要保护本国的海洋主权和海洋权益不受任何外来侵犯，保障本国的海洋经济可持续发展，同时要保护好海洋资源，维护良好的海洋生态环境。所谓对世界负责，是指积极倡导先进的海洋治理理念，积极参与国际海洋热点问题的解决，主张和平解决国际海洋争端，建立国际海洋政治经济新秩序，在国际海洋事务中兼顾各方利益。负责任大国的实质是承担义务，而不是谋取权力。一个国家要做负责任的大国，对内负责是对外负责的前提和条件，对外负责是对内负责的延伸和发展，这是一个相辅相成的关系。中国要在建设海洋强国的过程中担当起负责任大国的重担，从认识上，要积极奉行和谐海洋的价值理念；在行为上，要认真践行和谐海洋理念；具体到实际效果上，一个重要的标志是中国给世界提供了多少全球性和地区性的海洋公共物品，即中国的海洋发展给世界提供了多少可以共享的精神和物质产品，如国际海洋制度、海洋经济和科技发展成果、海洋文化产品等。

随着中国综合国力的逐步提升和国际影响力的不断扩大，中国领导人的责任意识也在增强。党的十八报告进一步强调："在国际关系中弘扬平等互信、包容互鉴、合作共赢的精神，共同维护国际公平正义。"平等互信，就是要遵循联合国宪章宗旨和原则，坚持国家不分大小、强弱、贫富一律平等，推动国际关系民主化，尊重主权，共享安全，维护世界和平稳定。包容互鉴，就是要尊重世界文明多样性、发展道路多样性，尊重和维护各国人民自主选择社会制度和发展道路的权利，相互借鉴，取长补短，推动人类文明进步。合作共赢，就是要倡导人类命运共同体意识，在追求本国利益时兼顾他国合理关切，在谋求本国发展中促进各国共同发展，建立更加平等均衡的新型全球发展伙伴关系，同舟共济，权责共担，增进人类共同利益。2013 年 4 月颁布的《国家海洋事业发展"十二五"规划》指出，中国海洋事业发展应该坚持的基本原则之一就是坚持全球视野，"正确处理及时总结自身实践与充分借鉴国际经验的关系，创新发展思路，主动参与国际海洋事务的交流合作，积极承担相应的国际责任和义务，树立更加开放的现代海洋发展观"。为此，中国应广泛而有深度地参与国际海洋事务，体现一个负责任大国的良好形象，具体应从以下几点做起：（1）全面参与国际海洋事务。积极参与联合国相关海洋事务，提高参与国际海洋规则制定和海洋事务磋商能力。准确把握国际海洋秩序发展新趋势，做好参与重要国际事务的政策、法律、科学、技术及执行方案的储备，提高研判和行动能力。深入参与海洋环境保护、海底资源开发、渔业资源管理、海事与海上救助等涉海国际公约、条约、规则的制定、修订工作。推进与相关国家及国际组织的合作，积极开展国际海洋合作研究与技术培训。（2）切实维护海洋权益。实施常态化的海洋维权巡航执法，开展多种形式的海洋维权行动，强化管辖海域的实际控制，加强中国海洋权益主张的对内对外宣示和解释工作，正确引导社会舆论。深化与海洋大国在海运管理制度等方面的合作，加强海上战略安全、通道安全的磋商与对话协调机制，拓展在打击海盗、反恐、反走私、缉毒、搜救等领域务实合作，共同维护重要海上运输通道安全。加强与重要通道沿岸国在海洋观测、航道测量、环境保护和灾害预报、航海保障能力建设等领域的互惠合作。积极参与维护马六甲海峡安全的地区事务和海上合作。（3）加强国际海域资源调查与极地考察。持续开展国际海域资源调查，深化极地科学考察，加强国际海域资源调查和极地科学考察能力建设，为人类和平利用海洋做出贡献。总之，中国积极参与国际海洋事务是由中国践行和谐海洋理念作用使然，也是中国海洋软实力在国际海洋事务中的有效运用和展示。

第三节　挖掘海洋文化资源，打造有吸引力的海洋文化品牌

　　文化是人类在社会历史发展进程中创造的精神财富的总和，尤指教育、文学、艺术、宗教等精神财富。文化也许不能直接改变客观世界，但是通过塑造人来改变客观世界。文化使一个人增加人格魅力，文化使一个国家增强实力。可以说，文化是一个国家软实力的重要基础。"海洋文化，就是和海洋有关的文化；就是缘于海洋而生成的文化，也即人类对海洋本身的认识、利用和因有海洋而创造出来的精神的、行为的、社会的和物质的文明生活内涵。海洋文化的本质，就是人类与海洋的互动关系及其产物"，[①] 如海洋民俗、海洋考古、海洋信仰及与海洋有关的人文景观等都属于海洋文化的范畴。"海洋文化存在于与海洋有关的哲学、政治、经济、宗教、艺术等社会生活的各个方面，表现为语言、思维习惯、文本符号、实体存在等诸要素。在海洋文化中批判性反思、构建和合文化的海洋哲学，有助于增强中国的文化软实力。"[②] 海洋软实力的影响力、渗透力和吸引力主要是通过海洋文化来展现的。提升中国的海洋软实力，必须建设具有中国特色的既有历史传承的，又有时代创新的海洋文化。

一　积极挖掘与开发具有普世情怀的海洋文化资源
　　首先，加强对中国海洋文化资源的发掘与整理。中国既是一个内陆

① 曲金良：《海洋文化概论》，青岛海洋大学出版社1999年版，第12页。
② 王宏海：《海洋文化的哲学批判——一种话语权的解读》，《新东方》2011年第2期。

大国，也是一个海洋大国，中国文化的历史既是陆地文明的发展史，也是海洋文明的发展史。中国文化的辉煌是陆地文明与海洋文明相互接触、相互交织、相互融合的产物。但不同于儒家文化、道家文化等陆地文化形成了自己完备的话语体系，并且拥有大量的典籍作为载体以记录其相关论述，海洋文化更多地呈现出了碎片化的特点，在中国没有专门的典籍对海洋文化相关地内容加以系统全面的论述，海洋文化往往零散地内含于船只建造、远洋航行以及渔业捕捞等具体的生产活动之中。正如有的学者所说，"中国海洋文化的地位在于：（1）有长达7000年不间断的航海史；（2）对古代东南亚国家与东亚国家产生巨大的影响；（3）中国的航海在唐、宋、元迄至明中叶的七八百年内领先于世界"。①碎片化的特点使得海洋文化在中国与他国的文化交往中既难以被完整表述，也难以被他国系统感知。因此，有必要全面地考察和评估海洋文化资源，令人欣喜的是，"国家海洋局宣传教育中心开展的全国珍贵海洋文物研究项目圆满完成，该项目实现了对21个省级行政单位、85家文博机构的634件三级以上珍贵海洋文物的系统梳理，涵盖了文献文书、船舶部件、地图航海图、古船文物等20类涉海可移动珍贵文物，这些文物反映了中国海洋文化历史的创始、变化和发展，为弘扬中国悠久的海洋历史和灿烂的海洋文明提供了翔实资料"。②

其次，加强对中国海洋文化资源中普世价值的提炼。普世价值是一种共性的人类价值理念，检验一种文化是否包含普世价值则主要指这种文化在传播到其他国家后能否为当地人民所接纳。尽管出于种种原因，中国的海洋文化在对外传播的过程中存在着诸多困难，但是仍然有部分海洋文化传统通过远洋航行等渠道被传播到海外，并落地生根，成为当地文化的重要组成部分，如郑和七下西洋期间就将"妈祖文化"带到了东南亚诸国，并对当地的文化产生了深远的影响。在马来西亚、新加坡、泰国、印度尼西亚、越南、菲律宾等地，都建有供奉妈祖的庙宇，其中以马来西亚和新加坡比较典型。在马来西亚马六甲的青云亭、宝山

---

① 徐晓望：《论古代中国海洋文化在世界史上的地位》，《学术研究》1998年第3期。
② 《我国开展首次海洋文物调查研究》，中国海洋文化在线，http://www.cseac.com/Article_Show.asp? ArticleID = 15344。

亭以及槟榔屿的观音亭（广福寺）都有奉祀妈祖；在新加坡的天福宫、林厝港亚妈宫、林氏九龙堂等也都供奉妈祖。马来西亚、新加坡等地的地缘协会馆内也都奉祀妈祖。妈祖文化之所以能够在东南亚地区得以广泛传播，一个重要原因就是妈祖文化包含了善良正直、见义勇为、扶贫济困、解救危难、造福民众等全世界人民都认可的价值观。因此，在全面考察整理海洋文化资源的基础上，应借鉴哲学、政治学、宗教学等人文科学的理论方法于中国历史悠久的海洋文化中提炼出能为世界人民所认可接受的普世价值，并以此作为中国海洋文化的理念根基。

最后，加强对中国海洋文化遗产的保护。在长达数千年的传统历史上，中国在沿海发展、港口建设、船舶建造、航海技术、航路开辟、政治联结、文化传播、商品生产、贸易互利诸多方面，通过开发、利用中国的海洋环境空间，创造了悠久而灿烂的中国海洋文明，留下了广泛、丰富而值得珍视的海洋历史文化遗产。这些海洋文化遗产主要有三类：一是人类在海洋历史过程中通过人工技术创造的，其主要样态为打造品、建筑物，如船舶、航具、渔具、港口、灯塔、庙宇、馆所遗存，是为海洋物质文化遗产；二是人类在海洋历史过程中通过赋予海洋自然物文化内涵创造的，其主要样态依然是自然物，是为海洋自然文化遗产；三是人类在海洋历史过程中通过社群传承所创造的，其主要样态与前两类空间形态不同，主要表现为口头、仪式、行为等时间形态，如信仰、意识、制度、艺术，是为非物质文化遗产或称无形文化遗产。[①] 海洋文化遗产是彰显中国不但是世界上历史最为悠久的内陆大国，同时也是世界上历史最为悠久的海洋大国的整体历史见证，是揭示长期以来被遮蔽、被误读、被扭曲的中国海洋文明历史、重塑中国历史观的"现实存在"的事实基础。作为中国海洋发展国家战略中海洋文化发展战略的重要基础内涵，海洋文化遗产是弘扬中华传统文化国家战略的重要资源，对于增强民族海洋意识、强化国家海洋历史与文化认同、提高国民建设海洋强国的历史自豪感和文化自信心具有重要意义。如何充分保护和尊重这些海洋文化遗产，如何充分尊重和善于汲取古代先人构建东亚海洋

---

① 曲金良：《海洋文化艺术遗产的抢救与保护》，《中国海洋大学学报》（社会科学版）2003年第3期。

和平与和谐秩序的历史智慧，对于今天的东亚乃至整个世界的海洋和平秩序构建，是最具基础性、真实性、形象性，最具说服力因而最具启发性和感召力的"教科书"。同时，它也是中国维护国家主权和领土完整、保障国家海洋权益的事实依据，因而也是法理依据。①

　　然而，在中国海洋开发高歌猛进的过程中，海洋文化遗产的保护并没有得到应有的重视，更为严重的是遭到了不同程度的破坏，因此，保护海洋文化遗产迫在眉睫。（1）在对全国海洋文化遗产特别是非物质海洋文化遗产普查的基础上，编制全国的海洋文化遗产保护与开发规划；（2）加强海洋水下文化遗产保护，实施南海Ⅰ号、南澳Ⅰ号等沉船遗址和西沙水下文物重点保护工程，提高水下考古科技和装备水平；（3）加强各级水下文物保护区建设，加大执法力度，保障管辖海域水下文化遗产安全；（4）系统整理保护民间节庆等习俗、文学艺术、传统技艺、饮食服饰等涉海非物质文化遗产及代表性传承人，拓展文化遗产传承利用途径；（5）发掘、传承和弘扬妈祖文化、以海洋丝绸之路为代表的海洋商业文化、以郑和下西洋为代表的航海文化，鼓励各类海洋文化艺术作品的创作和展示发行。

二　发展特色文化，举办具有国际影响力的海洋文化活动

　　中国的海洋文化有着悠久和辉煌的历史，提升中国海洋软实力就必须建设特色文化。只有民族的才是世界的，海洋文化必须具有鲜明的民族特色才能形成国际影响力，才能被世界所认可和接受。因此结合中国沿海地区各自的特点，建设具有中国特色的、既有传承接纳性又富有时代创新性的海洋文化是我们现阶段的历史使命。在强调海洋文化特色性的同时，我们还应该认识到并非一切民族的都能走向世界。因此，只有特色鲜明并且能够被大众理解，才能作为向外推广的标准。建设海洋文化只是基础，将特色鲜明的海洋文化推向世界才能够提高中国海洋文化影响力。在海洋文化的推广中需要考虑选用何种渠道来举办何种活动等问题。

---

　　①　曲金良：《"环中国海"中国海洋文化遗产的内涵及其保护》，《新东方》2011 年第4 期。

（一）选择何种渠道

选择的渠道在很大程度上决定着海洋文化的传播效果。海洋文化的传播渠道有很多种，这里主要介绍大众传媒与非官方的组织。举办海洋文化活动时，应该充分利用国内外媒体传播的及时性、范围广等特点来树立良好的国家形象。① 举办具有国际影响力的海洋文化活动，可设立专门的机构负责海洋文化活动的总体营销战略，以协调各个部门的活动。罗森伯特在《传播美国梦想》中谈道，"有人喜欢具有滴水穿石效应的缓慢的文化外交载体，如艺术、书籍、交流等，而有人则喜欢广播、电影、新闻影片等快速信息载体，以达到更直接、更明显的'合算'效果"，他强调的是选择大众传媒需要考虑受众的需求，如受众的年龄、性别、所处地域的氛围等。另外，非官方的组织尤其是海外华人团体也在海洋文化的传播中发挥着重要的作用。海外华人团体遍布世界各国，他们既了解中国海洋文化的底蕴，又了解居住国的风俗与文化；既能够将代表民族精髓的海洋文化以各种形式呈现出来，又善于发现不同文化的切入点并加以融合。他们将富有中华传统的海洋文化结合国外的实际情况通过多种形式呈现出来，既丰富了所在国家的海洋文化，也让世人领略了中国海洋文化的独特魅力。因此，可以说海外的华人团体在中外海洋文化交流中起着不可忽视的桥梁作用。

（二）举办何种活动

传统的海洋文化节庆大多是在本区域内举行，活动也多侧重于文娱方面。如2012年青岛的海洋文化节以公开水域游泳活动为主题，舟山的海洋文化节包括休渔谢洋大典、"相约海洋，同城共享"文化走亲活动、金牌导游大赛等。虽然舟山的海洋文化节已经举行了七届，但它的影响主要还是在浙江省范围内。这些活动虽然在推动海洋文化的传承与创新、促进当地海洋经济发展等方面都起到了一定的作用，但是却没有形成长期稳定的品牌效应，也未能在世界范围内进行交流。外向型的海洋文化节应该摆脱区域的局限，从学术和文娱两个方面规划主题并形成品牌。海洋文化活动的举行应该在坚持本地特色的基础上参考其他地区

---

① 何昊、周芳文：《国家营销构筑中国软实力》，《生产力研究》2009年第21期。

的优秀做法，吸纳本国其他城市以及其他海洋国家的群众并让他们参与进来。仅举行文娱方面的活动是不够的，还应该吸纳国内外学者进行海洋学术研究以及战略研究层面的交流，如海洋文化展会、海洋文化论坛等，这样可以获得最大限度的认可，也可以提升活动的影响力。

三　培育海洋文化产业，打造海洋文化品牌

如果说挖掘中国海洋文化资源，建设特色海洋文化体现了中国各界对海洋文化建设的重视，那么，能否在海洋文化建设过程中，造就一批具有国际竞争力和影响力、被国际社会所认可的海洋文化品牌产品，则检验着中国政府、企业及社会各界的智慧和能力以及实力。按照联合国教科文组织对文化产业的定义：文化产业是以生产和提供精神产品为主要活动，以满足人们的文化需要为目标，按照工业标准，生产、再生产、储存以及分配文化产品和服务的一系列活动。文化产业的发展是一个国家的社会经济发展到一定阶段的产物，在这一阶段，文化不仅为人们提供精神享受，而且为社会创造巨大的物质财富，它就是文化产业化带来的结果。党的十七大明确提出，要积极发展公益性文化事业，大力发展文化产业，激发全民族文化创造活力，更加自觉、更加主动地推动文化大发展大繁荣。海洋文化产业作为文化产业中的重要组成部分，必然与文化产业蓬勃发展的态势保持同步。特别是 21 世纪——海洋世纪——的到来，更是对海洋文化产业的发展起到加速和驱动作用，促使海洋文化产业的发展逐渐走上了经济发展的前台，并迅速影响到经济和社会生活的方方面面。

海洋文化产业的发展不仅仅是提升经济价值的需要，更重要的是可以通过发展海洋文化产业来实现对民族优秀文化资源的开发利用和保护，使以产业品牌为载体的海洋文化资源得以传承和传播，同时也是积极参与国际海洋文化竞争的需要。一方面，借助海洋文化产业的发展，推动民族文化产业自我强大，对外产生抗冲击能力。另一方面，充分利用文化的共融性，积极拓展海洋文化产业的生存空间，努力占领国际文化市场，在创造必要的经济价值的同时，宣传本民族海洋文化价值观。而海洋文化产业发展过程中所形成的文化品牌，则会形成强烈的市场认同感、影响力、吸引力，在极大地促进海洋文化资源升值、海洋文化产

业提升、海洋文化服务能力增强的同时，提高中国海洋文化的吸引力和辐射力。发展海洋文化产业，创造海洋文化品牌需要政府、企业和社会的共同努力。

首先，加强政府对海洋文化产业的引导与培育，实施重大海洋文化产业项目带动战略，推动海洋文化产业基地和区域性特色海洋文化产业群建设。海洋文化产业包括海洋文化创意、海洋影视制作、海洋作品出版发行、海洋文化旅游、海洋节庆会展、海洋体育休闲等方方面面。为此，政府应该通过编制海洋文化发展规划，对海洋文化产业发展统筹安排。应该根据各地实际，有针对性地对有区域特点、有一定影响力的海洋文化产业进行扶持。积极发展海洋文化娱乐、旅游休闲、体育运动等产业，培育一批优质海洋旅游景区和旅游线路，打造国家精品海岸和海岛旅游带。继续搞好青岛国际海洋节、厦门国际海洋周、象山开渔节、平潭国际沙雕节等各具特色的海洋节庆活动，打造招商引资、集聚产业的文化平台。

其次，设立海洋文化基金，鼓励跨所有制经营和重组，推动海洋文化与制造业、服务业和高新技术产业的融合，提高规模化水平。

再次，建设一批有影响力的公益性海洋文化展馆。海洋文化展馆建设要分层实施，在国家层面有选择地建设一批重点标志性海洋文化展馆；对各地方沿海地区来讲，要结合本地经济、社会发展水平建设一批海洋文化公共设施，如海洋博物馆、图书馆、民俗馆等。浙江岱山县在打造海洋系列博物馆方面做出了积极的尝试。近几年，岱山县从挖掘、拯救、弘扬海洋历史文化出发，将海洋文化与旅游文化有效结合，建成了以海洋文化为主题的系列博物馆，形成了主题各异、形象不同、互为补充的文化旅游链。目前，中国台风博物馆、中国盐业博物馆、中国岛礁博物馆、中国海洋渔业博物馆、中国灯塔博物馆已相继建成开放，中国海防博物馆正在建设，中国渔村博物馆、中国徐福博物馆、中国海洋生命博物馆、中国海鲜博物馆等正在筹划之中。

最后，实施海洋文化产业品牌建设战略。一是着力培育特色海洋文化产业品牌。海洋文化产业资源进行全面的盘点，依据自身的资源特色确定品牌。对于海洋文化资源丰富的地区要全力打造海洋旅游品牌；对于文化艺术人才聚集的地区要精心创立海洋文化艺术品牌，将特色作为品牌发展的支撑点，通过一系列营销传播，不断扩大品牌的影响力。二是对现有的海洋文化品牌要注重维护。以山东省为例，近年来，山东省深入挖掘海洋文化产业资源，精心打造了"青岛国际海洋节""渔家乐""田横祭海节"和"梦海"等各个海洋文化产业品牌。对于这些已经具有一定知名度的品牌来说，最为重要的任务是进一步地开发和巩固品牌的品质和质量，使品牌经久不衰。三是注重品牌的不断延伸。这实际上是对品牌的拓展化经营，将品牌的市场号召力扩展到其他产业中，从而实现最大化的品牌价值。许多知名品牌都是通过品牌延伸获得成功的，比如由最初的动漫产业，逐步扩展到音像、图书、文具、玩具等各个行业，大大拓展了自身的市场，又丰富了品牌的内涵。因此海洋文化产业也需要不断地进行品牌的延伸和扩张，实现对品牌资源的深度开发与利用，使企业获得最大的发展空间和利润。

第四节 培育和发展海洋社会组织，提升海洋事务的参与度和影响力

海洋软实力一个重要特点就是其运用主体的多元性，政府、社会组织、公民个体，甚至企业，都可以成为传播中国海洋文化、展示中国海洋发展成果、塑造中国良好形象的重要力量。

社会组织可以反映一个国家的民间力量。法国知名学者托克维尔考察美国的时候发现，美国之所以成为民主的典范、经济蓬勃发展的楷模，其中一个重要的因素就是美国具有结社自由，美国是世界上社会组织数量最多、社会组织规模最大的国家。[①] 有研究者总结了社会组织的七大作用：培育民主价值观；提高公民参与水平；制约政府权力；满足社会的多元需求；提高公共产品的供给效率；成为重要的经济和社会力量；建立社会保障的科学模式。[②] 今天，社会组织在凝聚一个国家的民

---

① ［法］阿历克西·德·托克维尔：《论美国的民主》，董果良译，商务印书馆1997年版。

② 吴东民、董西明：《非营利组织管理》，中国人民大学出版社2007年版，第10—15页。

间力量，反映民众呼声方面的确发挥着举足轻重的作用。

海洋社会组织是实现海洋社会管理创新与建设海洋强国的重要力量。面对国际国内环境的深刻变化和海洋资源、空间的争夺日趋激烈，党的十八大报告明确提出建设海洋强国的目标。而要建设海洋强国，不仅需要发挥政府的主导作用，还需要民间社会力量尤其是海洋社会组织的发展壮大。作为架设在政府与公众之间的桥梁纽带以及推动海洋管理创新的重要载体，海洋社会组织将在海洋政治、经济、文化、社会乃至环境治理等方面发挥愈加重要的作用。

一　充分认识海洋社会组织的重要地位

海洋社会组织主要是指那些以保护海洋、合理利用、开发海洋以及实现和维护海洋权益为宗旨的非营利组织。具体来说，包含以下几大类：（1）海洋环境保护类。如香港海洋环境保护协会、海南省海洋环保协会、深圳市蓝色海洋环境保护协会、大海环保公社、蓝丝带海洋保护协会等。（2）海洋科研教育类。如中国海洋学会、中国海洋法学会等。（3）海洋文化传播类。如中国海外交通史研究会，致力于弘扬中华民族悠久辉煌的海洋文化；海洋博物馆通过向民众展示海洋自然历史和人文历史，重塑中国的国家海洋文明价值观，是爱国主义教育基地。（4）海洋权益维护类。如中华保钓协会、中国民间保钓联合会、世界华人保钓联盟等一些民间保钓团体。此类团体致力于钓鱼岛的保护，除了以实际行动宣示及保护国家领土主权外，也从事有关钓鱼岛的教育及学术研讨活动，传播保钓意识，维护国家海洋权益。

国际社会和沿海发达国家一直倡导发挥海洋社会组织在海洋开发与保护中的作用。联合国《21 世纪议程》第 17 章第 6 条明确要求："每个沿海国家都应考虑建立，或在必要时加强适当的协调机制，在地方一级和国家一级上从事沿海和海洋区及其资源的综合管理及可持续发展。这种机制应在适当情况下有学术部门和私人部门、非政府组织、当地社区、公众和土著人民参加。"世界海洋和平大会推荐的海洋综合管理"浮地模式"则强调了政府、社团、企业的协作与竞争；[1] 世界海洋保

---

[1] 卫竞：《我国海洋管理现状与改革路经研究》，硕士学位论文，复旦大学，2008 年。

护组织（OPC）在推动部分国家海洋立法、重建海洋生态系统的成效十分明显。在一些沿海发达国家，海洋社会组织在海洋经济发展、海洋环境治理等方面正在发挥着重要的作用。例如，日本的海洋社会组织发展十分契合日本的海洋立国战略，许多渔业管理计划都是由政府授予渔民组织或行业协会，由它们负责组织实施。其中，渔业协同组合是日本特有的维护渔业发展、渔民权益的海洋民间组织，具有部分渔政管理职能，并协助政府开展渔业管理和实现渔业可持续发展。新近的研究表明，日本海洋管理中的官民互动特质，还突出体现在海洋国际政治领域。在中日、中韩岛争中，日本渔协与政府共同发挥了"各得其所"的整体性效果。海洋社会组织还具有"第二轨道"外交的功能，它对于对话解决海洋议题具有明显效果。

海洋软实力对资源的运用方式主要有沟通、协商、对话等，是通过潜移默化影响别国，达到"不战而屈人之兵"的效果。如果诉诸武力，可能引起国际社会的谴责，失去其他国家的支持，导致海洋软实力不断下降。正如在伊拉克战争之后，约瑟夫·奈发表文章认为美国应该反思其外交政策，不能一味依靠军事、经济力量强制改变世界格局。中国目前在东海、南海都面临着资源争夺、领土争端、国家利益遭到损害的现象。有很多民间力量加入宣示国家主权的队伍之中，包括海内外的华人华侨组成的民间组织，如世界华人保钓联盟。海洋社会组织有其独特的存在优势：如民间性，海洋社会组织更贴近基层，能够掌握基础性的资料；独立性，海洋社会组织处于中立地位，客观、独立发表言论；专业性，海洋社会组织一般会集了海洋领域的专家、学者，专业性强。因而在合理表达国家利益诉求、赢得话语权方面具有一定的主动性，在一些不方便政府出面的事务上可以借助其力量，向国际社会表达中国利益诉求。中国作为世界上最大的发展中国家，要想在国际海洋事务中承担起负责任大国的角色，一方面需要强大自身，这要求海洋硬实力的增强；另一方面在国际上要拥有话语权，具有对国际规则及政治议题的创设力，对其他国家或国际组织的动员力。而这些要求中国的海洋政策具有合法性，具有道德威信，符合全人类共同利益，谋求全人类共同发展，这样的政策才是与负责任大国相匹配的海洋政策。而海洋社会组织因为掌握很多第一手资料以及各领域专家学者较多，在海洋政策的制定过程中，通过对公民参与的吸引，引导公民广泛参与政策制定，易于实现政策的科学性、合理性。另外，在海洋政策的执行过程中，海洋社会组织可以持续关注，并对其执行过程及效果进行监督，保证海洋政策的有效实施。通过政府与海洋社会组织的合作有利于中国制定的与负责任大国相匹配的海洋政策得到世界各国的认可、追随，国家形象就得以树立，国际地位随之迅速上升，无形之中也就实现了海洋软实力的提升。政府与海洋社会组织各自具有独特优势，在二者之间建立合作关系，可以更好地向国际社会传达利益诉求，赢得支持，扩大话语权。

海洋社会组织的发展和壮大无疑将大大强化中国海洋权益维护的力量。但是遗憾的是，中国的海洋社会组织还处于起步阶段，距离具有国际影响力的国际 NGO 还有很大距离，其发出的声音很难得到国际社会的重视，尤其是在海洋权益维护方面，中国目前还没有引起大家关注的海洋社会组织。目前，中国业已存在并发挥作用的海洋社会组织，几乎都集中在海洋环境保护领域。蓝丝带海洋保护协会、深圳市蓝色海洋环保协会、大海环保公社等都是国内少数几家比较知名的海洋环保社会组织。但是这些海洋社会组织成立的时间比较短，规模较小，影响力不大。例如，蓝丝带海洋保护协会 2007 年才成立，也只有天涯海角、喜来登酒店、海南网通、三亚移动、三亚鲁能等 40 家协议成员，尽管其提出的使命是"团结一切可以团结的力量保护海洋"，但是其活动领域依然局限在海洋环境保护，而鲜有涉猎海洋权益维护。中国目前的海洋权益维护现状已经在呼唤海洋社会组织的发展。要实现海洋权益维护的战略转轨，培育并壮大海洋社会组织是一个重要的路径选择。

二 建立政府与社会组织的良性合作关系

在国内外海洋事务和海洋竞争日益复杂和激烈的今天，政府与海洋社会组织应当在诸多领域展开良性的合作，这些领域主要可以概括为以下几个方面。

一是海洋文化传播。在海洋文化传播领域，政府可以提供资金，而海洋社会组织可以提供服务，将二者的长处相结合。宣传海洋文化，增强国民海洋意识的途径有很多，如通过学校等教育机构开展海洋教育，也可以组织丰富多彩的活动吸引公众参与等，该领域任务重，需要覆盖范围尽量广，如果单纯依靠政府的力量难免会有遗漏之处。海洋社会组织招募了大量的志愿者，可以利用政府提供的资金，举办海洋知识讲座、影片展播等形式多样的活动，并逐步提高活动的影响力和扩大活动的覆盖范围。政府提供资金支持，海洋社会组织负责其他服务，这种模式可以大大提高效率，也能取得较好的效果。此模式类似于政府向海洋社会组织购买服务，这也是合作模式之一。

二是海洋环境保护。环境问题日益引起人们的关注，而对于海洋的保护还远远不够。近年来海洋环境日益恶化，例如滩涂破坏严重、海洋生物逐渐减少、海水富营养化严重等，"合理开发、利用海洋"，是实现人海和谐也是"天人合一"海洋文化的核心。这样看来，"天人合一"的海洋文化符合全人类的利益。如果中国高度重视海洋环境的保护，为其他各国树立榜样，那么无形之中就会塑造良好国际形象，赢得别国的认同和支持，这就是海洋软实力提升的表现。国家海洋局、环保部、农业部及其下属单位等都是海洋环境保护的管理主体，随着公民环保意识的增强，越来越多的公民参与海洋环境的保护，涌现出很多致力于海洋环境保护的海洋社会组织，如蓝丝带海洋保护协会、大海环保公社等。此类海洋社会组织不仅独立组织各种环保宣传活动，而且也经常与政府合作，通过实地考察、调研活动等提供服务，引起了较大的关注。例如，蓝丝带海洋保护协会在 2009 年 12 月 26 日至 2010 年 3 月 7 日开展三亚海岸线徒步环保调查活动，对三亚整个海湾现状进行分类分析，撰写的《三亚海岸线环保调查报告》以及绘制的《三亚海岸线环保地图》为今后海洋环境和生态研究提供科学依据，且调查报告已被三亚市人民政府采纳。香港海洋环境保护协会曾多次受政府部门邀请进行实地调查活动，如 1996 年前往广西海域调查儒艮①的生活状况，1998 年考察广西沿海水域的珊瑚礁以决定哪些岛屿应该向游客关闭等，为政府部门提供了第一手资料。海洋社会组织会集了很多海洋方面的专家、学者，专业性较强，政府应该重视并继续加深与海洋社会组织在海洋环保领域的合作。

---

①　学名 Dugong，别名人鱼，国家一级濒危珍稀海生动物，中国北部湾沿海一带是它的重要栖息地之一，20 世纪 80 年代曾遭大量捕杀。

三是海洋科研教育。科技是第一生产力，任何时候都不能忽视科技力量，对于中国海洋事业而言，要实现合理用海，海洋科技的发展具有重要意义。政府与海洋社会组织在海洋科研教育领域的合作主要体现在：（1）政府加大资金投入来增加对海洋科技发展的支持，为海洋社会组织发展提供资金支持。（2）综合国力的竞争归根结底是人才的竞争，因此海洋人才培养也是重中之重。海洋社会组织为国家间海洋人才的交流搭建平台，一方面有利于海洋人才的培养，另一方面也扩大了中国海洋社会组织的国际影响力。中国海洋学会经常开展海洋科技交流活动，发挥学术交流在知识创新、传播、扩散、转移、应用中的作用，促进科学繁荣和技术进步，同时也大力实施科技创新，发展海洋高新技术等。与此同时，政府对海洋类高校的支持力度也在逐年增大，重视海洋人才的培养。海洋事务的处理越来越需要专业知识，政府要充分利用海洋社会组织尤其是学术型海洋社会组织在海洋科技领域的优势，通过培训、交流等形式提高政府人员处理海洋事务的能力。

四是海洋权益维护。政府一直以来都是海洋权益维护的主体，但是随着世界局势的愈加复杂，很多时候不方便以政府名义应对国际问题，否则不仅无法使问题得到妥善处理，而且很有可能造成国际社会的误解，更加不利于海洋权益的维护。社会组织具有独立性，其观点更加客观，在国际社会看来很多时候社会组织比该国政府更加中立，因此其观点更容易获得国际认同与支持。如果政府通过扶持海洋社会组织使其得以发展壮大，借助海洋社会组织表达利益诉求，那么海洋权益维护将更加有成效，而政府的指导与支持也会增强海洋社会组织的实力，扩大其影响力，二者是共荣的。

为了在上述领域中实现政府与社会组织的有效与良性合作，我们应着重做好以下几个方面的工作。

（一）政府与海洋社会组织在海洋强国建设中应优势互补，不能互相替代

海洋社会组织以其活动领域的广泛性，群众基础的深厚性，活动方式的灵活性，开展工作的专业性、国际化，使其更能够获得国际国内社会的认同感，其自下而上的治理方式与政府自上而下的管理方式有机结合，能够产生聚集作用。海洋社会组织分布于各行各业，如果能促进各

海洋民间组织与政府的合作，既可壮大民间力量，也可为海洋综合管理与区域海洋管理创造良好的民间条件。如果在海洋权益（如渔权）受到他国威胁或海洋环境遭到大面积、跨区域的损害时，海洋社会组织还可以开展国际合作，在政府正式外交协调之外，开辟所谓的"第二轨道"外交活动，以恰当应对海洋问题。因此，政府应该充分认识到海洋社会组织在海洋强国建设中的重要作用，对其既积极支持、热情帮助，又正确引导、合理规范，促使海洋社会组织成为政府建设海洋强国的重要帮手、合作伙伴。

（二）秉承平等原则，鼓励海洋社会组织自主发展

尽管政府与海洋社会组织在作用方式、作用重点等方面存在差异，但是在保护、合理利用、开发海洋以及维护和实现国家海洋权益中，二者应该是平等协作的关系。如果二者地位不平等，就无法实现资源最大限度、最有效的整合。在"小政府、大社会"的背景下，应减少政府对海洋社会组织的行政干预，鼓励其独立自主发展。当然减少干预并不等于弃之以不顾，在民间资金缺乏或不足的情况下，政府应当给予其资助。但政府不能以经济上资助来获取民间组织的控制权，这样就会使其失去民间性和自治性的特征。为此，要避免因对社会组织的职能理解不到位，而试图将民间组织办成"二政府"的倾向。由于中国传统"官本位"意识作祟，在过去组建和完善社会组织的过程中，一些地方存在着这种"政府依赖"的倾向。这种错误倾向的必然导致将社会组织变成政府管理部门的"传声筒"，海洋社会组织发展的积极性和能动性很难得到正常的发挥。因此，政府需要给海洋社会组织以较大的生存空间和充分的合法性，并尽可能地在政策、资金等方面给予必要的垂直管理功能的倾向，尤其是对于那些具有海洋权益维护功能的海洋社会组织，政府更应该积极引导、监督，使其在维护国家海洋权益的立场和行为方面，与政府保持高度一致，促使其科学、规范、健康、良性发展。

（三）进一步拓展合作领域

目前政府与海洋社会组织二者的合作主要是以政府购买海洋社会组织的服务这种形式实现，合作领域也主要集中于海洋环境保护领域，对于国民海洋教育、海洋权益维护等领域展开合作较少，而如果要切实实

现海洋软实力提升的战略价值，亟须拓展二者之间合作的广度和深度。在广度上，要积极开展各个领域的合作，包括海洋环境保护、海洋科研教育、海洋权益维护等；在深度上，一方面要丰富合作形式，另一方面政府与海洋社会组织的合作要渗透海洋社会组织发展的各个阶段。

三 政府积极作为，促进海洋社会组织的发展

海洋社会组织与其他类的 NGO 相比有其特殊性。首先，它与国家海洋发展战略密切相关，作为中国海洋软实力的表层实力资源，也是提升中国海洋软实力的重要主体，其发展关系到中国海洋实力的强弱，关系到国家海洋权益的实现和维护。其次，目前中国的海洋社会组织大部分处于萌芽阶段，有的民间海洋社会组织发展困难重重，数量少、影响力弱，无法担当重任。因此，实现政府与海洋社会组织之间的良性合作，加大对海洋社会组织的培育支持力度是不容忽视的。

（一）鼓励成立多种类型的海洋社会组织

目前中国海洋社会组织数量不多，而其中比较有影响力的主要是来自中国香港、台湾地区，如香港海洋环境保护协会、中华保钓协会、世界华人保钓联盟等。大陆地区虽然也有一些海洋社会组织，如蓝丝带海洋保护协会、深圳市蓝色海洋环保协会、大海环保公社、中国海洋学会等，但是存在一些问题：数量远远不够，相对于中国 300 万平方千米的海洋国土，却仅仅有十几个海洋社会组织，相对于其他种类海洋社会组织数量过少；业务范围不够宽泛，主要集中于海洋环境保护领域，很少涉及海洋权益维护、海洋文化传播等领域；影响力也比较微弱，现存的海洋社会组织仅在国内有一定影响力，而且国内影响力也不够大。通过中国海洋社会组织的发展状况，不难了解到目前中国对海洋重要性的认识还有待于进一步提升。为了提升中国的国际影响力，扩大国际话语权，迫切需要提升中国海洋软实力，而其中很重要的一点，也是近年来被忽视的一点，就是海洋社会组织的发展。作为政府，应该在目前比较稀缺海洋社会组织的领域如海洋文化传播、海洋权益维护等，鼓励组织成立相关海洋社会组织，并且在其成立和发展过程中提供一定的指导和帮助。

（二）完善登记管理制度

目前中国比较有影响力的海洋社会组织都是正式注册登记的，由于它们具有合法性，所以才能够在事务中获得法律的保护，得到政府的大力支持，保证其自身得以发展壮大，所以说，合法性身份的取得对于海洋社会组织的发展是根本性的问题。目前在北京、广州、深圳、成都等地区，某些 NGO 开始实行等级管理和业务主管一体化，不需要找到业务主管部门或者挂靠单位而是实现直接注册登记取得合法身份。党的十八大之后，除了政治类、宗教类以及国外 NGO 在华代表机构需要有业务主管部门之外，其他 NGO 可以直接在民政部门登记，这对于当前海洋社会组织的发展是极大的机遇，但是仍然存在一个问题，就是怎样对民间保钓团体的性质进行界定。因为牵涉到国家主权，相对于其他海洋社会组织组织，权益维护类 NGO 具有一定的政治性，那么其获得合法性身份就比较困难。作为业务主管部门会考虑政治风险、责任以及是否能为部门带来利益，所以"婆婆"不容易找到。即使找到了业务主管部门，也会出现影响 NGO 决策、控制 NGO 行为的情况，这也是不利于NGO 发展的。海洋社会组织承担着国家海洋发展、国家海洋权益维护的任务，各级政府部门要认可和重视海洋社会组织地位，关注海洋社会组织的发展，作为"破冰"之举，希望能够尽快将海洋社会组织纳入直接注册登记的行列。

（三）加大资金支持

中国 NGO 的资金主要来源于政府投入、社会捐赠和会费。社会捐赠和会费需要公众的信任，而海洋社会组织目前的社会影响力比慈善类等 NGO 的社会影响力弱得多，所以其获得的捐赠是比较少的。可以通过以下方面做出努力：（1）政府加大对海洋社会组织的资金支持。目前中国政府对于海洋社会组织的资金支持远远不够。例如，蓝丝带海洋保护协会通过与政府之间开展合作获得资金，主要方式是政府购买其服务，而这一部分资金仅仅占所有资金的极少部分；海南省海洋环保协会业务主管单位是海南省渔业厅，但是其资金来源却主要是靠秘书长个人垫付。从总体上来说，政府一直以来都是 NGO 资金的主要来源，这在一定程度上导致 NGO 缺乏独立性，饱受诟病。但是海洋社会组织关系到国家海洋权益，与政府同时作为提升中国海洋软实力的主体，二者不可替代，并互相补充，其地位不能仅仅与其他 NGO 一般，所以不能让资金限制其发展，影响其作用的发挥。鉴于海洋社会组织的特殊性，政府应该加大资金支持。可以设立专项海洋发展基金，作为支持海洋社会组织发展的专项经费，专款专用，为海洋社会组织发展提供资金支持。海洋发展基金的发放可以借鉴目前政府在招商引资以及产业扶持等方面的做法，需要经过海洋社会组织申请、提交项目、专家评议、绩效评价等环节获得资金。这样，一方面保证了海洋发展基金的充分有效使用，另一方面通过对海洋社会组织使用资金的效果进行绩效评价，也实现了政府对海洋社会组织进行监督的目的。（2）政府与海洋社会组织双方都要对海洋社会组织进行努力宣传，争取公众的广泛信任。公众捐赠目前主要集中于慈善类、社会服务类 NGO，作为个体，当然是将自己的资金交给自己信任的人，而资金流失也是失去公众信任的表现。如"郭美美事件"对中国红十字会的信誉影响颇深，也打击了公众热衷慈善的积极性。由于公众目前对海洋社会组织仍然缺乏一定的了解、认识，所以获得公众的信任还需要政府与海洋社会组织自身的共同努力。作为政府可以向海洋社会组织提供媒体支持，如在广播、电视、网络推广有关海洋社会组织的公益广告；作为海洋社会组织也可以与学校联系，一起开展项目，将青少年成长与本身开展的项目相结合，从学生群体开始扩大其社会影响力。

（四）建立信息资源共享

信息化已经席卷全球，影响生产、生活的方方面面，对于中国政府与海洋社会组织而言，在处理国际国内海洋事务时更加离不开信息资源。如果在政府与海洋社会组织之间建立信息资源共享，那么二者的合作将更有针对性、更有效率，对提升中国海洋软实力也大有裨益。政府部门作为国家的权力机关，拥有最完备、最庞大的信息统计系统，在日常的政府管理活动中，又积累了大规模的数据，可以说，政府掌握着目前为止最大的信息量。而海洋社会组织也有自身的优势，经常开展有关海洋环境保护、海洋知识普及、海权教育等项目，搜集的材料更加贴近基层，也更详细；另外，海洋社会组织会聚很多海洋领域的专家、学者，他们掌握的信息更加专业，可信度也更高。政府与海洋社会组织各有优势，建立信息资源共享可以充分结合二者的力量，大大提高二者的效率及效果。当今时代网络工具发达，双方应该充分利用网络带来的便利，建立信息查询系统，适度将某些信息在网上公开，方便双方查询、搜集所需要的信息；另外，通过信息的及时更新、反馈也可以了解公众的想法、建议，为公众参与提供渠道，建立公众对政府与海洋社会组织的信任，这无形之中会增强国民海洋意识，吸引越来越多的人参与海洋事务，为中国海洋软实力提升出谋划策，全民参与海洋事务这本身也是中国海洋软实力提升的表现。

第五节　创设和运用海洋话语平台，提高在国际海洋事务中的话语权

自《联合国海洋法公约》生效以来，磋商与合作日渐取代军事手段成为海洋国家解决分歧与争端的主要方式。要在磋商与合作的过程中获取优势地位，从而实现自身利益最大化，不仅仅需要凭借一国的经济实力、军事实力等硬实力，同时也需要依靠那些由一国文化、制度等资源生成的软实力，而其中国际话语权由于能够影响议程设置与制度创设，更是起着举足轻重的作用。鉴于此，各涉海国家在积极发展海洋军事等硬实力的同时，也加大了对话语权的重视，在国际海洋事务中积极发声，努力提升自身的话语权。改革开放以来，中国政府日益重视海洋在国家发展中的地位与作用。进入21世纪以来，中国积极制定相关政策法规推动海洋事业的发展，相继出台了《全国海洋经济发展规划纲要》《国家海洋事业发展规划纲要》等纲领性文件，并在党的十八大报告中明确提出了将中国建设成为"海洋强国"的战略目标。近年来，中国在海洋经济、海洋科技、海洋军事、海洋文化等领域均取得了重大突破。在2019年4月23日，习近平主席在青岛会见应邀前来参加中国人民解放军海军成立70周年多国海军活动的外方代表团团长时，首次提出了"海洋命运共同体"的理念。习近平主席指出，海洋孕育了生命、联通了世界、促进了发展。我们人类居住的这个蓝色星球，不是被

海洋分割成了各个孤岛，而是被海洋联结成了命运共同体，各国人民安危与共。"海洋命运共同体"理念的提出，再一次彰显了中国作为一个充满自信、拥有巨大活力的大国在全球海洋事务领域向国际社会贡献的"中国智慧"和"中国方案"，也是中国向国际社会的一种"承诺"和责任担当。这些成就的取得为中国提升在国际海洋事务中的话语权奠定了坚实的基础。但不可否认的是，当前中国在国际海洋事务中的话语权依然较弱，面临的挑战依旧众多，仍然处于"大国小语"的时代。正如张志洲提出，"中国在应对海洋争端中处于守势。这里有两个基本因素，一是美国力量的介入，二是中国自身缺乏强大的海洋话语权。因此，'抵消美国'与构建强大的中国海洋话语权，应成为中国扭转当前在海洋争端中的被动态势、实行进取性海洋战略的必要对策"。要实现"抵消美国"的目的"不仅是构建海洋话语权的问题，而且是为整个中国崛起寻求合法化话语的问题，因此必须从国家崛起的话语权战略高度来构建中国的海洋话语权"。①

海洋事务中的话语权正是一种国际话语权。因我们所说的"海洋事务"主要指"国际海洋事务"，即沿海国家所共同面临的、涉及彼此利益的海洋公共事务。海洋公共事务的参与及处理过程中，一个国家能否发挥作用以及能够发挥多大的作用，尽管受到海洋硬实力和海洋软实力的多重因素制约，但话语权的强弱，显然是一国在国际海洋事务处理过程中力量大小的体现。国际海洋事务中的话语权体现在：一个国家在国际海洋事务中，通过借助多种话语平台将自身持有的观念进行传播，在最大程度上获取国际社会成员的正向认同，从而获取并拥有建构国际性海洋规则的能力。所谓国际海洋事务主要是指相关海洋国家参与的、对海洋国家产生影响的海洋公共事务，如国际海洋法的维护与运用，海运、航行及海事安全，海洋环境，海洋科技，国家间合作与协调等。国际海洋事务中的话语权则由话语传播主体、话语内容、话语传播方式以及话语反馈四方面要素构成。海洋事务话语传播主体既可以是一个国家的官方机构，也可以是该国非政府组织或社会群体，话语传播主体的身份对话语的可信度有着重要影响；海洋事务话语传播内容，主要包含国

---

① 张志洲：《"抵消美国"与中国海洋话语权的构建》，《东方早报》2012 年第 6 期。

际海洋规则、国际身份以及海洋议题的选择、建构与设定；海洋事务话语传播方式，主要涉及进行话语表达的载体与渠道等话语平台问题。在既有国际秩序中，一个国家可以借助多层次的话语平台，如公众媒介、国际会议、主权国家的对外交流、合作和援助计划、国家间的正式和非正式的官方互访活动等来凸显其话语权。海洋事务中的话语反馈，强调的是话语内容传播后的效果如何，话语所包含的观点、主张能否为其他国家接受、认可，并进而成为相应的国际理念与国际制度。

国际海洋事务中的话语权发展状况影响重大，特别是对于正在由海洋大国走向海洋强国的中国来说尤为重要。一是推动海洋强国目标的实现。海洋强国不仅意味着海洋硬实力的强大，更强调一个国家在国际海洋事务中影响力的强大。而国际话语权的强弱是衡量一个国家在国际社会中影响力大小的重要指标。二是提升中国的海洋软实力。海洋软实力是实现国家海洋战略目标，维护国家海洋权益的重要手段，软实力提升是一项长期的战略任务，需要多种运作机制，而国际话语权恰是增强一个国家软实力的手段和传播途径，也是获取软实力的重要方式。软实力采用非暴力的方式，影响、说服、吸引其他国际行为体。其有着特定的运作机制，需要将一个国家的软性资源通过话语媒介传播到国际社会中，并由此形成一种认同力、追随力，进而在国际社会中获得软实力。由此可见，国际话语权是国家软实力进一步提升的必要条件，是软实力实现的重要手段。

话语权的获得与国际海洋事务的参与相伴而生。第三次联合国海洋法会议是新中国自成立以来对国际海洋事务的第一次实质性参与，同时也是中国提升自身在国际海洋事务中话语权的起点。从那时起，中国国际海洋事务话语权的发展呈现出了"一快一少"的特点。"一快"是指中国话语权的增长速度快。这不仅体现在中国所加入的国际海洋组织在数量上增长迅速，更体现在中国在各类国际海洋组织中的地位提升显著，在许多国际海洋组织的高层中已不乏来自中国的身影。此外，由中国主导或参与构建的话语平台也日益增多。所谓"一少"是指中国在国际海洋事务中的话语权总量依然较少。不但与中国自身海洋军事、海洋经济等海洋硬实力的发展水平不相匹配，而且与美国、英国等西方传统海洋强国更是有着较大的差距。

综上所述，努力获取并提升自身在国际海洋事务中的话语权，尤其对于中国等新兴海洋大国具有重大战略意义。中国要在国际海洋事务中提升话语权，应该采取措施从以下几方面加以改进。

一 明确国际海洋话语传播主体身份，展现负责任大国形象

基于中国实力水平与国家利益、国际海洋问题的特性，笔者认为，中国应将"国际海洋事务主要治理者"作为最终的身份定位。

首先，中国已经拥有扮演这种身份的实力基础。当前，西方世界已经将中国定位于第三世界国家中较发达的国家，甚至是中等发达国家。这与中国在外交政策话语中宣称的"发展中国家"有着明显区别。会有这种认知上的差别，除西方国家有意为之，与心理因素也有一定的关系，即部分西方发达国家确实从心底将中国看成一个已经较为发达的国家，这与国际政治心理学中习惯将对手实力过分夸大的"敌人皆为强者"规律相吻合。但从另一个角度看，这种心理也反映了一个事实，那就是在国际社会眼中，中国现在已经具备在国际事务中发挥更大作用，扮演更为重要角色的实力。尤其是近年来中国在海洋科技与海洋军事领域接连实现新突破，虽然给中国带来一定的国际压力，却也为中国担当海洋治理"积极参与者"作了良好铺垫。

其次，国际海洋问题的特殊性与复杂性决定了中国应当采取这样一种身份定位。在当前国家之间相互依赖程度日益加深的大背景下，面对全球性问题，任何一个国家都无法独自应对，这便催生了全球治理的出现。国际海洋问题由于具有生态型、综合性、整体性、流动性的特征，是一个关乎全人类生存与发展的全球性问题，因而是全球治理的一个重要方面。只有每个涉海国家都积极参与其中，尤其是海洋大国承担起自身责任，才能真正解决好这一问题。这需要世界各国在理解和处理海洋事务的过程中，超越单纯的对本国狭隘国家利益的追求，兼顾他国甚至是全球性的海洋利益。这也从根本上要求国际社会具有一种"海洋命运共同体"意识，并成为指导处理海洋事务的一种共同的信念。只有在这样一种信念的指引之下，才能够凝聚共识并推动行动，进而实现有效应对全球海洋事务所带来的挑战。对此，作为海洋大国的中国要提升在国际海洋事务中的影响力与话语权，必须加大对国际海洋事务治理的关注

力度。未来将"国际海洋主要治理者"作为中国参与国际海洋事务的身份定位，能显示出中国在国际海洋事务处理中的决心与责任感，以及负责任大国的国际形象。从而有利于提升中国在国际社会中的好感度，为中国在国际海洋事务中扩充自身话语权奠定一个良好的外部环境基础。

最后，"国际海洋主要治理者"身份更加符合中国的国家利益。中国近年来在国际海洋事务中有着较为积极的表现，这为中国在参与国际海洋事务的过程中构建"国际海洋主要治理者"的身份提供了良好的国际舆论环境。因此，从客观环境看，这种身份的构建具备了一定的可行性。从这种身份给中国带来的实际收益看，它又是一种必然选择。第一，从合法性的角度看，"主要治理者"要求一个国家投入更多的人力、物力与财力到国际海洋问题的处理与解决中，这无疑更加契合国际社会的利益，同时也更容易在国际社会中赢得道义，而道义恰恰是获取话语权的基本前提。第二，从国际制度的角度看，国际海洋事务的主要治理者通常也是国际海洋制度的创设者，而制度创设国在日后往往能够成为国际制度的主要受益者。所以，中国如果能够充分调动相关资源，将自身构建成国际海洋事务的主要治理者，必将受益匪浅。当前，国际海洋事务中出现了一些新的热点问题，如"全球海洋环境状况定期评估"工作，跟踪研究深海生物基因资源、公海保护区等，针对这些问题还没有形成完备的管理协调机制。中国应主动以"主要治理者"的身份参与到问题的解决中，努力献计献策，力争在新的问题领域主导国际机制的构建，最终达到从根本上提升国际海洋事务话语权的目标。

二 提供高质量的国际海洋话语内容

话语资源是话语权得以形成的前提与基础，离开了话语资源话语权就会变成无源之水、无本之木，但这并不意味着任何话语资源的丰富都会使话语权得到增强，只有高质量的话语资源才能提升一个国家的话语权，低质量的话语资源不仅难以提升一个国家的话语权，有时还会对一个国家的形象产生负面影响。提升国际海洋话语内容质量的主要表现是话语的吸引力。在处理国际海洋事务的过程中，新的问题、新的观点以及新的理念往往更容易引起人们的注意与兴趣。而那些发现新问题，提出新观点的国家也往往能引领这一领域的未来发展，进而在其中获得更大的话语权。如20世纪60年代，当各海洋强国纷纷将海底区域视作"无主之地"而进行圈占时，发展中国家率先创造性地提出了"人类共同遗产"这一理念，即将海底区域视作"人类的共同遗产"加以共同管理。该理念一经提出便在国际社会中获得广泛认可，最终在第三世界海洋国家的积极争取之下，这一理念成为日后出台的《联合国海洋法公约》中的核心理念之一。而众多来自第三世界的海洋国家也因此在国际海洋新秩序中获得了更大的话语权。

任何话语都是通过人来发出并传递，没有高素质的国际化人才，就不会有高质量的话语，因此，中国要给世界提供高质量的海洋话语，最重要的是要培养出一大批具有高水平的复合型国际海洋人才。流动性、开放性与整体性是海洋的特点，这从客观上决定了因海洋而产生的国际事务往往具有多元性与多样性的特点。多元性是指某一国际海洋问题中既包括国家行为体又包括非国家行为体，既涵盖了政府组织又涵盖了非政府组织。多样性是指一个具体的国家海洋问题可能既包含了法学、政治学、经济学、国际关系学等人文课程的有关知识，也囊括了海洋学、物理学等自然科学的知识。这种多样性的特点使得若要在国际海洋事务中实现话语创新，其参与主体必须同时掌握扎实的人文科学知识与先进的自然科学知识。为此，第一，未来中国在海洋人才的培养过程中要注重海洋自然科学与海洋人文科学之间的相互融合，培养既懂海洋自然科学，又懂海洋人文、社会科学的综合性人才。第二，建立有效的国际人才培养和交流体制，加强能力建设，鼓励和吸引各领域专家参与国际海洋合作，重点培养可胜任国际组织工作的外交型人才和具备国际影响力的海洋科学专家和法律专家；同时，需要积极向国际涉海组织推荐输送人才，或者积极接受国际涉海组织的邀请，同时要稳定中国参与国际涉海组织工作的人员安排，通过国际涉海组织中中国的专业人才，发挥更为实际和直接的作用。第三，在海洋命运共同体理念的指引下发展海洋科学技术。人类认识海洋，逐渐走向海洋的每一步，都离不开海洋科学技术的发展。只有拥有强大的海洋科学技术，我们才能有效认识海洋、探索海洋、利用海洋和保护海洋。在海洋命运共同体理念指引下的海洋科学技术发展，其目的是通过更深入地认识海洋、了解海洋，实现合理利用海洋、有效保护海洋。当今对海洋问题的研究，不仅仅限于个别科学家的"小项目"，而是要求来自不同国家的海洋科学家共同合作、全球范围内的"大科学"和"大项目"。海洋科学技术的发展会为海洋命运共同体的构建提供强大的技术支撑，而实现海洋命运共同体的目标，也可以进一步助推国际社会在海洋科学技术领域中的合作。第四，提升研究能力。建立起政府与科研机构有效的沟通机制，广泛吸引科研机构参与到与国际海洋事务相关的应用性研究中来，通过经费支持等方式引导科研力量提供中国参与国际海洋事务亟须的理论和技术支撑。第五，全面加强中国在海洋事务方面的信息资料建设，强调数据收集、建设完备的数据库，为中国参与国际海洋资料交换奠定基础。

三　培育多元的国际海洋话语传播主体，扩大影响力

当今国际海洋事务中，海洋社会组织同样是重要的参与者，凭借自身独立于政府的非官方身份以及在相关领域内的专业性，由其提出的话语往往更加理性且客观，因而也拥有较高的认可度与影响力。鉴于此，全球各主要海洋强国纷纷注重吸收借鉴海洋社会组织的相应观点，并积极尝试通过相应的海洋社会组织在国际海洋事务中发声。例如，在美国，极具影响力的外交政策智库战略与国际研究中心（Center for Strategic and International Studies）、美国新安全中心（Center for New American Security）、亚洲学会（Asia Society）都将海洋问题作为其研究的一个重点。反观中国，尽管当前已经有像蓝丝带保护协会、中国海洋工程咨询协会、蓝色海洋环保协会等涉海的社会组织，但是他们的功能还局限在海洋环保、海洋政策宣传等方面，离具有强大国际影响力与话语权的海洋社会组织还有一定的差距。要想使海洋社会组织在提升国际海洋事务话语权方面发挥重要的作用，政府必须在积极鼓励海洋社会组织发展的同时，增强社会组织的传播功能和对外交流能力，扩大影响力，并使其更多地致力于国际海洋事务之中，以此加强对海洋社会组织的支持。

首先，政府要重视与海洋社会组织的合作。注重对政府工作人员的教育、宣传，以便加深政府部门对两者之间合作重要性的认识。组织政府人员可以对海洋 NGO 的项目进行考察，增进对海洋 NGO 的了解，适时提供指导与帮助，协调二者关系。其次，海洋 NGO 应认识到与政府

合作的重要性。当前海洋社会组织自身实力还相对较薄弱，通过加强与政府的合作能够取得事半功倍的效果。海洋社会组织应该积极转变观念，深化与政府合作重要性的认识，努力探索与政府合作的新模式。最后，加强双方的信息交流。话语是在通过对大量信息进行归纳、概括、总结的基础上产生的，获取的信息存在差异必然导致产生的话语不一致。就中国而言，政府掌握的信息比较全面，具有数量上的优势，而海洋社会组织凭借自身的专业性与筹办活动的多样性，其掌握的信息具有质量上的优势。因此，要通过运用现代信息技术，构建相应的信息查询系统，适度将部分信息发布至网上，以便于双方查询、搜集所需信息，实现双方在信息方面的互通有无，统一话语传播的口径。

四 全方位参与国际海洋话语平台的构建

一个国家能否在国际话语平台上成功发出声音并得到他国的认可，是话语权最为直观的体现。改革开放以来，中国一直积极参与以《联合国海洋法公约》为核心的各类国际海洋话语平台的建设与维护，但在许多方面高参与度并未能带来高收益率。这主要是由于该类话语平台各方面的规则都较为完备，具有很强的刚性，平台内的规则不会轻易因某个国家的加入而发生改变。而话语平台的受益者主要依靠在尽量少改变自己的前提下，将自己的观点、理念与话语制度化，进而同化其他的制度参与者。因此，基于自身利益推动既有话语平台的改革与新话语平台的构建成为解决这一问题的主要途径。当前，中国应改变"参与即获益"的传统思维，针对话语平台内不合理的内容、议程提出自身看法，学会运用制度规则维护自身权益，努力建立属于自己的话语平台，以真正实现自己的话语权。

第一，针对国际海洋事务中已有的话语平台，中国应注重提升话语平台中的参与质量。积极参与联合国相关海洋事务，提高参与国际海洋规则制定和海洋事务的磋商能力。加强对联合国教科文组织政府间海洋学委员会、国际海底管理局等机构工作的实质性参与，密切跟踪世界各国实践公约的最新情况。深入参与海洋环境保护、海底资源开发、渔业资源管理、海事与海上救助等涉海国际公约、条约、规则的制定、修订工作。推进与相关国家及国际组织的合作，积极开展国际海洋合作研究与技术培训。此外，尤其要注重提升运用制度规则维护自身海洋权益的能力。近年来，中国遇到的许多海上难题都可以通过运用相应的制度规则加以制止，如针对周边海上邻国在争议海域中试图扩大 200 海里以外大陆架的单方面要求，中国便可以通过《大陆架界限委员会议事规则（附件一）》提供的阻却程序加以有效应对。

　　第二，立足中国实际，积极倡导构建新平台。国际海洋事务日新月异，仅仅依靠既有话语平台已难以有效应对国际海洋领域不断出现的新问题，构建新话语平台成为必然。在具体构建的过程中应注重以下几点：首先，在问题领域选择上，就全球范围而言，"全球海洋环境状况定期评估"问题、深海生物基因资源问题、公海资源保护区等是国际海洋事务中的热门问题。就区域范围而言，当前针对中国周边的低敏感海洋领域合作问题亦给中国提供了较大的发挥空间。话语平台的构建应侧重于上述问题。其次，将"和谐海洋"理念作为话语平台构建的思想内核。通过上文论述我们知道，国际社会普遍认可"和谐海洋"理念的价值追求。在话语平台的构建过程中，我们应将这一理念作为构建话语平台的理念根基，注重人海之间的和谐、海洋开发与保护之间的和谐、海洋国家与内陆国家间的和谐、发达海洋国家与第三世界海洋国家间的和谐。最后，在话语平台建设的步骤上应以区域话语平台为基点。只有积极参与区域话语平台的构建，才可能为全球性话语平台的构建创造条件。中国当前应将重点置于"缔结区域性低敏感海洋领域的合作制度，如努力构筑区域性共同巡航和渔业管理合作制度，尽力缔结执法联络机制和危机管理制度，维护区域海洋秩序，共享区域海洋及其资源利益。"

　　第三，对中国已经建立起的国际海洋话语平台，要积极维护其发展。话语平台的建设者以及制度的维护者，在享受平台给自己带来的巨大话语权的同时，承担话语平台运行的成本是其义不容辞的责任。如若不然，或者单纯以自身利益为基础建构相应的话语而置公共利益于不顾，则会使话语平台中的其他参与者对其领导性地位产生怀疑。因而，一方面要提升话语平台的"硬实力"，加大资金、物质投入，提升话语平台的层次与影响力，吸引高层次、高质量的参与者加入其中；另一方面要增强话语平台的"软实力"，不仅要注重完善话语平台的制度与规则，实现话语平台的规范化、有序化，保证话语平台的稳定性，更要加强平台内的理念贡献，不断提出既立足自身又兼具"公益性"的理念与议题，增强中国在国际海洋事务中的话语权。

五 积极参与国际涉海组织，提升制度创设能力

国际涉海组织是指其全部或部分职能与海洋事务有关的国际组织。近年来，国际组织在海洋事务中开始发挥越来越重要的作用，一方面源于人类利用海洋的领域大大扩展，从而对海洋依赖程度逐渐加深；另一方面原因在于伴随人类对海洋的深入探索，各国对海洋的开发活动渐渐由主权管辖范围之内扩大到国家管辖范围之外，由此产生了国际政治与国际法上的一系列问题。中国作为起步较晚的发展中国家，较之世界海洋强国，在海洋开发的实力上处于劣势地位，这就从客观上要求中国必须充分利用国际涉海组织这一平台和相关的海洋法规则，更积极主动地参与国际海洋多边及双边的事务，维护中国的海洋权益。

（一）中国参与主要国际涉海组织的现状

中国目前参与的国际涉海组织已经超过100个，根据国际涉海组织的职能，所参与的国际涉海组织主要有20多个，按职能可分为综合性组织（联合国）、海洋环境资源类组织、海洋渔业类组织、海洋科学研究类组织、海事海商类组织、极地组织、海上公共安全相关国际组织。这个体系的核心是联合国，联合国内相关海洋会议和机构基本上覆盖了海洋事务的各个领域，并且在各领域内发挥着主导作用，其依托的基本规则是《联合国海洋法公约》。中国主要参与的联合国涉海机构包括海洋法公约缔约国会议、大陆架界限委员会、国际海底管理局、联合国粮农组织渔业委员会、联合国环境规划署、政府间海洋学委员会、国际海洋法法庭和联合国政府间气候变化专门委员会等。在海洋环境资源保护领域，联合国环境规划署处在核心地位，此外联合国海洋环境保护委员会也发挥了很大作用，亚太经合组织的海洋资源工作组和东亚海项目也和中国有着密切的联系。渔业组织中，联合国渔业委员会发挥着巨大作用，此外就是各区域渔业组织和各专门鱼类渔业组织，亚洲—太平洋渔业委员会、中西太平洋渔业委员会、印度洋金枪鱼委员会和国际捕鲸委

员会等与中国关系密切。在海洋科学考察组织中，政府间国际组织以联合国教科文组织下属的政府间海洋学委员会为代表；民间国际团体以国际科学理事会下属的海洋研究科学委员会为代表；海事海商组织主要是以国际海事组织、国际海事委员会和世界海关组织为代表。极地组织主要是依托于南极条约体系成立的各政府间组织以及北极的国际北极科学委员会、北极理事会等非政府组织；海上安全相关国际组织主要包括东盟、国际刑警组织、亚太安全理事会等。

中国在积极参加国际涉海组织的过程中取得了积极的成效。第一，推动国内海洋法律制度规范体系的全面发展。加入各涉海组织后，中国的立法同国际海洋规则体系接轨，在短短几十年间有了大幅增长，形成了以管辖海域的法律法规为主，海洋环境保护、海域使用权管理、渔业、海事为辅的较为完备的海洋法律制度体系。第二，中国在加入各国际涉海组织之后，利用国际涉海组织的平台以及相关的实体及程序规则，有效地维护和拓展了中国的海洋权益。第三，推动了中国各项海洋事业的发展。在科学研究方面，中国通过参与海洋科学研究组织的各类活动开展国际海洋科学合作研究，使中国的海洋科研跟上了国际步伐，研究水平与发达国家的差距逐步缩小；通过参与国际海洋服务计划，大幅改善了中国系统观测和防灾减灾能力；通过利用国际科学组织提供的资助，培养了大批海洋科学人才。在渔业方面，中国参与了国际上57个渔业组织，进行了大量渔业谈判，一方面中国的配额始终保持在一个稳定的水平之上，另一方面中国大力开展远洋渔业，积极拓展渔业捕捞新海域，现已成为世界上最大的远洋捕捞国之一。第四，增强了中国在国际海洋事务方面的关系性权力，包括中国在国际海洋事务上的良好国家声誉以及拓宽了中国就国际海洋事务与其他国家开展高层对话和沟通的渠道。

虽然中国参与主要国际涉海组织取得了巨大的成就，但是中国在参与过程中仍然需要面对大量的问题。中国现在参与主要国际涉海组织所遇到最大问题是"分配规则"和"游戏规则"不利于中国。因现有主要国际涉海组织尤其是联合国内相关机构依托的是以《联合国海洋法公约》为基础的国际海洋制度。在公约的制定过程中中国参与较晚，当时对国际海洋制度的研究较少，并未在核心制度的形成中起到关键作用；

由于中国参与国际海洋事务较晚，缺席了大多数国际涉海组织议事规则的制定过程，因此在国际涉海组织"游戏规则"上未能充分体现和保护中国的利益与需求；中国在国际涉海组织中整体表现比较被动，很少提出建设性的解决办法，缺乏美国、英国甚至是日本在国际海洋事务中寻求"领导角色"的意识。

（二）中国参与主要国际涉海组织的对策调整

基于主要国际涉海组织的发展趋势及中国参与主要国际涉海组织存在的问题，应当从中国海洋权益布局出发以"奇正相辅"为思路调整中国参与主要国际涉海组织的总体对策。

1. 宏观决策层面

中国应充分认识到参与国际涉海组织活动对于维护和拓展中国海洋权益的重要性，提升国际海洋事务在中国各项工作中的战略地位，从而全面加大投入。同时从维护和拓展中国海洋权益出发，研究制定中国参与国际组织工作和多边合作的中长期战略目标、工作规划。

中国参与主要国际涉海组织应当定位于和平崛起的开放合作的新兴海洋国家，目标是充分利用主要国际涉海组织平台和相关的国际海洋实体和程序制度，维护中国的海洋权益，拓展中国的海洋空间，重点是争取中国在海洋法未决领域的潜在权益。除了保持现有的"负责任海洋大国"的形象，承担更大的国际责任，发挥适合国力和国情的大国作用之外，应当注重参与联合国海洋法公约缔约国会议和海洋法非正式磋商机制，在国际涉海组织的海洋立法进程中尽可能发挥影响力，使不断演进和修正的国际海洋制度朝着有利于中国海洋权益的方向发展。

2. 具体对策措施

首先，调整中国参与国际涉海组织的布局。注重参与和国际海洋制度"剩余权益空间"相关的国际组织。中国现在参与国际涉海组织基本策略是外交、海洋行政管理、渔业、海事各部门齐头并进，着力均匀。今后应当打破这一局面，在相关机制调整的基础上，参与重点应当放在维护和拓展中国海洋权益的相关组织中。其中应当强调参与国家管辖范围外海洋权益相关的海洋组织并发挥中国的影响力。因为从目前的国际海洋制度来看，对于国家管辖范围内的海洋区域如领海、大陆架、专属经济区等的相关权益界定已经比较清楚，相关机制也运行稳定，想要改变对中国不利的因素非常困难，但是在一些国际海洋制度的"剩余空间"（现有制度没有明确的规定或对于各国权益没有做清晰划分的领域），实体规范和程序规则的拟定尚处于协商讨论阶段，通过创设议程、结交盟友等方式，中国可以充分发挥海洋大国作用，影响其原则和具体规则的形成，使之朝着有利于中国的方向发展。由此可见，大陆架界限委员会、国际海底管理局、极地组织、海洋公共安全事务相关组织等应当是中国今后参与国际海洋事务的重点工作领域。

其次，在国际涉海组织的活动中采取更为积极主动的姿态，积极参与联合国相关海洋事务，主动提出议程。加强对联合国教科文组织政府间海洋学委员会、国际海底管理局等机构工作的实质性参与。密切跟踪世界各国实践公约的最新情况。深入参与海洋环境保护、海底资源开发、渔业资源管理、海事与海上救助等涉海国际公约、条约、规则的制定、修订工作。推进与相关国家及国际组织的合作，积极开展国际海洋合作研究与技术培训。此外，尤其要注重提升运用制度规则维护自身海洋权益的能力，以维护中国海洋权益为基点积极寻求在海洋事务上拥有共同价值观和共同利益的盟友，不断扩大中国的影响力。积极开展国际宣传，采取多种手段引导国际舆论，在国际场合广泛全面宣传和推广中国海洋事务工作及理念。

最后，立足中国实际，积极倡导构建新的制度体系。国际海洋事务日新月异，仅仅依靠既有制度体系已难以有效应对国际海洋领域不断出现的新问题，构建新制度体系成为必然，而这也为中国提升在国际海洋事务中的话语权提供了良好机遇。在具体构建的过程中应注重以下几点。一是在问题领域选择上，就全球范围而言"全球海洋环境状况定期评估"问题、深海生物基因资源问题、公海资源保护区问题是国际海洋事务中的热门问题；就区域范围而言，当前针对中国周边的低敏感海洋领域合作问题亦给中国提供了较大的发挥空间，选择这样一些问题作为创设海洋制度体系基点，容易引起共识。二是将"和谐海洋"理念作为创设海洋制度体系的思想内核，注重人海之间的和谐、海洋开发与保护之间的和谐、海洋国家与内陆国家间的和谐、发达海洋国家与第三世界海洋国家间的和谐。三是在制度体系建设的步骤上应以区域合作为基点。只有积极参与区域合作制度的构建才可能为全球性海洋制度的构建创造条件。因此，中国当前应将重点置于缔结区域性低敏感海洋领域的合作制度，例如努力构筑区域性共同巡航和渔业管理合作制度，尽力缔结执法联络机制和危机管理制度，维护区域海洋秩序，共享区域海洋及其资源利益。

第六节　建设和发展中国特色新型海洋智库

党的十八大以来，党和政府高度重视国家治理体系和治理能力现代化建设，政府对决策咨询的需求持续增加。党的十八届三中全会则进一步提出"加强中国特色新型智库建设，建立健全决策咨询制度"，随后中共中央办公厅、国务院办公厅于 2015 年 1 月印发《关于加强中国特色新型智库建设的意见》，提出了多项推进中国特色新型智库建设的措施，至此中国智库发展进入了一个新的阶段。海洋智库作为专门研究海洋问题的一类智库，由于在当前海洋世纪的背景下，海洋在世界各国发展战略中的地位变得越来越重要，世界范围内出现一场"蓝色圈地运动"，海洋事务日益走向深入，国家海洋权益的维护与开发成为必不可少的议题，因此迫切需要凝聚社会各界智慧的海洋智库为国家制定海洋发展战略提供理论支撑、为维护国家海洋权益提供服务保障、为处理海洋涉外事务提供政策咨询，从而实现海洋强国的战略与目标。

在中国特色社会主义发展的具体语境下，中国特色新型智库是指在党的领导下，坚持中国特色社会主义，为党、政府和社会提供政策研究和公共决策咨询、政策解读、决策方案评估等服务，[①] 同时也是为广大人民群众服务的非营利政策研究机构。由此进一步引申，中国新型海洋智库是指在信息化、全球化的时代背景下，坚持加强国家现代化治理能力，深入贯彻落实海洋强国战略，以影响党和政府海洋决策为研究目标，以国家海洋利益为研究导向，主动进行研究资源整合的从事海洋重

---

① 李国强：《对"加强中国特色新型智库建设"的认识和探索》，《中国行政管理》2014年第 5 期。

大战略问题和海洋基本公共政策的非营利组织。

当前，中国正处于全面深化改革、推动社会转型的关键时期，海洋事务正朝着纵深发展，海洋权益维护等许多重大海洋发展问题急需解决，海洋强国战略的实施给予中国海洋类智库的发展提供绝佳的历史机遇，因此，如何采取措施完善海洋类智库发展的内外部环境，在应对中国海洋事务发展难题的过程中促进海洋类智库高质量前进，考验着政策制定者与智库研究者的智慧。为了有效支持与促进中国特色新型海洋智库的成长与发展，本书认为，以下几条建议具有一定的参考意义。

一　加强海洋类智库发展的外部制度供给

制度一般分为正式制度与非正式制度，广义的制度包括"规制性、规范性和文化认知"要素，[①] 无论是思想基础、政治文化还是已有习俗惯例乃至法律规章，若想持久发挥效力，形成相应制度是一条行之有效的方式。对于海洋类智库而言，制度构成其生存发展的结构性要件，是其外部环境的最典型代表，因而增强外部制度供给是促进海洋类智库成长壮大的重要途径。

（一）加强决策层领导的引导

在中国现有党政体制下，决策高层领导的重视起着至关重要的作用，领导对于长远发展的重视程度最终体现为相应的制度。海洋类智库作为现代智库的重要组成部分，发展关键在于领导对此类智库的需求程度以及战略谋划的力度。若高层领导比较关注国家中长期发展规划，重视长远利益，重视解决深层次发展问题与矛盾，则易于产生对于智库研究成果的强大需求，从而激发相应智库的兴起，即"在需求方面，政府对智库的认同以及对待政策分析的需求是决定智库能否发挥社会职能的前提条件之一"。[②] 反之，过分关注短期政绩则会弱化智库的功用。高

---

① ［美］理查德·斯科特：《制度与组织——思想观念与物质利益》，姚伟、王黎芳译，中国人民大学出版社 2011 年版，第 56 页。

② 薛澜：《智库热的冷思考——破解中国智库特色发展之道》，《中国行政管理》2014 年第 5 期。

层领导需要认可海洋类智库在建设海洋强国中提升战略规划能力与政策实施能力、推进海洋事务良性发展的重要作用，从而引导促进海洋类智库发展的制度建设，产生对于海洋类智库的巨大需求，培育其成长的制度土壤。

（二）转变政府权力观念

海洋强国战略实质上就是能够激发海洋类智库发展的顶层设计内容之一，但是仅凭宏观战略还难以真正发挥引导海洋类智库前行的作用，还需要政府权力观念的切实革新。政府需要进一步转变权力观念，承认社会多主体治理的理论价值与现实意义，明确权力边界，保障政府之外社会主体的话语权利，重视其他主体在完善国家治理体系，提升政府治理能力中的积极作用，为海洋类智库提供生存发展空间。

（三）完善政府决策流程

政府决策流程关涉到智库成果的最终转化。现代智库的重要目的就是要影响政府决策的输出，否则智库的存在价值就会大打折扣。因此，应该致力于完善政府海洋公共事务决策过程，坚持科学决策、民主决策，重视专家学者的建议，将重大海洋决策事项的公开、透明运作常态化，这样能够为海洋类智库切实参与海洋事务决策提供制度保障，增强此类决策流程本身的理性化程度。

（四）尊重海洋类智库的多元化结构

有学者指出，"中国智库的多元化的组织类型格局，可以为智库的研究成果的多样性及其对智库整体思想产品的独立性提供较好的土壤"。[①] 由此，海洋类智库形成多元化结构模式是以智力成果方式推进海洋事务的重要选择。从基本构成来看，政研室、发展研究中心等官方背景智库是当前国内海洋类智库的主体，这类智库拥有人才、财力、信息的天然优势，其产品可以直达党政机关，是现有体制内的政策咨询机构与思想创新载体。这类智库应该充分发挥已有优势，密切关注决策高层的思想动态，重视世情、舆情的变化，积极主动履行自身建言献策的功能。

---

① 朱旭峰：《构建中国特色新型智库研究的理论框架》，《中国行政管理》2014年第5期。

倡导海洋类智库的多元化结构，还需要探索官方智库之外其他类型智库的发展方式。首先，可以借助国家事业单位改革的整体背景，尝试对挂靠在政府部门下的事业单位性质的政策研究机构进行改革。"这些机构隶属于政府部门，相对来说难以独立于这些部门利益进行选题和研究，或者当其研究的观点与所属部门的利益不同的难以公开发表。此外，这些事业单位大都由于政府拨款有限，日常运行面临经费短缺的困难。于是它们一方面在行政体制之内运行，另一方面不得不采取市场化的方式来承接一些咨询项目等等，这种做法实际上削弱了这些机构对重大政策问题的研究能力。"① 可以通过对这类机构重组分流的方式，选取其中已经具备一定影响力的部门，通过政府的财政支持与政策引导，逐步发展成为较为独立的海洋类智库机构。再者，高校科研机构也是传统智库的重要来源。可以对已经具有特色海洋专业发展经验的高等院校与科研院所进行改造，依托此类机构的学术资源，理清与原单位的关系，争取社会支持，尽快转化为专业海洋类智库。另外，还应该注意扶持中国民间海洋类智库的发展。可以通过重大海洋议题招标的方式，鼓励民间智库关注海洋类问题，对其给予免税等优惠条件支持，力争形成特色鲜明的民间海洋类智库。

二　优化海洋类智库的内部机制

海洋类智库的发展需要良好的外部制度环境，但是若要其在政府海洋公共事务决策的实践中发挥效力，还必须分析其具体运作即内部机制，毕竟外部制度的完善程度仅仅是海洋类智库发展的必要而非充分条件，海洋类智库的现实功能尚需围绕智力思想产品构建一系列切实可行的机制。

（一）组织动力机制

组织动力机制是海洋类智库生存与发展的核心机制，即使是外部制度也需要通过构成海洋类智库发展的动因而发挥效力。海洋类智库的动

---

① 薛澜：《智库热的冷思考——破解中国智库特色发展之道》，《中国行政管理》2014 年第 5 期。

力主要源自三个方面：第一，经略海洋的需求。海洋类智库的产生和发展根源于人类社会对于海洋价值的强烈重视与开发利用海洋的积极实践。人类进入海洋世纪已属共识，各国地区之间围绕海洋资源的竞争日趋激烈，进军海洋亟须人类研发全新的海洋知识作为智力支撑，这就为海洋类智库的勃兴提供广阔的发展平台与历史机遇。第二，实施国家海洋强国战略的要求。海洋强国战略着眼于人类社会发展大势而提出，其落实还需要一系列具体海洋政策的支撑，而海洋类智库以提供海洋类政策建议为己任，自然会成为政府海洋决策的重要资源，所以需要落实公开、透明、民主的决策原则，提供公平的议案遴选环境，为海洋类智库介入海洋决策构建良性渠道。第三，自我激励的要求。海洋类智库作为一种组织形态，同样需要建立可行的内部激励制度，这就要求在海洋类智库内部，建立研究成果和工作绩效的评估制度，注重成果导向，以研究效率和决策咨询服务质量为本，做到奖罚公平，充分调动内部人员的积极性、主动性和创造性。

（二）内容选题机制

海洋类智库的终极目的不同于学术研究，应该以形成影响政府海洋政策为主，将实用性与研究性有机结合。因此，作为其研究工作触发点的选题需要重点关注。可以预见，海洋类智库研究工作的选题大致可以分为三类。其一是海洋基础性研究。基础性研究工作并没有特别的指向性，侧重对海洋自然现象或海洋社会现象的阐发，从而为之后的针对性研究奠定基础。这类研究因为方向的模糊性，难以产生短期的经济与社会效益，较难形成研究的持久性，这就需要国家科研基金以及海洋类高等院校及科研机构的大力支持与合作，以保障开展此类研究的基本经费保障。其二是海洋应用性研究。这种研究工作具有明确的政策指向性，比较贴近海洋发展领域的热点问题与核心矛盾，比如中国南海经济圈的建设以及中国与周边邻国基本海洋政策等，较易引起国家的关注，从而提供相应的政策与财政支持，应该说是海洋类智库可以长期系统研究的课题，具备较强的可操作性。其三是海洋对策性研究。这类研究往往聚焦于海洋领域出现的具体事项，需要实际了解该问题的状况，有针对性地提出解决方案，这类研究时效性强，较易在短期内转化为政府决策，例如青岛市治理海洋中浒苔的行动，所以可以交由海洋类智库中官方智库重点解决。

（三）人才遴选机制

海洋类智库的研究往往与研究人员本身的水平与结构关联密切，海洋类智库人才是建设高水平海洋类智库的中心环节。国内海洋类智库的研究人员多是拥有教育职称的教授、研究员，并且基本处于独立研究的状态，时间精力的分散很难保障其水平的发挥，因而需要转变思路，完善人才遴选机制。除已有高校专家学者之外，可以采用公开招聘的方式广纳贤才人才，吸纳国内外社会专才、退休官员、企业精英等，应该有意识、有规划地形成一批本智库具有国内国际影响力的领军人才，并且认真选拔青年人才，培育后备研究力量，完善青年人才的进修、培训和选拔制度，推动队伍的年轻化，以改善智库人才组成结构与年龄结构，并且通过合理配置，为核心研究人员配以相应的助手，以谋求研究的有序开展。如"美国兰德公司聘用了约 600 名全美有名望的教授、各类高级专家作为特约顾问和研究员。'中国超级智库'的董事成员中包含许多层次高、有威望、人脉广、经验丰富的'重量级'人物，如知名学者、前官员、现任官员以及企业家等。一个教授配十个左右的助手，这样搭配更有利于分工，大牌教授的职责是判断，组织助手来行动"。[①]再如中国太平洋学会在长期的发展过程中也致力于拓展自身人才结构，国家退休官员乃至国外政要专家均成为其人才资源。此外，还需要探索建立完善的智库人才流动制度。可以尝试"允许研究能力强、经验丰富的在职机关干部到智库工作或主持、参与相关重大课题研究，鼓励支持智库研究人员到部门或基层挂职锻炼、跟班学习和相互交流，在智库与党政机关之间实现人才双向流动，增加决策部门与智库的沟通和交流"。[②]

（四）成果评价机制

确立全面的成果评价机制，是保证智库研究质量的必要条件。成果

---

① 乐烁：《兰德公司发展经验与对中国智库发展的启示》，硕士学位论文，湖北大学，2013 年。

② 朱虹：《探索高水平中国特色新型智库建设道路》，《江西社会科学》2014 年第 1 期。

评价机制最核心的部分是选择具有公信力、权威性的评价机构，评价过程以及评价标准等讲究客观、公正、科学等原则；反之，评价不仅不能取得促进海洋类智库发展的积极效果，还会破坏正常的智库思想市场，不利于形成公平竞争环境，因此一方面要尝试推行同行评议。"由于政策分析市场中存在信息不对称，决策层难以分辨政策建议的科学性，实行同行评议既解决了判断专家建议的科学性、原创性、实用性问题，还能解决决策的民主性问题"；① 另一方面是引入多元主体评价制度，通过发挥社会公众、新闻媒体、政府机构等多方面的作用，致力于构建透明、公开的评价环境，听取不同的评价意见，形成对于某一海洋类智库所提方案乃至整体运作的综合评价结论；此外，还应该注意健全评价指标体系。由于海洋类智库侧重应用型海洋政策的提出，因而需要在传统科研机构已有的评价体系之上，引导对应用型研究成果的认可和尊重，增强研究人员对于应用领域的关注度。

（五）成果转化机制

研究成果的影响力是海洋类智库生存与发展的重要因子，尤其在中国海洋事业尚处于起步阶段的情况下，更需要海洋类智库积极主动地将自己研究成果及时转化，以期影响决策者和社会公众，全方位展示海洋类智库传播海洋知识、引导社会舆论、设定政策议题、制定公共政策等方面的价值与作用。为此，海洋类智库第一要树立开放意识，积极搭建具有国际水准的研究平台，培养自身高水平的国际化人才，参与国际海洋事务学术交流活动，以广阔的国际视野展示自身的研究成果；第二要创新方式，努力推介自身成果，可以建立规划科学的成果推送渠道，通过组织学术研讨、举办政策论坛、提交研究报告、编发刊物、参与会议等方式加以宣传；第三，努力与政府海洋主管单位建立密切联系，确保自身研究成果能够及时进入政府决策层的视野当中；第四，重视研究当前政府与社会公众的心理趋向，利用换位思考的方式，采用切合目标对象习惯的语言表达方式与语句结构，力争引起公众足够的认可与关注。

---

① 朱虹：《探索高水平中国特色新型智库建设道路》，《江西社会科学》2014 年第 1 期。

（六）行为监督机制

毫无疑问，建立行为监督机制是海洋类智库健康持续发展的保障。行为监督机制主要分为外部监督与内部监督两种。外部监督包括法律法规、政府监管、市场规则、社会规范。具体来讲，海洋类智库需要遵守国家法律法规尤其是海洋法律，贯彻相应的保密原则，不能在重大问题上脱离政府监管；还要尊重市场经济规律，在将研究成果推向市场的同时，也就意味着需要按照市场既有规则运行，尤其要贯彻顾客导向的原则；此外还要注意关注世态民情，严守基本道德规范，接受公众监督与批评，增强自身公信力建设。内部监督主要包括优化智库内部基本组织架构，强化组织内部上级主管与专职机构的监督力度。

（七）业务合作机制

海洋事务的复杂多变与国际性特征以及单一智库本身较为局限的研究领域客观上要求海洋类智库之间展开业务合作，共享信息、人才，刺激政策思路与政策方案的创新。海洋类智库间的合作不是以政府之间的突出体制类型、规模大小乃至国界加以区分，而是以推动现实问题的研究与解决来进行整合的，意即更多以业务合作的方式进行。因而海洋类智库应该以共同关心的海洋议题为导向，建立多层次的互动、交流与合作机制，积极开展智库间的横向合作研究和纵向对接交流，大力建设整合专家学者、信息资源、成果储备的交流平台，加深对复杂海洋问题的理解，形成海洋政策咨询的研究合力，提升海洋类智库政策议案的整体质量，更好地推动海洋事务发展。

海洋类智库的发展本质上是一个外部制度与内部机制相综合的建构过程，此过程需要遵循一般智库发展的基本规律，完善智库应有的组织结构，体现智库本身的组织特色，但是中国海洋类智库还需要深深植根于中国基本政治制度与社会发展特色，单纯依靠国外经验显然不能解决中国海洋类智库发展的关键性问题。随着海洋强国战略的实施，相信中国海洋类智库已经迎来了难得的历史机遇期。未来中国海洋类智库的发展还需要在国家总体大政方针的指导下，增强支持其成长的制度供给，优化自身运作机制，结合海洋发展的实际需求，从提升国家海洋软实力的战略高度，理顺政府海洋公共政策的决策流程，认真处理好海洋类智库与政府、社会以及其他类型智库的关系，提升在国家海洋各类决策中的参与度，增强研究成果的实效性。此外，海洋类智库也应该放眼世界，积极参与国际海洋事务，打造国际一流智库，力争提升国际话语权，相信中国海洋类智库会成为未来中国智库整体格局中的重要组成部分。

结　语

党的十八大报告中，明确提出要将中国建设成为海洋强国。建设海洋强国是世界强国共同的国家战略，但走一条什么样的建设之路，如何建设，各国却有着不同的选择。军事力量和战争形式固然是海洋强国实现的重要方式，但在和平发展的今天，这样的强国之路显然背离了时代发展主旋律，更与中华民族所始终奉行的"和谐世界""和谐海洋"理念不符。

非军事力量和非战争形式成为在"和平发展"战略背景下维护和发展国家海洋权益的主要力量和形式。面对新的历史机遇和挑战，中国选择了通过和平发展实现国家崛起和民族复兴的战略道路。中国的海洋强国之路不是重蹈历史上海洋强国崛起的武力称霸之路，而是以"和谐海洋"为愿景，坚持和平走向海洋、合作共赢、建设"强而不霸"的新型海洋强国。而要建设海洋强国，实现和平崛起，不仅需要具备强大的海洋"硬实力"，更需要拥有能够实现"不战而屈人之兵"的海洋"软实力"。海洋硬实力体现在强大的军事力量，雄厚的经济实力上，海洋软实力作为一种强大的隐形武器，在很大程度上能够为硬实力的发展营造一个良好的氛围，在无形之中为硬实力蓄积力量提供强大的助推燃料，使硬实力的作用"发之有道""得之有理"，通过占据道义制高点，达到事半而功倍的效果。在发展海洋硬实力的同时，提升海洋软实力成为实现中国海洋强国的必由之路。

总之，在和平发展的时代主旋律下，中国要在充满机遇与挑战的21世纪，由海洋大国转变为海洋强国，就必须在维护和发展海洋硬实力的基础上，大力培育、提升中国的海洋软实力，将海洋软、硬实力有机结合，只有这样才能走出一条有中国特色的海洋强国之路。

参考文献

一 图书类

"21世纪日本构想恳谈会":《21世纪日本构想》,日本政府咨询报告,2000年。

陈海宏:《美国军事史纲》,长征出版社1991年版。

陈正良:《中国软实力发展战略研究》,人民出版社2008年版。

陈志敏、肖佳灵、赵可金:《当代外交学》,北京大学出版社2008年版。

戴可来、童力:《越南关于西南沙群岛主权归属问题文件资料汇编》,河南人民出版社1991年版。

冯梁:《中国的和平发展与海上安全环境》,世界知识出版社2010年版。

郭文路、黄硕林:《南海争端与瀚海渔业资源区域合作管理研究》,海洋出版社2007年版。

国家海洋局海洋发展战略研究所:《2010—2020中国海洋战略研究——建设中等海洋强国》,2009年。

海洋政策研究财团:《2008年度海洋白皮书》,《日本政府白皮书》,2008年。

海洋政策研究财团:《海洋与日本21世纪海洋政策的提议——以真正的海洋立国为目标》,日本政府咨询报告,2006年。

韩勃、江庆勇:《软实力:中国视角》,人民出版社2009年版。

李建军、崔树义:《世界各国智库研究》,人民出版社2010年版。

李双建:《主要沿海国家的海洋战略研究》,海洋出版社2014年版。

刘稚:《当代越南经济》,云南大学出版社2000年版。

刘中民：《世界海洋政治与中国海洋发展战略》，时事出版社2009年版。

孟亮：《大国策：通向大国之路的软实力》，人民日报出版社2008年版。

苗力田：《古希腊哲学》，中国人民大学出版社1989年版。

潘石英：《现代战略思考冷战后的战略理论》，世界知识出版社1993年版。

曲金良：《海洋文化概论》，青岛海洋大学出版社1999年版。

曲金良：《海洋文化与社会》，中国海洋大学出版社2003年版。

石莉：《美国海洋问题研究》，海洋出版社2011年版。

王琪、王刚等：《海洋行政管理学》，人民出版社2013年版。

吴东民、董西明：《非营利组织管理》，中国人民大学出版社2007年版。

萧曦清：《南沙风云》，台湾学生书局2010年版。

徐质斌：《和谐社会建设指向下的政府海洋管理转型》，《中国海洋经济评论》，经济科学出版社2008年版。

阎学通、孙学峰：《中国崛起及其战略》，北京大学出版社2005年版。

杨金森：《中国海洋战略研究文集》，海洋出版社2006年版。

杨全喜、钟智翔：《东盟国家军事概览》，军事谊文出版社2003年版。

《越共九大文件集》，国家政治出版社2001年版。

《越南共产党第八届全国代表大会文件》，世界出版社1996年版。

张启良：《海军外交论》，军事科学出版社2011年版。

张炜、冯梁：《国家海上安全》，海潮出版社2008年版。

赵可金：《公共外交的理论与实践》，上海辞书出版社2007年版。

中共中央文献研究室：《建国以来重要文献选编》（第十一册），中央文献出版社1995年版。

周达军、崔旺来：《海洋公共政策研究》，海洋出版社2009年版。

[法]阿历克西·德·托克维尔：《论美国的民主》，董果良译，商务印书馆1997年版。

[美]阿尔弗雷德·马汉：《海军战略》，商务印书馆2003年版。

[美]阿伦·米利特、彼得·马斯洛斯金：《美国军事史》，张淑静等

译，军事科学出版社 1989 年版。

〔美〕奥尔多·利奥波德：《沙乡年鉴》，侯文蕙译，吉林人民出版社 1997 年版。

〔美〕道格拉斯·诺斯：《经济史中的结构变迁》，陈郁等译，上海三联书店 1991 年版。

〔美〕理查德·斯科特：《制度与组织——思想观念与物质利益》，姚伟、王黎芳译，中国人民大学出版社 2011 年版。

〔美〕马汉：《海权对历史的影响》，安常容、成忠勤译，解放军出版社 2006 年版。

〔美〕马汉：《海权论》，萧伟中、梅然译，中国言实出版社 1997 年版。

〔美〕斯塔夫里阿诺斯：《全球通史》，吴象婴等译，北京大学出版社 2012 年版。

〔美〕约瑟夫·奈：《权力大未来》，王吉美译，中信出版社 2012 年版。

〔美〕约瑟夫·奈：《软力量：世界政坛成功之道》，吴晓辉、钱程译，东方出版社 2005 年版。

〔美〕约瑟夫·奈：《软权力和硬权力》，门洪华译，北京大学出版社 2005 年版。

〔日〕渡边启贵：《承载日本外交未来的文化外交》，载"外交"编辑委员会编《外交第 3 卷》，日本外务省 2010 年版。

〔日〕富久尾义孝：《不变的海事社会的改革提议》，海文堂 2006 年版。

〔日〕高坂正尧：《海洋国家日本的构想》，中央公论社 1965 年版。

〔日〕吉田茂：《十年回忆》（第一卷），韩润棠译，世界知识出版社 1963 年版。

〔日〕铃木美胜：《面对海洋前沿的新挑战——如何修补构想的缺陷》，载"外交"编辑委员会编《外交第 13 卷：海洋新时代的外交构想力特辑》，日本外务省 2012 年版。

〔日〕小仓和夫：《日本的"自我定位"与逆向思维——广报文化外交的转换》，载"外交"编辑委员会编《外交第 3 卷》，日本外务省 2010 年版。

［日］星山隆：《日本外交与公共外交——软实力的活用与对外发信的强化》，世界和平研究所咨询报告，2008 年。

二　期刊

［美］贝茨·吉尔：《中国软实力资源及其局限》，《国外理论动态》2007 年第 11 期。

蔡静：《东北亚地区海洋文化观的建构与思考》，《大连海事大学学报》（社会科学版）2010 年第 4 期。

曹云华、李昌新：《美国崛起中的海权因素初探》，《当代亚太》2006 年第 5 期。

陈继华、韩晓：《越南人民武装力量的新生代——海上警察》，《东南亚纵横》2006 年第 7 期。

丁建兵：《越南国防"由陆向海"》，《环球军事》2010 年第 1 期。

冯梁：《论 21 世纪中华民族海洋意识的深刻内涵与地位作用》，《世界经济与政治论坛》2010 年第 2 期。

傅广典：《海洋文化研究与海洋战略构建》，《民间文化论坛杂志》2013 年第 5 期。

何昊、周芳文：《国家营销构筑中国软实力》，《生产力研究》2009 年第 21 期。

何萍：《越南海军》，《兵器知识》2008 年第 1 期。

何胜：《越美关系步入成熟期》，《中国新闻周刊》2005 年第 23 期。

何志工、安小平：《南海争端中的美国因素及其影响》，《当代亚太》2010 年第 1 期。

侯金亮：《中美战略对话，可为中国海洋外交"减压"?》，《求知》2012 年第 9 期。

胡鞍钢：《建设中国特色新型智库：实践与总结》，《上海行政学院学报》2014 年第 2 期。

胡德坤、刘娟：《从海权大国向海权强国的转变——浅析第一次世界大战时期的美国海洋战略》，《武汉大学学报》（哲学社会科学版）2010 年第 4 期。

蒋英州、叶娟丽:《对约瑟夫·奈"软实力"概念的解读》,《政治学研究》2005 年第 5 期。

蒋英州、叶娟丽:《国家软实力研究述评》,《武汉大学学报》(哲学社会科学版) 2009 年第 2 期。

金家厚:《政府智库与民间智库合作的分析》,《党政论坛》2012 年第 8 期。

李建锋:《新时期越南海军建设思想》,《现代舰船》2002 年第 8 期。

李励年、邱卫华:《越南水产养殖概况》,《现代渔业信》2007 年第 12 期。

刘佳、李双建:《新世纪以来美国海洋战略调整及其对中国的影响评述》,《国际展望》2012 年第 4 期。

刘佳:《美国海洋战略及对中国的影响》,《云南行政学院学报》2012 年第 2 期。

刘娟:《从陆权大国向海权大国的转变——试论美国海权战略的确立与强国地位的初步形成》,《武汉大学学报》(人文科学版) 2010 年第 1 期。

刘新华、秦仪:《现代海权与国家海洋战略》,《社会科学》2004 年第 3 期。

刘中民、赵成国:《关于中国海权发展战略问题的若干思考》,《中国海洋大学学报》(社会科学版) 2004 年第 6 期。

娄成武、王刚:《论当代中国海洋文化价值观》,《上海行政学院学报》2013 年第 6 期。

陆中山:《越南国防 20 年简要回顾与展望》,《东南亚纵横》2008 第 3 期。

倪国江、文艳:《美国海洋科技发展的推进因素及对我国的启示》,《海洋开发与管理》2009 年第 6 期。

覃丽芳:《越南海洋交通运输业发展研究》,《东南亚纵横》2014 年第 5 期。

曲金良:《海洋文化艺术遗产的抢救与保护》,《中国海洋大学学报》(社会科学版) 2003 年第 3 期。

曲金良:《"环中国海"中国海洋文化遗产的内涵及其保护》,《新东方》2011 年第 4 期。

沈雅梅:《当代海洋外交论析》,《太平洋学报》2013 年第 4 期。

史春林:《近十年来关于中国海权问题研究述评》,《现代国际关系》
　　2008 年第 4 期。

宋广智:《海洋社区渔民社会保障问题探讨》,《法制与社会》2009 年
　　第 21 期。

宋宁而:《日本海民群体研究初探》,《中国海洋大学学报》(社会科
　　学版) 2011 年第 1 期。

孙海荣:《从和平发展战略看中国海权观新的价值纬度》,《实事求
　　是》2007 年第 1 期。

孙璐:《中国海权内涵探讨》,《太平洋学报》2005 年第 10 期。

谭显兵:《南海问题中的越南因素研究初探》,《思茅师范高等专科学
　　校学报》2009 年第 1 期。

天鹰:《不容忽视的地区海上力量——越南海军观察》,《国际展望》
　　2005 年第 23 期。

王存刚:《论中国外交调整——基于经济发展方式转变的视角》,《世
　　界经济与政治》2012 年第 11 期。

王刚、王琪:《我国的海洋行政组织及其存在的问题》,《海洋信息》
　　2010 年第 3 期。

王宏海:《海洋文化的哲学批判——一种话语权的解读》,《新东方》
　　2011 年第 2 期。

王历荣、陈湘珂:《中国和平发展的海洋战略构想》,《求索》2007 年
　　第 7 期。

王琪、季晨雪:《海洋软实力的战略价值——兼论与海洋硬实力的关
　　系》,《中国海洋大学学报》(社会科学版) 2012 年第 3 期。

王逸舟:《中国外交十难题》,《世界知识》2010 年第 10 期。

王印红、王琪:《中国海洋软实力的提升路径研究》,《太平洋学报》
　　2012 年第 4 期。

王印红:《中国海洋软实力的提升途径研究》,《太平洋学报》2012 年
　　第 4 期。

王勇:《浅析中国海权发展的若干问题》,《太平洋学报》2010 年第

5 期。

吴春明：《"环中国海"海洋文化史的两个问题》，《闽商文化研究》
　　2012 年第 1 期。

肖鹏、孙东余：《南中国海上的"海狼"——越南》，《海洋世界》
　　2004 年第 7 期。

徐晓望：《论古代中国海洋文化在世界史上的地位》，《学术研究》
　　1998 年第 3 期。

许梅：《2009 年越南政治经济形势回顾与前景展望》，《东南亚研究》
　　2010 年第 2 期。

薛澜：《智库热的冷思考——破解中国智库特色发展之道》，《中国行
　　政管理》2014 年第 5 期。

闫玉科：《南海海洋捕捞渔民增收问题研究》，《农业经济问题》2013
　　年第 12 期。

杨金森：《关注蔚蓝色的国土——我国海洋的价值和战略地位》，《中
　　国民族》2005 年第 5 期。

杨然：《越南海洋事业发展概况》，《东南亚纵横》1991 年第 2 期。

姚立：《越南石油工业的发展及存在问题》，《东南亚》1991 年第
　　4 期。

叶自成、慕新海：《对中国海权发展战略的几点思考》，《国际政治研
　　究》2005 年第 3 期。

于向东：《越南全面海洋战略形成述略》，《当代亚太》2008 年第
　　5 期。

郁志荣：《建设海洋强国，须科技引领》，《社会观察》2012 年第
　　12 期。

张德华、冯梁：《中华民族海洋意识影响因素探析》，《世界经济与政
　　治论坛》2009 年第 3 期。

张国玲：《和谐海洋社会建设中的问题与对策》，《中国集体经济》
　　2009 年第 4 期。

张文木：《论中国海权》，《世界经济与政治》2003 年第 10 期。

赵宗金、崔凤：《我国海洋社会学研究的新进展——海洋社会学专业
　　委员会成立大会暨第一届海洋社会学论坛综述》，《河海大学学报》

（哲学社会科学版）2011 年第 1 期。

赵宗金：《海洋环境意识研究纲要》，《中国海洋大学学报》（社会科学版）2011 年第 5 期。

周琪、李栩：《约瑟夫·奈的软权力理论及其启示》，《世界经济与政治》2010 年第 4 期。

周琪：《美国智库的组织结构及其运作》，《人民论坛》2013 年第 35 期。

朱虹：《探索高水平中国特色新型智库建设道路》，《江西社会科学》2014 年第 1 期。

朱旭峰：《构建中国特色新型智库研究的理论框架》，《中国行政管理》2014 年第 5 期。

庄世坚：《生态文明：迈向人与自然的和谐》，《马克思主义与现实》2007 年第 3 期。

三　报纸

曹文振：《和平解决海洋争端是首先战略》，《学习时报》2012 年 4 月 9 日。

钭晓东：《美国海洋发展战略起步最早，领先全球》，《中国海洋报》2011 年 9 月 9 日第 4 版。

黄海敏、王晓洁：《越南成最具投资成长价值的亚洲国家》，《国际先驱导报》2007 年 9 月 13 日。

雷波：《海洋社团要为建设海洋强国提供科技支撑》，《中国海洋报》2013 年 1 月 8 日第 1 版。

王义桅：《美国宣扬"全球公域"有何用心?》，《文汇报》2011 年 12 月 27 日第 5 版。

俞可平：《"中国模式"：经验与鉴戒》，《文汇报》2005 年 9 月 4 日第 6 版。

《越共十届中央委员会四中全会公报》，《人民报》2007 年 1 月 25 日。

张志洲：《"抵消美国"与中国海洋话语权的构建》，《东方早报》2012 年第 6 期。

《专家建议尽快制定海洋基本法，建立海洋警备队伍》，《法制日报》

2012 年 12 月 31 日。

四 论文

乐烁:《兰德公司发展经验与对我国智库发展的启示》,硕士学位论文,湖北大学,2013 年。

李克军:《环境文化与儒道传统》,硕士学位论文,湘潭大学,2005 年。

王蕾:《中国制定〈海洋基本法〉的必要性和可行性研究》,硕士学位论文,中国海洋大学,2011 年。

王力荔:《大连沿海公众海洋环境意识调查分析》,硕士学位论文,大连理工大学,2008 年。

卫竞:《我国海洋管理现状与改革路经研究》,硕士学位论文,复旦大学,2008 年。

庾婧:《青岛市大学生海洋环境意识研究》,硕士学位论文,中国海洋大学,2013 年。

五 英文文献

Biliana, Cicin‐Sain and Robert W. Knecht, *The Future of U. S. Ocean Policy: Choices for the New Century*, Island Press, 2000.

Carlyle A. Thayer, "Vietnam People's Army: Development and Modernization", Bandar Seri Begawan, Brunei Darussaiam, April 30, 2009.

Claire Taylor, "Military Balance in Southeast Asia", *Research Paper*, 14 December, 2011.

Department of State, News Breifing, *State Department Report*, Apr. 12, 1995: Spratly Islands, By Nicholas Burns, ARC Text Link: 387073. EPF301. 04/12/95 – p. 2.

E. B. Potter, *Sea Power: A Naval History, Englewood Cliffs*, N. J. Prentice Hall, Inc. , 1960.

Eif. Dukee, "Oil Claims", *Far Eastern Economic Review*, Mar 30, 1995.

European Commission, "An Integrated Maritime Policy for the European Union", *Blue Book*, 2007.

European Commission, "Green Paper. Towards a Future Maritime Policy for the Union: a European Vision for the Oceans and Seas", 2006.

European Commission, "Towards a Future Maritime Policy for the Union", Memo/05/72, 2005.

James McGann, *Think Tanks and Policy Advice in the United States*: *Academics*, *Advisors and Advocated*, London: Routledge Press, 2007.

King C. Chen, *China's War With Vietnam*, *1979*: *Issues Decisions. and Implications*, Standford: Hoover Institution Press, 1986.

Mark A. Berhow, *American Seacoast Defense*: *A Reference Guide*, Coast Defense Study Group Press, 2004.

Norwegian Government, "Norwegian contribution to the Green Paper on a European Maritime Policy", 2005.

Robert Dayley and Clark D. Neher, *Southeast Asia In The New International Era*, Westview Press, 2010.

Robert O. Work, "Winning the Race, A Naval Fleet Platform Architecture for Enduring Maritime Supremacy", *Center for Strategic and Budgetary Assessments*, 2005.

Swedish Government, "Commission Consultation on a Maritime Policy for the EU", *Sweden's Reply*, 2007.

United Kingdom, Government, "Towards a Future Maritime Policy for the Union; A European Vision for the Oceans and Seas", "Contribution from the United Kingdom of Great Britain and Northern Ireland on the European Commission Green Paper", 2006.

US Commission on Marine Science, "Engineering and Resources, Our Nation and the Sea: A Plan for National Action", Washington D. C. : *US Government Printing Office*, 1969.

Wegge N. , "Small State, Maritime Great Power? Norway's Strategies for Influencing the Maritime Policy of the European Union", *Marine Policy*, Vol. 35, No. 3, 2011.